职业院校计算机类专业系列教材

Java 程序设计应用开发教程

栾咏红　主　编

電子工業出版社
Publishing House of Electronics Industry
北京·BEIJING

内 容 简 介

本书以 Java 初级程序员岗位所应具备的能力培养为主线，采用“项目引领，任务驱动”的模式，强调“做什么、如何做、做中学、学中做”的教学理念，以开发 RFID 自动出货管理系统为项目载体，将项目分成若干单元任务；每个任务中给出任务分析、相关知识及任务实施，带领读者逐步完成项目任务。

全书分成 8 个单元，单元 1 主要介绍搭建项目开发环境，单元 2～单元 8 依次介绍 Java 基础、面向对象程序设计、继承与多态、面向接口编程、输入/输出流与异常处理、网络联机与多线程、JDBC 与 Swing 程序设计。每个单元都由单元介绍、学习目标、任务、拓展训练、单元小结与单元练习组成。

本书既可以作为高职高专院校电子信息类专业学生的教材，也可以作为 Java 程序设计学习者的参考书。

图书在版编目（CIP）数据

Java 程序设计应用开发教程 / 栾咏红主编. -- 北京 ：电子工业出版社，2025. 2. -- ISBN 978-7-121-49578-6

Ⅰ. TP312.8

中国国家版本馆 CIP 数据核字第 20251GG819 号

责任编辑：贺志洪
印　　刷：三河市鑫金马印装有限公司
装　　订：三河市鑫金马印装有限公司
出版发行：电子工业出版社
　　　　　北京市海淀区万寿路 173 信箱　　　　邮编：100036
开　　本：787×1092　1/16　印张：18.5　字数：474 千字
版　　次：2025 年 2 月第 1 版
印　　次：2025 年 2 月第 1 次印刷
定　　价：54.00 元

凡所购买电子工业出版社图书有缺损问题，请向购买书店调换。若书店售缺，请与本社发行部联系，联系及邮购电话：（010）88254888，88258888。

质量投诉请发邮件至 zlts@phei.com.cn，盗版侵权举报请发邮件至 dbqq@phei.com.cn。

本书咨询联系方式：（010）88254609，hzh@phei.com.cn。

前 言

Java 是当今主流的面向对象的程序设计语言，具有功能强大、跨平台性、安全性等特点，受到开发人员及企业的喜爱。随着大数据、人工智能等技术的不断发展，相关行业对 Java 开发人员的需求逐年增加。

本书的定位与特色

教育是国之大计，党之大计。培养什么人、怎样培养人、为谁培养人是教育的根本问题。育人的根本在于立德。本书以项目任务为载体，以读者为中心，融价值塑造、知识传授和能力培养为一体，在任务分析与任务实施中融入了爱国情怀、耐心细致、精益求精的工匠精神，在程序调试过程中将编码规范、团队沟通合作等职业素养渗透其中。拓展训练部分引导读者将所学应用于所需，培养读者自主学习的能力。

- 本书内容的选取贴近岗位需求，紧跟主流技术发展。

本书面向 Java 初级程序员，其定位以就业为导向，详细地介绍了 Java 开发所需要的知识与技能，以及开发环境。

- 内容组织模块化、任务化，适应不同专业学习需求。

本书将典型项目案例分解成一个个小任务进行颗粒化教学，每个小任务迭代生成模块任务，这样既符合程序开发人员的职业发展路径，也符合初学者的发展规律。

- 项目为载体，任务驱动，融“做中学、学中做”于一体。

每个单元的任务中有机地融合了知识点的讲解与能力目标，融“做中学、学中做”于一体。通过每个任务的任务分析，引导读者了解相关知识，然后模仿实践，掌握相关知识与技能，通过拓展训练进而巩固所学知识。

本书的主要内容与课时安排

全书分为 8 个单元，包括搭建项目开发环境、Java 基础、面向对象程序设计、继承与多态、面向接口编程、输入/输出流与异常处理、网络联机与多线程、JDBC 与 Swing 程序设计。总课时为 76～80 学时。

本书中的所有代码都是基于 Eclipse 4.23 开发环境编写的，数据库使用的是 MySQL 5.7。本书提供了丰富的教学资源，可供教师、学生与其他读者参考。教学资源包括课程标准、教学课件、教学视频、知识点微视频、习题库/试题库解析，还包括任务实施、实例、拓展训练的源代码。

本书由栾咏红主编，李春华、刘文军参编。书中部分视频录制由汤晓燕完成。在本书的编写过程中，得到系部领导的大力支持和帮助，在此向他们表示感谢。另外，还得到苏州海之星科技有限公司项目经理李刚的帮助。他们对项目的选择、任务设计提出了宝贵意见，在此表示衷心的感谢。

由于编者水平有限，书中难免出现错误和不妥之处，希望广大读者批评、指正。

编者

目 录

单元 1

搭建项目开发环境

单元介绍

工欲善其事，必先利其器。小程初到软件公司便参与基于 RFID（Radio Frequency Identification，射频识别，也被称为电子标签）自动出货管理系统的开发。搭建开发环境是软件开发人员进行程序开发之前必备的准备工作。本单元的任务目标就是在 Windows 下安装 Java 开发工具包，配置 Java 环境变量，生成 JRE 运行环境，构建 Java 开发环境；使用集成开发工具 Eclipse 自带图形界面的特点，开发 RFID 自动出货管理系统。

本单元分为两个子单元任务。

- 下载与安装 JDK。
- 下载与启用 Eclipse。

学习目标

知识目标

- 了解 Java 的发展。
- 熟悉 Java 的特点。
- 熟悉 Java 的开发流程。
- 熟悉集成开发工具 Eclipse。

能力目标

- 能安装 JDK。
- 能配置系统开发环境变量。
- 能生成 JRE 运行环境。
- 能使用 Eclipse 开发 Java 程序。

素质目标

- 激发科技报国的家国情怀。
- 认识开放和共享的伦理精神的重要意义。

任务 1.1　下载与安装 JDK

任务分析

Oracle 公司提供了多种操作系统下的不同版本的 JDK，而不同版本的 JDK 安装配置有所不同。2022 年 3 月，Oracle 公司发布了 Java 18，但是 2023 年 JRebel 发布了 Java 技术报告，调查结果是大部分开发人员仍在使用 Java 8，部分开发人员使用 Java 11。本教材中各单元程序的开发环境选用 Java 11 版本。

相关知识

1.1.1　Java 的发展历史与特点

1. Java 的发展历史

Java 并不只是一种语言，而是一个完整的平台，且有一个庞大的库，其中包含了很多可重用的代码和一个提供诸如安全性、跨操作系统的可移植性及自动垃圾收集服务等特点的执行环境。Java 几乎是所有类型的网络应用程序的基础，也是开发和提供嵌入式与移动应用程序、游戏、基于 Web 的内容和企业软件的标准。因此，用户通过 Java 能够高效地开发、部署和使用应用程序与服务。

Java 从诞生（1995 年）发展到现在，已经度过了 20 多年。说到 Java 的发展历程，就要提到 Java 的两个老东家——Sun 公司与 Oracle 公司。

Sun 公司的创始人斯科特·麦克尼利，为了解决计算机与计算机之间、计算机与非计算机之间的跨平台连接，组建了一个 Green 项目团队。最初 Green 项目团队采用 C++实现网络系统，但是 C++比较复杂，最后经过裁剪、优化和创新，该 Green 项目团队基于 C++开发了一种与平台无关的新语言 Oak（Java 的前身）。1995 年 5 月 23 日，Oak 被更名为 Java。Java 正式宣告诞生。当时 Java 最让人着迷的特点之一就是它的跨平台性，其优点在于“一次编译，到处运行”。1998 年，按照适用的环境不同，Java 被分为 J2EE、J2SE、J2ME。

2014 年 3 月，Java 8 发布。2022 年 3 月，Java 18 正式发布。不管 Java 技术平台如何划分，都是以 Java 为核心的，所以掌握 Java 十分重要。

2. Java 的特点

Java 的跨平台性是指在一种平台下使用 Java 编写的程序，在编译之后，不用经过任何更改，就能在其他平台上运行。例如，一个在 Windows 下开发出来的 Java 程序，在运行时可以无缝地部署到 Linux 或 MacOS 之下。反之亦然，在 Linux 下开发的 Java 程序，同样可以在 Windows 等其他平台上运行。

Java 是如何实现跨平台性的呢？

Java 使用 Java 虚拟机（Java Virtual Machine，JVM）屏蔽了与具体平台相关的信息，使得 Java 语言编译程序只需生成在 JVM 上运行的目标代码（字节码，Java 虚拟机执行的一种二进制指令格式文件），就可以在多种平台上不加修改地运行。JVM 在执行字节码时，把字节码解释成具体平台上的机器指令执行。这就是 Java 能够“一次编译，到处运行”的原因。

1.1.2 Java 的应用领域与前景

Java 作为 Sun 公司推出的新一代面向对象程序设计语言，特别适用于互联网应用程序的开发。企业内部互联网正在成为企业信息系统最佳的解决方案，而 Java 将发挥不可替代的作用，如电信、银行、保险等行业的软件开发。

Java 快速、安全、可靠。从桌面办公到网络数据库，从 PC 到嵌入式移动平台，从 Java 小型应用程序到架构庞大的 J2EE 企业级解决方案，处处都有 Java 的身影。作为物联网、企业架构和云计算的理想编程语言，Java 可以降低成本、推动创新并改善应用服务。

Java 的开放性、安全性和庞大的社会生态链及跨平台性，使其成为智能手机软件开发的主要语言。另外，Java 在 Web、移动设备及云计算等方面的应用前景非常广泛。虽然 Java 也面临其他编程语言（如 Ruby on Rails）的挑战，但是它依然是企业 Web 的开发标准。随着云计算、移动互联网、大数据的扩张，很多企业考虑将其应用部署在 Java 平台上，无论是本地主机，还是公共云，Java 都是目前最适合的选择之一。

1.1.3 Java 的开发流程与源程序结构

1. Java 的开发流程

Java 的开发流程大致分为两个步骤，一，搭建、配置开发环境，二，开发测试 Java 程序。

（1）Java 开发环境。

搭建 Java 开发环境就是安装 Java 开发工具包（Java Development Kit，JDK），配置环境变量。JDK 的体系结构是由命令［编译（javac）、解释（java）、打包（jar）等］、开发工具、应用程序接口、开发环境及运行环境等几部分组成的开发包。

JRE（Java Runtime Environment，Java 运行环境）也是 Java 平台。所有的 Java 程序都要在 JRE 下才能运行。JRE 包含 JVM 及 Java 核心类库。如果仅想运行 Java 程序，则只安装 JRE 即可。也就是说，JRE 是面向 Java 程序的应用人员的。如果想进一步开发 Java 程序，则需要安装 JDK，它是面向 Java 程序的开发人员的。Java 程序的开发人员自然也是 Java 程序的应用人员。从 Java 11 版本以后，安装 JDK 11 时不能自动安装 JRE 运行环境，需要用户手动执行命令后生成 jre 文件。

（2）配置环境变量。

环境变量是指在操作系统指定的运行环境中的一组参数，包含一个或多个应用程序使用的信息。环境变量一般是多值的，即一个环境变量可以有多个值，各个值之间以分号“;”来分隔。

对于 Windows 来说，一般有一个系统级的环境变量“Path”。当用户要求操作系统运行一个应用程序，却没有指定应用程序的完整路径时，操作系统先在当前路径下寻找该应用程序，如果找不到，则会到环境变量“Path”指定的路径下寻找。如果找到该应用程序，则运行它，否则会给出错误提示。因此，用户可以通过配置环境变量来指定自己要运行的程序所在的位置。

在 Java 开发过程中发现很多问题都与环境变量有关，所以对于环境变量中相关变量的理解极为重要。Java 11 以上版本主要涉及以下两个环境变量的配置。

- JAVA_HOME：顾名思义，它是“Java 的家”，该变量是指安装 Java 的 JDK 路径，告诉操作系统在哪里可以找到 JDK。
- Path：该环境变量是告诉操作系统可执行文件的搜索路径，即可以在哪些路径下找到要执行的可执行文件。需要注意的是，Path 变量仅对可执行文件有效。

（3）生成 jre 文件。

由于 JDK 11 以上版本不会自动弹窗提示安装 JRE 运行环境，但是 JDK 11 的安装包里自带了 jre 文件，因此需要手动输入 jlink.exe --module-path jmods --add-modules java.desktop --output jre 命令，配置 jre 文件路径。

（4）开发 Java 程序。

在日常生活中，程序可以被看作对一系列动作执行过程的描述；而计算机中的程序是指为了让计算机执行某些操作或解决某个问题而编写的一系列有序指令的集合。开发 Java 程序的 3 个操作步骤包括：编写源程序、编译源程序、运行。这里的源程序也被称为源代码。

Java 程序开发就是编写 Java 源程序。编写 Java 源程序的工具有文本编辑器（如 Windows 下的记事本）、对编程语言支持较好的编辑器（如 Notepad++、UltraEdit、Editplus 等）。

当 Java 源程序编写完之后，就可以在命令行下，先通过 javac 命令将 Java 源程序编译成字节码，再通过 java 命令解释执行编译完的 Java 类文件（文件扩展名为.class）。

2. Java 的源程序结构

Java 程序是由类构成的，其中 public、class 关键字必须是小写字母。其定义语法格式如下。

```
public  class 类名{                                          //外层框架
    public  static  void  main(String[ ] args) {          //Java 入口，程序起点
                                                             //详细代码
    }
}
```

说明如下。

- 类定义后面有一对花括号“{}”，构成类的内容都放在类定义的花括号中，通常称为类体。
- public（公共的），class 是 Java 中具有特殊含义的英文单词，被称为关键字。在 Java 程序中可以定义多个类，但最多只能有一个公共类，并且程序文件名必须与该公共类的类名相同。
- Java 程序中必须有一个 main()方法，应用程序的运行就是执行 main()方法中的代码。换句话说，如果一个 Java 程序由多个类构成，则只能有一个类包含 main()方法，包含 main()方法的类称为主类或可执行类。

任务实施

1. 下载 JDK

在浏览器地址栏中输入 Oracle 官方网站的网址，打开 Oracle 的官方网站。

对于软件开发来说，过度追求“最新”并非好事。虽然从 Java 9 至 Java 23 增加了很多优秀的特性，但是其依附的生态还没有建立起来。因此，我们建议仍然选取业界广泛使用的、主流的 Java 8 或 Java 11。这里选择 Java 11，打开 Java 11 下载页面，如图 1-1 所示，选择相应选项下载即可。

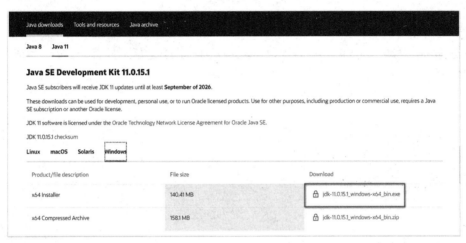

Java downloads　Tools and resources　Java archive

Java 8　Java 11

Java SE Development Kit 11.0.15.1

Java SE subscribers will receive JDK 11 updates until at least **September of 2026**.

These downloads can be used for development, personal use, or to run Oracle licensed products. Use for other purposes, including production or commercial use, requires a Java SE subscription or another Oracle license.

JDK 11 software is licensed under the Oracle Technology Network License Agreement for Oracle Java SE.

JDK 11.0.15.1 checksum

Linux　macOS　Solaris　Windows

Product/file description	File size	Download
x64 Installer	140.41 MB	jdk-11.0.15.1_windows-x64_bin.exe
x64 Compressed Archive	158.1 MB	jdk-11.0.15.1_windows-x64_bin.zip

图 1-1　Java 11 卜载界面

2. 安装 JDK

以下载基于 64 位 Windows 的 JDK 安装文件为例，介绍其安装方法，操作步骤如下。

（1）执行安装程序。以管理员的身份右击安装程序，进入“安装程序”界面，如图 1-2 所示，单击“下一步”按钮。

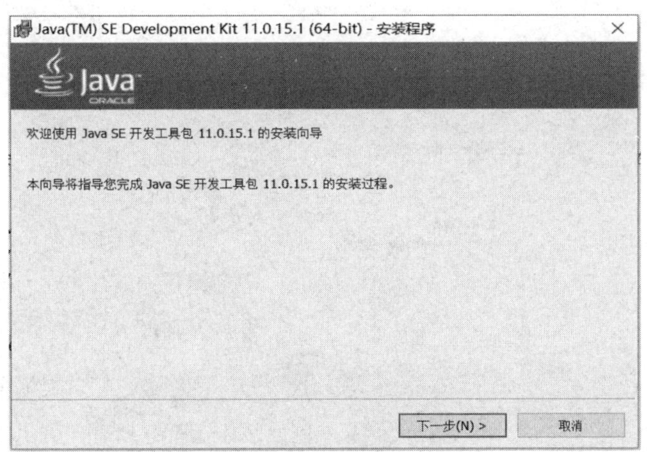

图 1-2　“安装程序”界面

（2）设置安装目标文件夹。进入“目标文件夹”界面，如图 1-3 所示。可以安装在默认安装目录下，也可以单击“更改”按钮更改安装目录。如果选择默认安装目录，则单击“下一步”按钮。

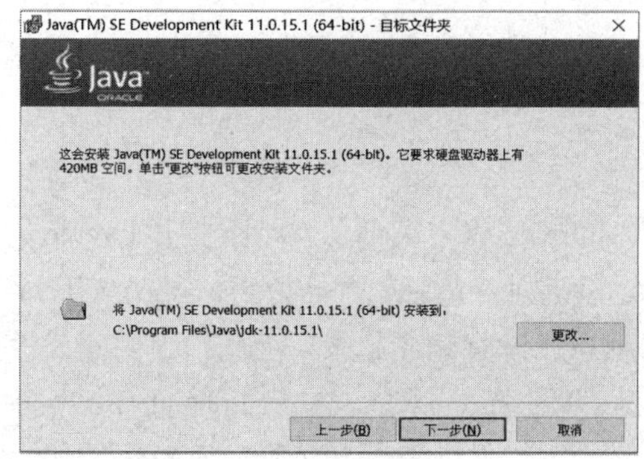

图 1-3 “目标文件夹”界面

JDK 安装完成后，生成 jdk-11.0.15.1 目录，如图 1-4 所示。该目录中没有 jre 文件。jdk 1.8 版本在安装时会自动生成 jdk、jre 两个文件，但从 Java 11 之后，只有 jdk 文件生成，而没有 jre 文件。

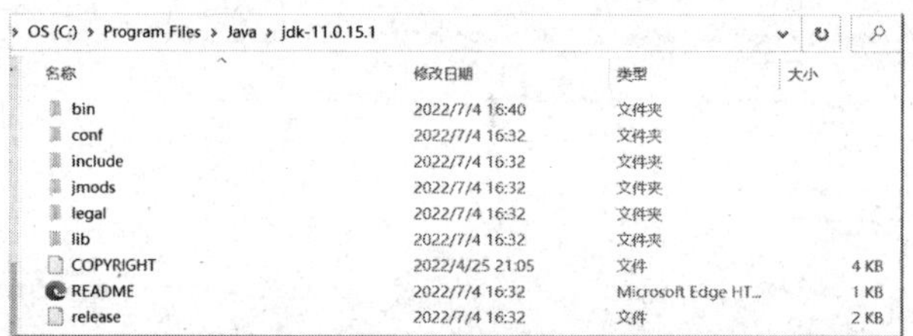

图 1-4 JDK 安装完成后生成的目录

3. 配置环境变量

安装完 JDK 后，对系统环境变量进行配置，具体配置过程如下。

（1）在 Windows 桌面上双击“此电脑”，打开“设置”窗口，选择“高级系统设置”选项，打开“系统属性”对话框，如图 1-5 所示。

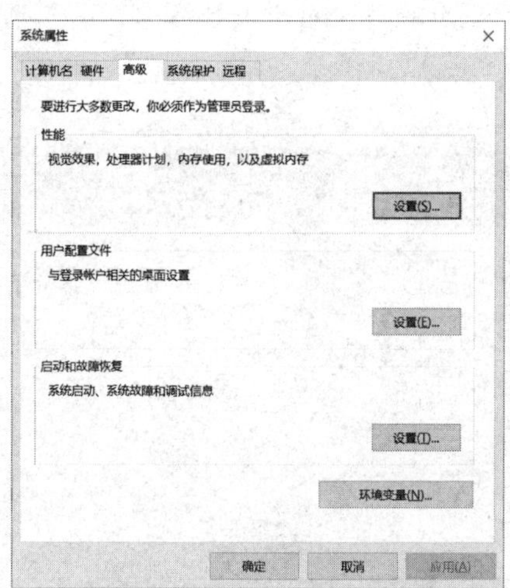

图 1-5 “系统属性”对话框

（2）单击“环境变量”按钮，在打开的“环境变量”对话框中，新建系统变量，变量名为“JAVA_HOME”，浏览 JDK 安装路径，或者输入变量值“C:\Program Files\Java\jdk-11.0.15.1”，该环境变量的值就是 JDK 所在的目录（JDK 的安装路径），单击“确定”按钮，如图 1-6

所示。

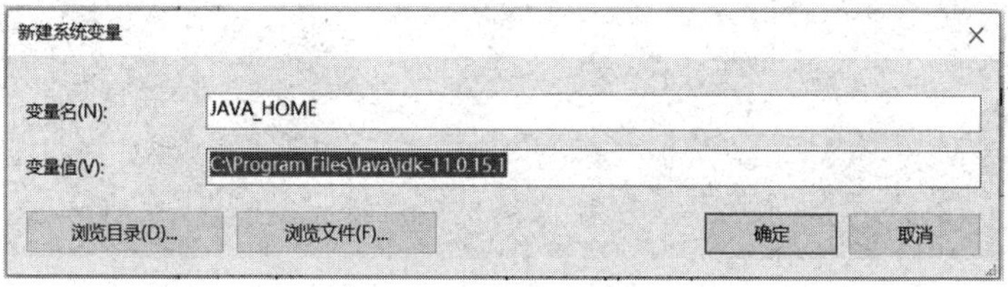

新建系统变量

变量名(N): JAVA_HOME

变量值(V): C:\Program Files\Java\jdk-11.0.15.1

浏览目录(D)... 浏览文件(F)... 确定 取消

图 1-6 设置环境变量

（3）编辑修改 Path 环境变量值，在“编辑环境变量”对话框中，单击“新建”按钮，分别输入“%JAVA_HOME%\bin”与“%JAVA_HOME%\jre\bin”，单击“确定”按钮，如图 1-7 所示。

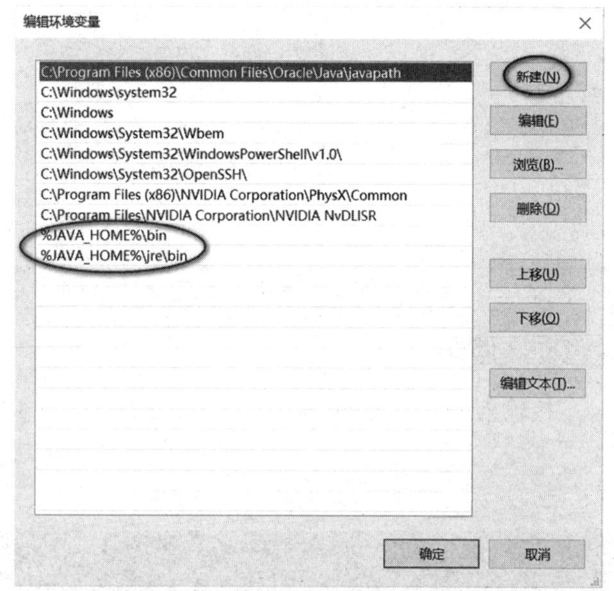

图 1-7 编辑环境变量 Path 值

4. 生成 jre 文件

由于 JDK 11 以上版本不会自动弹窗提示安装 JRE 环境，但是 JDK 11 的安装包里自带了 jre 文件，需要手动配置 jre 文件路径，操作步骤如下。

（1）在“运行”对话框中输入 cmd 命令，以“管理员身份运行”，切换到 JDK 的安装路径，如图 1-8 所示。

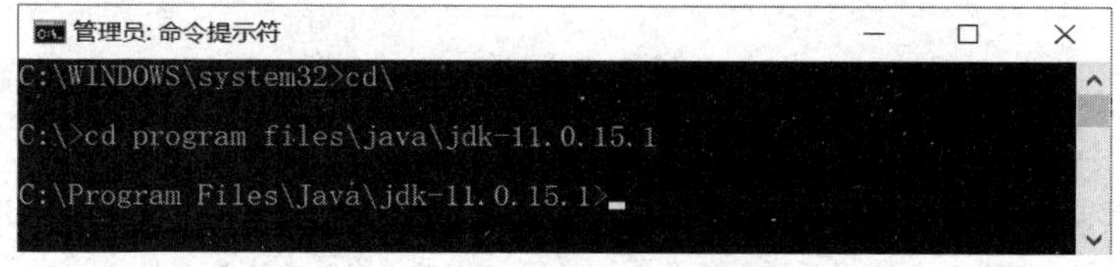

图 1-8 切换到 JDK 的安装路径

（2）执行命令生成 jre 文件。输入 bin\jlink.exe --module-path jmods --add-modules java.desktop --output jre 命令，按 Enter 键，如图 1-9 所示。

```
选择 管理员: 命令提示符
Microsoft Windows [版本 10.0.19044.1766]
(c) Microsoft Corporation。保留所有权利。

C:\WINDOWS\system32>cd\

C:\>cd program files\java\jdk-11.0.15.1

C:\Program Files\Java\jdk-11.0.15.1>bin\jlink.exe --module-path jmods --add-modules java.desktop --output jre

C:\Program Files\Java\jdk-11.0.15.1>
```

图 1-9　输入生成 jre 文件的命令

这时在 JDK 安装目录下，可以看到生成的 jre 文件，如图 1-10 所示。

> OS (C:) > Program Files > Java > jdk-11.0.15.1

名称	修改日期	类型	大小
bin	2022/7/4 16:40	文件夹	
conf	2022/7/4 16:32	文件夹	
include	2022/7/4 16:32	文件夹	
jmods	2022/7/4 16:32	文件夹	
jre	2022/7/4 18:20	文件夹	
legal	2022/7/4 16:32	文件夹	
lib	2022/7/4 16:32	文件夹	
COPYRIGHT	2022/4/25 21:05	文件	4 KB
README	2022/7/4 16:32	Microsoft Edge HT...	1 KB
release	2022/7/4 16:32	文件	2 KB

图 1-10　手动配置生成 jre 文件

5. 检查 JDK 是否安装成功

在命令行窗口下，直接输入 java -version 命令，按 Enter 键，检查 JDK 是否安装成功，如图 1-11 所示。

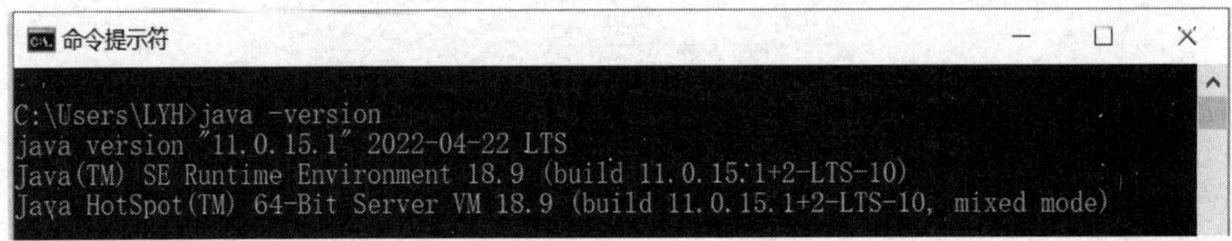

图 1-11　检查 JDK 是否安装成功

任务 1.2　下载与启用 Eclipse

任务分析

安装完 JDK 后，使用 java 命令可以直接编译 java 文件。由于 JDK 没有一个包含内置文本编译器，以及用于编译和启动程序的菜单与调试工具的系统，因此所有工作都要在终端窗口输入命令来完成。但是对于初学者来说，使用 DOS 命令行编译和执行 Java 程序比较麻烦。因此，我们建立 Java 项目工程时可以借助 Eclipse 或 IntelliJ IDEA 等集成开发环境。与其他 IDE 相比，Eclipse 是轻量级的，所以我们选择下载、启用 Eclipse，进行编译测试 Java 程序。

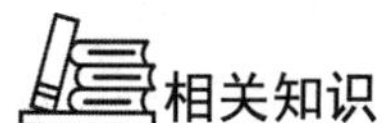

1.2.1 集成开发环境 Eclipse

Eclipse 是著名的跨平台的自由集成开发环境（IDE），是一个基于 Java、开放源代码、可扩展的应用开发平台，它为编程人员提供一流的 Java 集成开发环境。

Eclipse 的设计思想是“一切皆插件”。Eclipse 核心很小，其他所有功能都以插件的形式附加于 Eclipse 核心之上。Eclipse 的基本内核包括：图形 API（SWT/Jface）、Java 开发环境插件（JDT）、插件开发环境（PDE）等。Eclipse 官方网站提供了一个 Java EE 版的 Eclipse IDE。应用 Eclipse IDE，既可以创建 Java 项目，也可以创建动态 Web 项目。因此，我们建议下载 Java EE 版的 Eclipse IDE。

Eclipse 界面包括菜单栏、工具栏、Package Explorer 视图、编辑器、Outline 视图、Tasks 视图与 Console 视图，如图 1-12 所示。

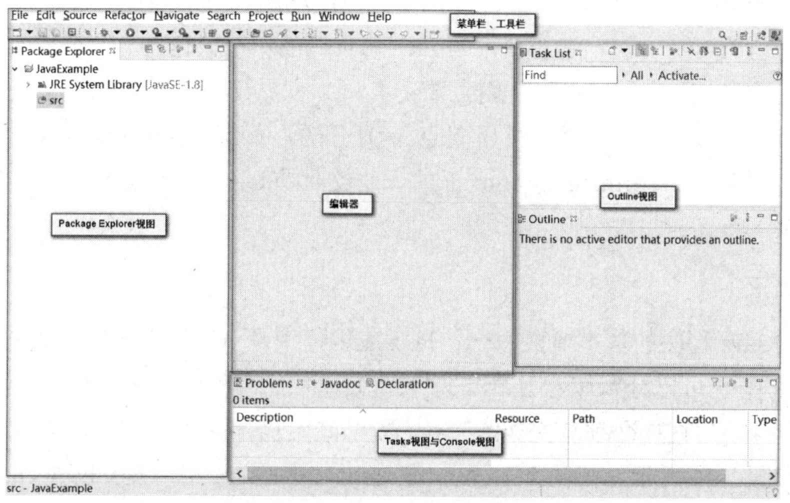

图 1-12 Eclipse 界面

1.2.2 Java 项目组织结构

创建一个名为 JavaExample 的项目工程，用包组织 Java 源文件，类似于文件夹，如在该项目工程的 src 文件夹下创建包 chapter01。在 Package Explorer 视图区可以查看 Java 项目资源，如图 1-13 所示。

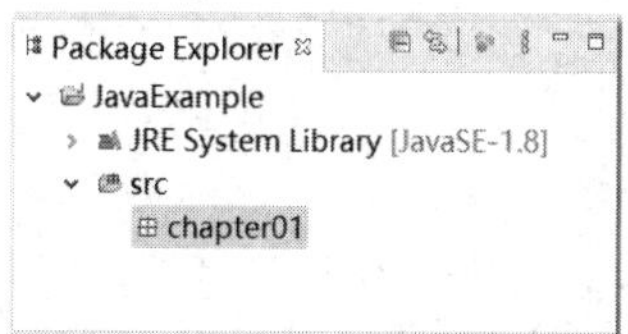

图 1-13 Package Explorer 视图区

【注意】如果在编写程序过程中，不小心关闭了 Package Explorer 视图区，则可以选择菜单栏中的“Window”→“Show View”命令，打开 Package Explorer 视图区。

1. 包组织

（1）包的作用。

包的作用类似生活中不同内容的文档可以放在不同的袋子中，拥有相同的名字，避免冲突，这样分门别类的文档易于查找与管理。而包组织解决了存放两个同名的类而不会产生冲突的问题，它允许类组成较小的单元，易于找到和使用相应的文件，同时防止命名冲突，更好地保护类、数据和方法。

（2）创建包的方法。

① 使用快捷菜单创建包。右击项目工程，在弹出的快捷菜单中选择“new”命令，打开“Package”。

② 使用声明包的语法。

```
package 包名 ;
```

说明如下。

- 包名统一由小写字母组成，不能以圆点开头或结尾。
- 如果有包的声明，就一定会被作为 Java 源代码的第一条语句。
- package 语句后面的分号不要漏掉。
- package 可以有多层，每一层用圆点（.）分隔，如 package com.softmsg.view（com 是一个文件夹，softmsg 是 com 下的一个文件夹，view 是 softmsg 文件夹下的一个文件夹）。

2. 类文件

类是组成 Java 程序的基本要素，一个 Java 应用程序是由若干个类所构成的。这些类可以在一个源文件中，也可以分布在若干个源文件中。Java 应用程序中只有一个主类，即含有 main() 方法的类，Java 应用程序必须从主类的 main()方法开始执行。

例如，如图 1-14 所示，在项目工程 JavaExample 中的 src 文件夹下创建 chapter01 包，右击 chapter01 包，创建 Welcome 类，在该类中添加主方法 public static void main(String[] args) {}。编辑窗口的第 1 行就是创建包的语句 package chapter01;。

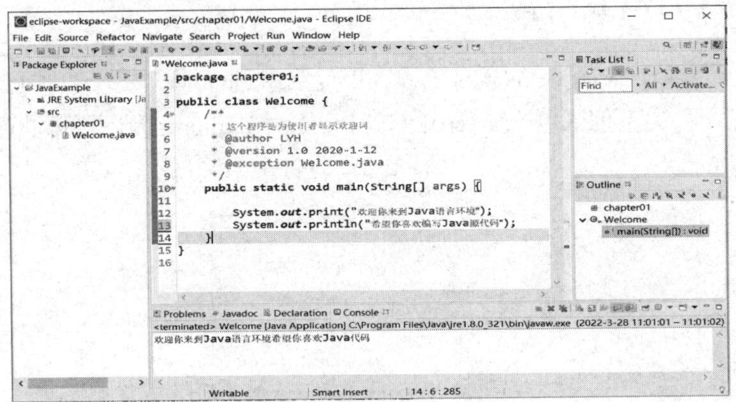

图 1-14　新建 Welcome 类

【注意】当手动输入源程序名时，一定要注意字母大小写，尤其是类名为 Welcome，而不是 welcome 或 WELCOME。

3. 输出语句

System.out 是指标准输出，后面的 print()方法就是将括号中的内容打印在标准输出设备，如显示器。从控制台输出信息可以调用 Java 中已定义的方法 System.out.println()或 System.out.print()，这两种方法的功能是把方法名后面括号中的内容输出到屏幕上。print()方法是输出结果后，光标在当前位置，如 Welcome 程序中的第 12 行。println()方法是输出结果后，光标移动到下一行，如 Welcome 程序中的第 13 行。

语句格式如下。

```
System.out.println("输出信息");
System.out.print ("输出信息");
```

说明如下。

Java 中转义字符'\n'的含义是换行时，将光标移动到下一行的开始处，因此 println(" ")与 print("\n")执行结果是一样的。'\t'就是水平制表（Tab 键），其含义是将光标移动到下一个制表符位置。

1.2.3 Java 注释

程序中的注释是为了源程序增加必要的说明文字，以提高程序的可读性。注释本身并不能运行。当源程序编译运行时，编译器忽略程序中的注释。Java 有以下 3 类注释。

1. 单行注释

以//开始，表示这一行的所有内容为注释，直至行末结束。如果在 Welcome 程序的第 12 行 System.out.print()方法前面添加了//，则第 12 行程序就变为注释行。

2. 多行注释

如果程序中的注释有多行，则可以在每行注释的前面添加//，也可以将注释放在符号/*和*/之间。

3. 文档注释

符号/**和*/之间的内容为文档注释。这种注释写在类声明、变量声明和方法定义的前面，分别对类、变量和方法进行说明，如 Welcome 程序中第 4 行～第 9 行的注释为文档注释。JDK 包含一个 javadoc 工具，它可以由源文件生成一个 HTML 文档。javadoc 命令能识别注释中用@标记的一些特殊变量，并把文档注释加入它所生成的 HTML 文件中。常用的@标记如下。

- @see：引用其他类。
- @version：版本信息。
- @author：作者信息。
- @param：参数名说明。
- @return：返回值说明。
- @exception：完整类名说明。

对于有@标记的注释，javadoc 命令在生成有关程序的文档时，会自动识别它们，并生成相应的文档。

在命令行输入 javadoc 命令，按 Space 键后，输入“源程序名.Java”，可以从 Java 源程序中提取这些文档注释，并生成具有 JavaAPI 文档风格的程序说明文档。

任务实施

1. 下载与安装 Eclipse

在浏览器地址栏中输入 Eclipse 官方网站的网址，打开 Eclipse 的官方网站。单击“Download”按钮后，进入 Eclipse 的下载列表页面，单击“Download Packages”链接，进入 Eclipse IDE 下载页面，在“MORE DOWNLOADS”列表中单击与 JDK 11 版本匹配的“Eclipse 2022-03(4.23)”链接，如图 1-15 所示，选择下载 Eclipse IDE for Enterprise Java Developers。

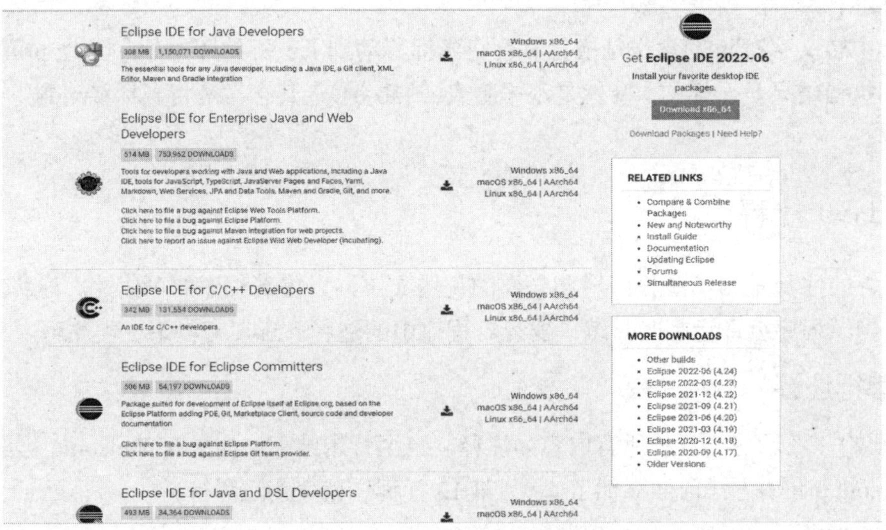

图 1-15　Eclipse 下载列表页面

只需要将下载的程序 eclipse-java-2022-03-R-win32-x86_64 直接解压缩，即可安装 Eclipse。

2. 启动 Eclipse

每次启动 Eclipse，都会打开设置工作空间的对话框，如图 1-16 所示。工作空间用于保存 Eclipse 建立的程序项目和相关设置。

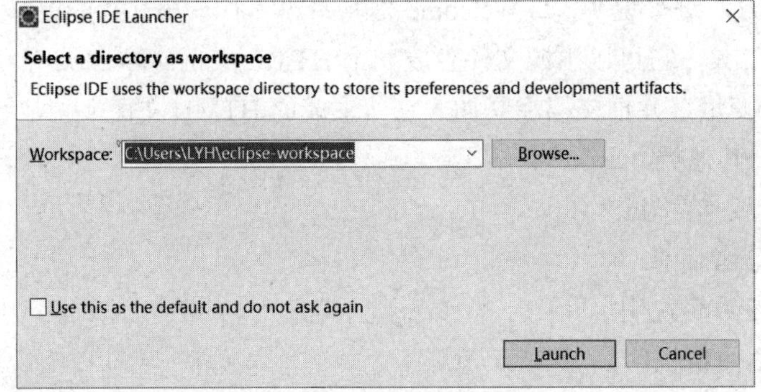

图 1-16　设置工作空间的对话框

【注意】

- 每次启动 Eclipse，都会出现设置工作空间的对话框，勾选“Use this as the default and do not ask again”复选框可以设置默认工作空间，这样，当 Eclipse 启动时就不会再提示工作空间的设置。
- 由于安装的是 Eclipse IDE for Enterprise Java Developers 的版本，需要在首次打开 Eclipse 界面时，选择 create Java project 创建 Java 项目工程。

3. 创建项目工程

在 Eclipse 中编写程序，必须先创建项目。Eclipse 中有很多项目，其中 Java 项目用于管理和编写 Java 程序。创建项目的步骤如下。

（1）选择菜单栏中的“File”→“new”→“Java Project”命令，或者在 Package Explorer 视图区右击，在弹出的快捷菜单中选择“New”命令，打开“New Java Project”对话框。在“Project name”文本框中输入新建项目工程名“PayrollSystem”，如图 1-17 所示，单击“Finish”按钮。

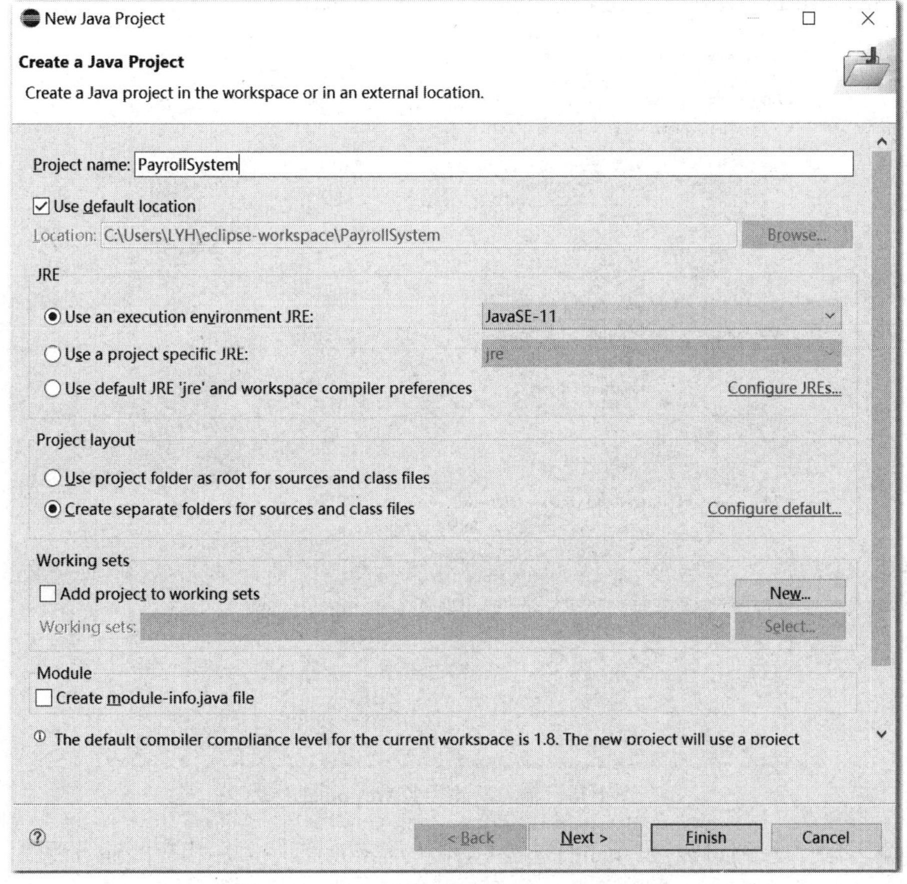

图 1-17 输入新建项目工程名 PayrollSystem

（2）右击项目工程 PayrollSystem，在弹出的快捷菜单中选择“new”→“Package”命令，打开“New Java Package”对话框。在“Name”文本框中输入新建包名“unit01”，如图 1-18 所示，单击“Finish”按钮。

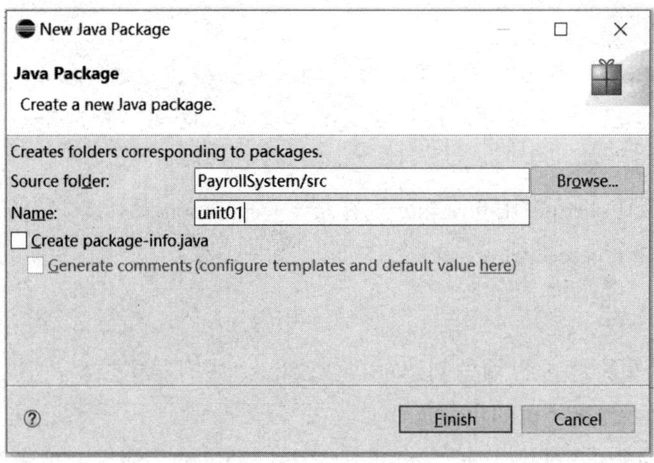

图 1-18　输入新建包名 unit01

（3）右击包 unit01，在弹出的快捷菜单中选择“new”→“Calss”命令，打开“New Java Class”对话框。在“Name”文本框中输入新建类名“WelcomeUI”，如图 1-19 所示，勾选“public static void main(String[] args)”复选框，单击“Finish”按钮。

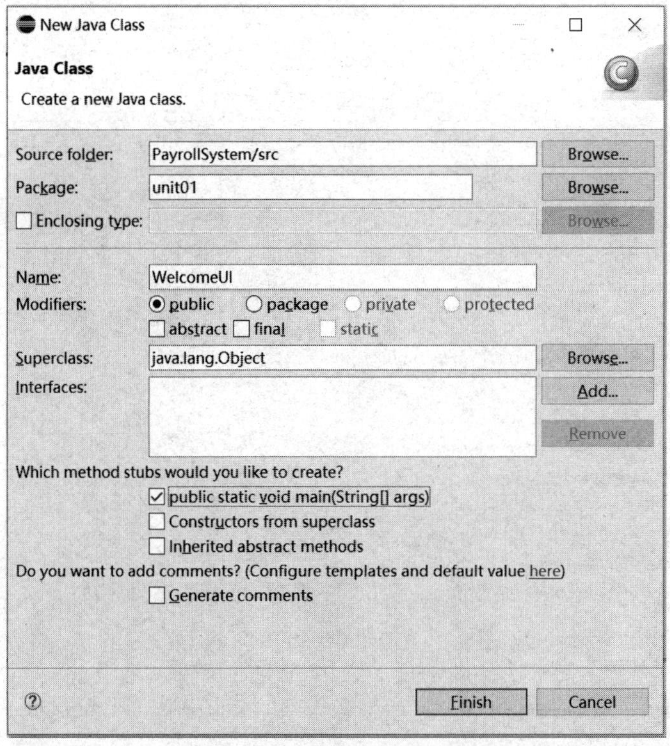

图 1-19　输入新建类名 WelcomeUI

（4）编写运行程序代码。在 main()方法中，编写代码为程序添加相应的业务逻辑，代码编写完成后保存。在 Eclpise 中运行已保存的 WelcomeUI 类文件，可以在 Package Explorer 视图中右击 WelcomeUI.java 文件，在弹出的快捷菜单中选择“Run As”→“Java Application”命令，或者单击工具栏中的下拉按钮，选择“Run As”→“Java Application”命令，运行结果如图 1-20 所示。

```java
package unit01;

public class WelcomeUI {

    public static void main(String[] args) {
        System.out.println("========================");
        System.out.println(" 欢迎使用工资管理系统1.0");
        System.out.println("========================");
    }
}
```

```
========================
 欢迎使用工资管理系统1.0
========================
```

图 1-20 WelcomeUI 程序运行结果

【注意】

安装 Eclipse 后，默认字号显示比较小，不方便查看。我们可以修改字号。具体操作：选择菜单栏中的“Windows”→“Preferences”命令，打开“Preferences”对话框，在左侧列表中打开 General 文件，选择 Appearance 文件夹，单击“Colors and Fonts”按钮，在右侧列表中打开 Basic 文件夹，选择“Test Font”选项，单击“Edit”按钮，在打开的对话框中修改字号，单击“确定”按钮，返回“Preferences”对话框，单击“Apply and Close”按钮关闭该对话框。

拓展训练

1. 自行下载、安装 JDK，配置环境变量及 JRE 运行环境。
2. 下载并启用 Eclipse。
- 创建项目工程，工程名为 PayrollSystem。
- 创建包，包名为 cn.training01.view。
- 在 cn. training01.view.包中新建欢迎类 WelcomeUI，该类的功能逻辑是在控制台输出信息“欢迎使用工资管理系统 1.0”。

单元小结

本单元简单介绍了 Java 语言及其特性，还介绍了在 Windows 下搭建 Java 开发环境的方法，以及编写运行 Java 程序的简单步骤。搭建 Java 开发环境是本单元的重点。通过本单元的学习，我们不仅需要学习 Java 技术，更重要的是要了解软件行业的发展前景，树立科技报国的家国情怀，要认识到开放和共享的伦理精神对人类文明、社会进步的重要意义。

单元练习

一、选择题

1. 一个 Java 程序的执行是（　　）。

A. 从本程序的 main()方法开始，直到 main()方法结束

B. 从本程序文件的第一个方法开始，直到本程序文件的最后一个方法结束

C. 从本程序的 main()方法开始，直到本程序文件的最后一个方法结束

D. 从本程序文件的第一个方法开始，直到本程序的 main()方法结束

2. （　　）组件使得 Java 应用程序独立于平台。

A. class 文件　　B. java 文件　　C. JVM　　D. JKD

3. Java JDK 中调试器的命令是（　　）。

A. javac　　B. java　　C. jdb　　D. javah

4. 下面关于 Java 字节码描述正确的是（　　）。

A. 它可以在任何平台上运行

B. 它只能在具有 java 运行环境与 java 编译器的平台上运行

C. 它可以在具有 java 运行环境的任何平台上运行

D. 它可以在具有 java 编译器的任何平台上运行

E. 它只能在编译时指定的平台上运行

5. Java 具有许多优势和特点，下面能保证软件可移植性的特点是（　　）。

A. 健壮性　　B. 安全性　　C. 独立于硬件结构　　D. 动态性

6. 下面关于注释说法正确的是（　　）。

A. 注释行可以出现在程序的任何地方

B. 注释不属于程序，因为编译系统忽略它们

C. 注释是程序的组成部分

D. 以上 A、B 说法正确，C 说法错误

7. 有一段 Java 应用程序，它的主类名是 a1，那么保存它的源文件名可以是（　　）。

A. a1.java　　B. a1.class　　C. a1　　D. 以上都对

二、操作题

1. 编写程序，程序名为 LikeJava，在屏幕上输出“我喜欢 Java”。

2. 编写程序 Information，在控制台上输出个人信息。

（1）在控制台上输出：　*************************

（2）在控制台上输出：　学号：XXXXXXXXX

（3）在控制台上输出：　姓名：XXXXXXX

（4）在控制台上输出：　专业：XXXXXXXX

（5）在控制台上输出：　特长：XXXXXXXX

（6）在控制台上输出：　*************************

单元 2
Java 基础

单元介绍

本单元的学习目标是熟悉 Java 程序要素，如标识符、数据类型、常量与变量；会使用编程元素，如运算符、表达式；能运用 Java 流程控制设计算法逻辑；使用方法与数组解决 RFID 自动出货管理系统中车辆运费计算管理问题。

本单元的任务是在车辆运费管理模块中，掌握如何用计算机语言来描述车辆的相关数据信息、控制计算及处理流程，以及如何存储数据。我们知道编写出一个程序的确让人兴奋，但是这个程序除了自己，其他人很难读懂，那么它就不算是一个好的程序。因此，在程序设计中对数据的描述、变量命名要做到“见名知意”。车辆运费管理模块中的业务逻辑设计清晰、可读性强，能批量处理车辆运费数据，编写代码缩进格式规范得“像诗一样优雅”，最终形成良好的编程风格。

本单元分为 4 个子单元任务。

- 设定车辆运费信息。
- 选择车型。
- 计算车辆运费。
- 统计车辆运费。

学习目标

知识目标

- 理解 Java 中常量与变量的概念。
- 熟悉 Java 中的基本数据类型及 String 类。
- 理解 Java 中运算符与表达式的概念。
- 熟悉 Java 中运算符与表达式的使用方法。
- 理解 Java 中数据类型的转换。
- 熟悉方法的定义与调用。
- 熟悉 if 语句及其应用。
- 熟悉 switch 语句及其应用。
- 熟悉 while 和 do…while 语句及其应用。

- 熟悉 for 语句及其应用。
- 熟悉一维数组的概念及其应用。
- 了解多维数组的概念及其应用。
- 熟悉 String 类的常用方法的应用。
- 熟悉 Java 常用类的基本用法。

能力目标

- 会使用 Java 中的常量、变量及不同数据类型描述车辆相关数据信息。
- 会使用 Java 中的运算符进行车辆运费的计算。
- 能使用方法、分支语句与循环语句等进行业务流程模块的设计。
- 能使用数组存储与处理业务逻辑中车辆运费相关数据。

素质目标

- 培养探究式的学习方法及团体合作意识。
- 培养做事细心严谨、精益求精的工匠精神。

任务 2.1　设定车辆运费信息

任务分析

在车辆运费管理模块中计算车辆运费，涉及车辆运费信息的描述。车辆运费信息一般包含车型、车辆规格、车辆容载量、单价、实际托运量等数据，这些数据被存储在计算机中。

相关知识

要处理车辆运费的各种数据信息，需要先描述在计算机中存储的数据，再根据相应的处理流程进行算法逻辑的控制与处理。下面是数据处理的相关基础知识。

2.1.1　Java 标识符与关键字

1. 标识符

标识符可以简单理解为一个名字，在编写程序过程中用于标识变量、方法、类、对象的名称。它可以由编程者自由指定，但是需要遵守一定的语法规则。一般，在 Java 中，标识符都需要遵守以下规则。

- 标识符可以由大小字母（a～z 和 A～Z）、数字（0～9）、下画线（_）和美元符号（$）组成。
- 标识符第一个字符必须以英文字母、下画线或美元符号开头，不能以数字开头。
- 关键字（系统保留字）不能用作标识符。

- Java 是严格区分大小写字母的，如 Good 和 good 分别代表不同的标识符，也就说明这是两个不同的标识符。在定义和使用标识符时要特别注意这一点。

例如，下列有些是合法标识符，有些是不合法的标识符。

- time、$book、_total、number3、BMW 属于合法的标识符。
- class、int、new、8age、teach-sex 属于不合法的标识符。

class、int、new 都是 Java 的关键字；8age 属于不合法标识符的原因是数字不能作为第一个字符，teach-sex 属于不合法标识符的原因是含有非法字符“-”。

2. 命名规范标准

在编写 Java 代码时有一套公认的命名规范，确保程序中变量、常量、类和方法所选择的描述性名称是直观易懂的。

- 变量：通常建议使用单词命名，第一个单词首字母小写，后续单词首字母大写。
- 常量：通常建议使用单词命名，且所有字母大写。
- 类名：通常使用名词命名，第一个单词的首字母大写，后续单词首字母大写。
- 方法名：通常使用动词命名，第一个单词首字母小写，后续单词首字母大写。

如果变量名或方法名由两个单词拼接组成，则通常使用 userName 方式拼接单词，而不是 user_Name。

3. 关键字

关键字（保留字）是指由系统定义的标识符，具有特定的意义和用途，不可以把这些单词作为标识符来使用。Java 关键字如表 2-1 所示。

表 2-1　Java 关键字

abstract	assert	boolean	break	byte	case
catch	char	class	continue	default	do
double	else	enum	extends	false	final
finally	float	for	if	implements	import
instanceof	int	interface	long	native	new
null	package	private	protected	public	return
short	static	strictfp	super	switch	synchronized
this	throw	throws	transient	true	try
void	volatile	while	goto	const	

Java 中的关键字均使用小写字母表示，理解并学好这些关键字有助于读者更好地掌握 Java 的语法和运行机制。

2.1.2　Java 数据类型、变量与常量

生活中的数据有不同类型之分，如运费信息为浮点数、车辆容载量为整数、公司名称为字符串等。在程序设计中，数据是程序的必要组成部分，也是程序处理的对象。

Java 中的数据类型包含基本数据类型（Primitive Types）和引用类型（Reference Types）。关于引用类型，如数组、字符串和类等内容，将在后续单元中具体讲解。本单元重点讲解基本数据类型。

1. 基本数据类型

基本数据类型主要包括数值型、字符型和布尔型；其中，数值型包含整型和浮点型两种。

（1）整型。

整型用于存储有整数部分，没有小数部分的数值，可以是正数，也可以是负数。根据整型数据在内存中所占的大小不同，可以分为 byte（字节型）、short（短整型）、int（整型）、long（长整型）。

一个变量就如一个杯子或一个容器，用于装载某个特定的数值（如同杯子里面可以装水或咖啡等）。杯子的大小形状不同，杯子里装的水或咖啡也有多有少。同样，不同的数据类型表示的数据取值范围也是不同的。Java 整型如表 2-2 所示。

表 2-2　Java 整型

数据类型	关键字	字节数	取值范围
字节型	byte	1	−128～127
短整型	short	2	−32768～32767
整型	int	4	−2147483648～2147483647
长整型	long	8	−9223372036854775808～9223372036854775807

【注意】在给变量赋值时，要注意取值范围，超出相应范围就会出错。对于长整型数据，在使用时，要在数据后面增加一个字母“L”。整型变量默认初始值是 0。

（2）浮点型。

浮点型是带有小数部分的数据类型。浮点型分为 float（单精度实数）与 double（双精度实数）两种数据类型。它们所表达的实数的精度不同，取值范围不同，如表 2-3 所示。

表 2-3　浮点型

数据类型	关键字	字节数	取值范围
单精度实数	float	4	1.4×10^{-45}～3.4×10^{38}
双精度实数	double	8	4.9×10^{-324}～1.8×10^{308}

【注意】在默认情况下，带有小数的浮点数都被看作 double 型。如果想使用 float 型声明带小数的浮点数，则需要在浮点数后面添加 F 或 f，如 float　f1=13.23F。

（3）字符型。

char（字符型）用于存储单个字符。Java 可以把单个字符作为整数使用。Java 的字符型采用了一种新的国际标准编码方案——Unicode 编码。Unicode 编码采用无符号编码，在内存中占 2 字节。这样，Java 中的字符可以用于处理大多数国家的语言文字，便于中文字符和西文字符的处理。而转义符是一些含有特殊含义、很难用一般方式表达的字符，如回车、换行等。为了表达清楚这些特殊字符，Java 引入了一些特别的定义。所有的转义符都用反斜线（\）开头，后面跟着一个字符来表示某个特定的转义符，如表 2-4 所示。

表 2-4 转义字符

转 义 字 符	说 明
\ddd	1 到 3 位八进制数所表示的字符（ddd）
\uxxxx	1 到 4 位十六进制数所表示的字符（xxxx）
\'	单引号字符
\"	双引号字符
\\	双反斜线字符
\r	回车
\n	换行
\f	换页
\t	横向跳格
\b	退格

（4）布尔型。

boolean 是用来表示布尔型数据的。boolean 型的变量或常量的取值只有 true 和 false，主要用于布尔判断。其中，true 代表“真”，false 代表“假”。

例如，定义 boolean 型变量。

```
boolean  b2=true;     //定义变量名为 b2 的布尔变量，赋初始值 true
boolean  b3=false;    //定义变量名为 b3 的布尔变量，赋初始值 false
```

Java 中的各种数据类型占用固定的内存长度，与具体的软硬件平台环境无关，体现了它的跨平台特性。在 Java 中，每种数据类型都对应一个默认的数值，使得这种数据类型变量的取值总是确定的，体现了其安全性。

2. 数据类型转换

数据类型转换是一个将一种数据类型的值转换成另一种数据类型的过程。数据类型转换有两种方式，隐式转换和显式转换。

（1）隐式转换。

如果从范围较小类型向范围较大类型转换，则系统将自动执行，因此，程序员无须进行操作，这种类型的转换称为隐式转换或自动转换。一般不同数据类型的数据要先转换为同一类型，再进行运算。不同数据类型之间的转换关系如表 2-5 所示。

表 2-5 不同数据类型之间的转换关系

操作数 1 类型	操作数 2 类型	转换后的类型
byte、short、char	int	int
byte、short、char、int	long	long
byte、short、char、int、long	float	float
byte、short、char、int、long、float	double	double

（2）显式转换。

将一个大范围类型的变量转换为小范围类型的变量称为显式转换或强制转换。当执行显式转换时，可能会导致数据精度的丢失。显式转换的语法格式如下。

```
（数据类型名）要转换的值
```

例如，将大范围类型数据转换为小范围类型数据，需用到显式转换。

```
int  i;
byte b=(byte) i;         //把 int 型变量 i 强制转换为 byte 型
int  a = (int)42.45      //把 double 型变量 a 强制转换为 int 型
char c = (char )97.16   //把 double 型变量 c 强制转换为 char 型
```

大范围类型相当于一个大水杯，小范围类型相当于一个小水杯。大水杯可以轻松装下小水杯中的所有的水，但小水杯无法装下大水杯中的所有的水，装不下的部分就会溢出。

3. 变量

变量（Variable）在程序中扮演着基本的角色，它是存储数据的载体，用于表示在程序中可能被改变的值。变量的数值可以被读取和修改，它是一切计算的基础。

变量是用于表示特定类型的数据。我们可以把变量理解为一个“容器”。例如，一个空烧杯，给变量赋值就相当于给烧杯倒液体，变量可以不断更换值，就像烧杯可以反复使用一样。

为什么要声明变量呢？简单来说，就是要告诉编译器这个变量属于哪一种数据类型，这样编译器才知道需要给它分配多少空间，以及它可以存放什么样的数据。为了使用变量，需要告诉编译器变量的名称及其可以存储的数据类型来声明该变量。变量声明就是告诉编译器根据数据类型为其分配合适的内存空间。

（1）声明变量。

在给变量赋值之前，必须先声明变量。任何时候，尽可能一步完成变量的声明和赋初始值。声明变量的语法格式如下。

```
数据类型    变量名;
```

有时可以先声明变量，再赋值，也可以在定义变量的同时给变量赋值，也可以在程序的任何位置声明变量，等到要使用时再给它赋值。赋值要用运算符（=）来实现。给变量赋值的语法格式如下。

```
数据类型    变量名=数值或表达式;
```

其中，数据类型可以是 Java 定义的任意一种数据类型。在使用变量之前，必须声明和初始化变量。声明变量就是先根据数据类型在内存中申请一个空间，并给这个空间命名，也就是变量名称，再将数据存储到对应的内存空间，即给变量赋值。

例如，要存储 Java 课程考试最高分 92.5，以及获取最高分的学生姓名“王娟”、性别“女”的信息。

```
double   score=92.5;    //声明双精度浮点型变量 score，用于存储分数
String  name="王娟";
char sex='女';
```

（2）变量的命名规则。

变量名可以是由英文字母、数字、下画线（_）或美元符号（$）构成的字符序列，但必须以字母、下画线（_）或美元符号（$）开头，不能以数字开头；不能使用 Java 的关键字，变量名可以是任意长度。

读者可以根据自己的喜好来决定变量的名称，但不能使用 Java 的关键字作为变量名。为了使程序日后更容易维护，变量的名称要让人很容易看出这个变量的作用，通常以变量所代表的意义来命名，做到“见名知意”。使用完整的词汇会更具有描述性，这样可以提高程序的可读性。通常我们用小写字母命名变量。如果一个名称包含多个单词，就将它们连在一起，第一个单词的字母小写，而后面的每个单词的首字母大写。例如，nameOfStudent 代表学生的姓名、nameOfTeacher 代表教师的姓名。本教材中的程序将采用完整的描述性词汇的命名，但是为了简明，偶尔在程序片段中也会采用 i、j、k、x、z 与 y 之类的变量名。

4. 常量

一般来说，程序设计语言都需要定义常量（Constant），Java 也不例外。常量是固定不变的量，一旦被声明、定义并赋初始值后，其值就不能再被改变。

（1）声明常量。

在 Java 中，主要是利用关键字 final 来定义常量的。声明常量的语法格式如下。

```
final  数据类型 常量名称 [ = 值 ];
```

（2）常量的命名规则。

常量名称通常使用大写字母，如 PI、YEAR 等，但这并不是硬性要求，仅是一个习惯而已，建议养成良好的编码习惯。常量标识符通常使用大写字母、数字、下画线（_）和美元符号（$）等组成，不能以数字开头，也不能是 Java 中的关键字。此外，在定义常量时，需要注意以下两点。

- 必须在声明常量时对其进行初始化，否则会出现编译错误。常量一旦被初始化，就无法对这个常量进行赋值。
- final 关键字不仅可以用于修饰基本数据类型的常量，还可以用于修饰“对象引用”或方法。

例如，声明常量，并给常量赋值。

```
final  double  PI =3.1415926;  //声明 double 型常量 PI 并赋值
```

【例 2-1】已知圆的变径，计算圆的面积。

```
//声明一个 double 型常量、两个 double 型变量
public class ComputerAreaWithConstant {
    public static void main(String[ ] args){
        final  double  PI =3.14;                //描述一个 double 型常量 PI
        double radius=3.5;                      //描述一个 double 型变量 radius
        double  area=radius *radius * PI;       //计算圆的面积
        System.out.println("这个半径为"+radius +"的圆的面积是"+area);
```

```
    }
}
```

程序运行结果如图 2-1 所示。

图 2-1　例 2-1 程序运行结果

一般来说，所有变量都遵循“先声明，后使用”的原则，而常量必须在声明的同时给其赋初始值，而且在同一语句中完成声明和赋值。

使用常量有 3 个好处：①不需要重复输入同一个值；②如果必须修改常量的值（如将常量 PI 的值 3.14 修改为 3.14159），则只需要在源代码中的一个地方修改；③给常量赋一个描述性名字会提高程序易读性。

2.1.3　从控制台读取输入

在例 2-1 中，程序代码的半径是固定的，为了能使用不同的半径，必须先修改源代码，再重新编译，很显然，这是非常不方便的。如果要从控制台读取输入，使得程序可以从用户那里获得输入数据，则可以使用 Scanner 类。

Java 使用 System.out 来表示标准输出设备，而使用 System.in 来表示标准输入设备。在默认情况下，输出设备是显示器，而输入设备是键盘。只需要使用 println()方法就可以在控制台上显示基本值或字符串。Java 并不直接支持控制台输入，但是可以使用 Scanner 类创建它的对象，以读取来自 System.in 的输入，代码如下。

```
Scanner  input =new Scanner(System.in);
```

语句赋值号左边的 input 表示声明了一个 Scanner 类型的变量，赋值号右边的 new Scanner(System.in)表示创建了一个 Scanner 类型的对象。该语句表示创建了一个 Scanner 对象，并且将它的引用值赋值给变量 input，然后对象调用自己的方法使这个对象完成某个任务。Scanner 类对象的方法如表 2-6 所示。

表 2-6　Scanner 类对象的方法

方　法	说　明
nextByte()	读取一个 byte 型的整数
nextShort()	读取一个 short 型的整数
nextInt()	读取一个 int 型的整数
nextLong()	读取一个 long 型的整数
nextFloat()	读取一个 float 型的浮点数
nextDouble()	读取一个 double 型的浮点数
next()	读取一个 next 型的字符串
nextLine()	读取一行 next 型的字符串

例如，调用 Scanner 类中的 nextDouble()方法来读取一个 double 的值。

```
double  radius = input. nextDouble();
```

【例 2-2】从键盘上输入圆的变径，计算圆的面积。

```
import java.util.Scanner;
public class ComputerAreaWithConstant {
  public static void main(String[ ] args){
      Scanner  input =new Scanner(System.in);
      final  double  PI =3.14;              //描述一个 double 型常量 PI
      System.out.print ("输入一个半径的值： ");
      double radius= input. nextDouble();
      double  area=radius *radius * PI;  //计算面积
      System.out.println("这个半径为"+radius +"的圆的面积是"+area);
  }
}
```

程序运行结果如图 2-2 所示。

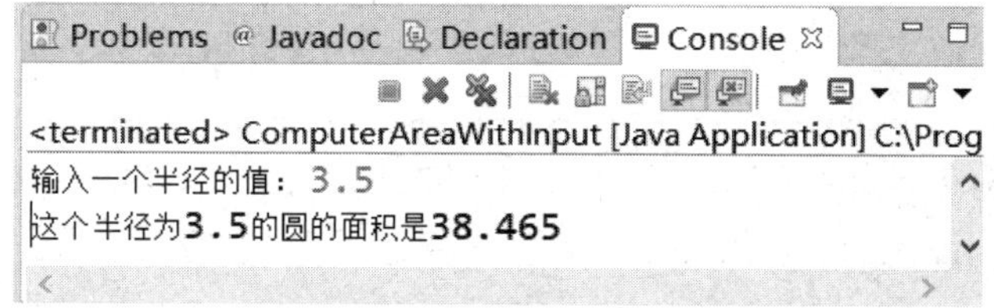

图 2-2　例 2-2 程序运行结果

关于对象的详细讲解将在单元 3 中介绍。目前，只要知道这是从控制台读取输入的方法即可。Scanner 类在包 java.util 里。我们可以使用 import 语句导入该包，import 语句有两种类型。除了可以在 import 语句中指定单个的类，也可以使用星号作为通配符，导入一个包中的所有类。

例如，下面的语句表示导入包 java.util 中的所有类。

```
import java.util.*;
```

2.1.4　Java 运算符、表达式与语句

设计程序的目的是让计算机实施运算，而程序语言中提供运算功能的就是运算符（Operator）。运算符是 Java 程序的基本组成要素之一，它包含一些特殊的符号，用于表示数据的运算、赋值和比较。不同的运算符用来完成不同的运算。

1. 运算符

Java 提供了丰富的运算符。按操作数的数目来分，有一元运算符（++）、二元运算符（+、>）和三元运算符（? :），它们分别对应一个、两个和三个操作数。按照运算符功能来分，基本的运算符有以下几类。

（1）算术运算符。

一元运算符：对一个操作数进行处理，如表 2-7 所示。

表 2-7　一元运算符

运 算 符	用　　法	说　　明
+	+op	正值
-	-op	负值
++	++op，op ++	加 1
--	--op，op--	减 1

【注意】++、--运算符可以置于变量前，也可以置于变量后。op++与++op 都会使 op 的值加 1，但作为表达式，op++与++op 是有区别的。

二元运算符：对两个操作数进行处理，如表 2-8 所示。

表 2-8　二元运算符

运 算 符	用　　法	说　　明
+	op1+op2	加
-	op1-op2	减
*	op1*op2	乘
/	op1/op2	除
%	op1%op2	取模（求余）

【例 2-3】使用算术运算符/、%分解一个 4 位数的各位数字。

```
public class ArithmeticOperator {
   public static void main (String args []) {
        int num=2583;
        int first=num/1000;
        int second=num%1000/100;
        int third=num/100/10;
        int fourth =num%10;
        System.out.println("数字"+num+"的千位是"+first+"\t 百位是"+second+"\t 十位是
"+third+"\t 个位是"+fourth);
   }
}
```

程序运行结果如图 2-3 所示。

图 2-3　例 2-3 程序运行结果

（2）关系运算符。

关系运算符用于判断一个操作数与另一个操作数之间的关系，计算结果返回布尔型的值 true 或 false。关系运算符都是二元运算符，如表 2-9 所示。

表 2-9 关系运算符

运 算 符	用 法	说 明
>	op1>op2	当 op1 大于 op2 时，返回值为 true
>=	op1>=op2	当 op1 大于或等于 op2 时，返回值为 true
<	op1<op2	当 op1 小于 op2 时，返回值为 true
<=	op1<=op2	当 op1 小于或等于 op2 时，返回值为 true
==	op1==op2	当 op1 与 op2 相等时，返回值为 true
!=	op1!=op2	当 op1 与 op2 不相等时，返回值为 true

（3）逻辑运算符。

逻辑运算符是对 true（真）和 false（假）这两种逻辑值进行运算，运算后的结果仍是一个逻辑值。逻辑运算符计算的结果值必须是 boolean 型数据。逻辑运算符如表 2-10 所示。

表 2-10 逻辑运算符

<table>
<tr><th>运 算 符</th><th>用 法</th><th>说 明</th></tr>
<tr><td>&&（与）</td><td>op1&&op2</td><td>当 op1 和 op2 都是 true 时，返回值为 true</td></tr>
<tr><td>||（或）</td><td>op1||op2</td><td>当 op1 或 op2 是 true 时，返回值为 true</td></tr>
<tr><td>!（非）</td><td>! op</td><td>当 op 为 false 时，返回值为 true</td></tr>
<tr><td>^（异或）</td><td>op1 ^ op2</td><td>当 op1 和 op2 逻辑值不相同时，返回值为 true</td></tr>
</table>

（4）位运算符。

位运算符是对操作数以二进制位为单位进行的操作和运算，其结果均为整型。位运算符如表 2-11 所示。

表 2-11 位运算符

<table>
<tr><th>运 算 符</th><th>用 法</th><th>说 明</th></tr>
<tr><td>>></td><td>op1>>op2</td><td>将 op1 右移 op2 个位</td></tr>
<tr><td><<</td><td>op1<<op2</td><td>将 op1 左移 op2 个位</td></tr>
<tr><td>>>></td><td>op1>>>op2</td><td>将 op1 右移 op2 个位（无符号）</td></tr>
<tr><td>&</td><td>op1&op2</td><td>按位与</td></tr>
<tr><td>|</td><td>op1|op2</td><td>按位或</td></tr>
<tr><td>^</td><td>op1^op2</td><td>按位异或</td></tr>
<tr><td>~</td><td>~op</td><td>按位非</td></tr>
</table>

（5）赋值运算符。

赋值运算符是一个等号，其右边是一个表达式，左边是变量。右边的表达式可以是一个变量或常量。赋值运算符的作用是先计算等号右边的表达式的值，再将计算结果赋给左边的变量。

（6）条件运算符。

条件运算符（?:）是三元运算，其语法格式如下。

```
表达式 1 ? 表达式 2：表达式 3;
```

其中，表达式 1 必须是布尔表达式。条件运算的顺序是：先计算表达式 1 的值，如果结果为 true，则计算表达式 2 的值，并将这个值作为三元运算的结果；如果结果为 false，则计算表达式 3 的值，并将这个值作为三元运算的结果。举例如下。

```
int a=3,b=4,c ;
c=a>b ? a: b ; // a>b 值为 false，因此三元运算结果为 b，把 b 的值赋给 c
```

2. 表达式与语句

（1）表达式。

在 Java 中，表达式是变量、常量、运算符或方法调用所组成的序列，表达式的计算结果是返回某个确定的值。算术表达式就是使用 Java 算术运算符对算术表达式进行直接的计算；布尔表达式可以使用关系运算符或逻辑运算符来代替算术运算符；如(a + b) * 2 是一个算术表达式，而 c>b 就是一个布尔表达式。

（2）语句。

每个语句是一个完整的执行单元，以分号（;）结尾。在下列表达式后面加分号就成了语句。

- 赋值表达式。
- 变量的++和--运算。
- 方法调用。
- 对象创建表达式。

这种语句称为表达式语句。举例如下。

```
int num=23;                     //赋值语句
i++;                            //相当于 i=i+1
System.out.println("hello");    //方法调用语句
Student stu=new Student();      //对象创建语句
```

Java 除了有表达式语句，还有声明语句和流程控制语句。声明语句用来声明变量的数据类型。流程控制语句用来控制语句的执行顺序。

（3）复合语句。

Java 程序由若干行语句组合而成，当程序执行时就以语句为单位，由上往下循序进行。简单的语句是以分号（;）结尾的。复合语句由多个简单语句构成，通常使用一对分隔符（{ }）括起来，常使用在流程控制、类的声明、方法的声明及异常处理等场合。

（4）程序规范。

简单的语句都以分号（;）为分隔，同一个语句可以分成多行描述，其效果和写在一行是一样的。但是，为了让程序具有良好的可读性，并且方便添加注释，建议用户遵循同一语句占据一行的模式。

在编写程序时，为了使程序更具有可读性、更加美观、功能作用容易看懂，一般在每行语句中添加空格是必不可少的。在编译的过程中，Java 编译器会把语句中所有非必需的空格过滤。有时，也会添加空语句。空语句是由一个分号（;）组成的语句，就是什么也不执行的语句。在程序中空语句常被用来当作空循环体，或者用来在调试时留空，便于以后添加新的功能。

任务实施

本任务使用计算机表示数据的形式，来描述车辆运费的相关信息。使用变量声明车型、车辆规格、车辆容载量、单价、实际托运量的值，计算车辆所需的运费并在控制台输出车辆运费的相关信息。编写程序要遵循变量命名规范与代码缩进格式。车辆容载量的单位是托，一托是 1 吨。实际托运量的单位是吨。

任务实现步骤如下。

（1）根据车辆信息实际情况，定义不同数据类型的变量，并输入相应的信息。

（2）计算显示不同车型货车的运费。

（3）输出显示车辆运费的相关信息。

程序代码如下。

```
public class FreightCalculate {
    public static void main(String[] args) {
        String CompanyName="新风物流";          //运输公司名称
        String vehicleType1="2T";              //车型名称 1
        String vehicleSpecs1="4.2*1.6*1.8"; //车型 1 的规格
        int    Capacity1=4;                    //车型 1 的容载量（托）
        double  unitPrice1=14.5;               //车型 1 的单价
        double  weight1=2;                     //车型 1 的实际托运量（吨）
        String vehicleType2="8T";              //车型名称 2
        String vehicleSpecs2="7.6*2.4*2.4"; //车型 2 的规格
        int   Capacity2=12;                    //车型 2 的容载量（托）
        double unitPrice2=111.5;               //车型 2 的单价
        double  weight2=6;                     //车型 2 的实际托运量（吨）

        double  freight=unitPrice1*weight1+unitPrice2*weight2;
        System.out.println("\n \t\t 欢迎使用车辆运费结算清单： "+ CompanyName);

System.out.println("=====================================================");
        System.out.println("车型 \t 车辆规格(米)\t 车辆容载量(托) \t 单价(元)  \t\t 实际托运
量（吨）     ");

System.out.println("=====================================================");
        System.out.println( vehicleType1 + "\t\t" +vehicleSpecs1+ "\t "
+Capacity1+" \t\t"+unitPrice1 +"\t\t" +weight1 );
        System.out.println( vehicleType2 + "\t\t" +vehicleSpecs2+ "\t "
+Capacity2+" \t\t"+unitPrice2 +"\t\t" +weight2 );

System.out.println("=====================================================");
       System.out.println("总运费是"+freight);
    }
}
```

车辆运费结算信息程序运行结果如图 2-4 所示。

```
                    欢迎使用车辆运费结算清单：  新风物流
==============================================================================
车型      车辆规格(米)          车辆容载量(托)     单价(元)          实际托运量(吨)
==============================================================================
2T        4.2*1.6*1.8          4                  14.5              2.0
8T        7.6*2.4*2.4          12                 111.5             6.0
==============================================================================
总运费是698.0
```

图 2-4　车辆运费结算信息程序运行结果（1）

为了在控制台上输出结果，使用 System 类的 out 输出流，调用 out 输出流的 println()方法，可以在控制台上显示基本数值或字符串。使用 println()方法在控制台上显示基本数值，其中转义字符“\t”代表一个制表符，也就是说输出的数值之间有 8 个空格。

程序中的车辆相关信息都是固定的，为了能使用不同的车辆信息并计算车辆运费，必须先修改源代码，再重新编译，显然，这是非常不方便的。如果要从控制台上读取输入数据，使得程序可以从用户那里获得输入数据，则可以使用 Scanner 类从控制台上读取输入数据。

由于 System 类属于 java.lang 包，因此不需要用户手动导入，而 Scanner 类是在包 java.util 中。如果要访问 Scanner 对象的属性及其方法，则必须在程序的首行导入包，代码如下。

```
import java.util.Scanner;
```

Scanner 类是 Java 的文本扫描器类，使用 Scanner 类封装输入流对象 input，可以从输入流中读取指定类型的数据。程序代码中变量赋值部分修改如下。

```
Scanner input =new Scanner(System.in);//创建输入流对象
System.out.print("请输入运输公司名称：");
String CompanyName= input.next();
System.out.print("请输入车辆 1 类型：");
String vehicleTypc1- input.next();
System.out.print("请输入车辆 1 规格：");
String vehicleSpecs1= input.next();
System.out.print("请输入车辆 1 容载量：");
int   Capacity1= input.nextInt();
System.out.print("请输入运费单价：");
double  unitPrice1= input. nextDouble();
System.out.print("请输入实际托运量：");
double  weight1= input. nextDouble();
System.out.print("请输入车辆 2 类型：");
String vehicleType2= input.next();
System.out.print("请输入车辆 2 规格：");
String vehicleSpecs2= input.next();
System.out.print("请输入车辆 2 容载量：");
int   Capacity2= input.nextInt();
System.out.print("请输入运费单价：");
double  unitPrice2= input. nextDouble();
System.out.print("请输入实际托运量：");
```

```
double  weight2= input. nextDouble();
```

首先在程序中定义不同数据类型的变量，然后使用 Scanner 类封装输入流对象 input，分别调用 next()方法、nextInt()方法和 nextDouble()方法从输入流中获取用户输入的字符串值、int 型数值与 double 型数值。这里建议，在使用 Scanner 类实现键盘输入完成简单人机交互时，需要添加一个 print()方法输出提示信息。修改变量赋值方法后，程序运行结果如图 2-5 所示。

```
请输入运输公司名称：新风物流
请输入车辆1类型：2T
请输入车辆1规格：4.2*1.6*1.8
请输入车辆1容载量：4
请输入运费单价：14.5
请输入实际托运量：2
请输入车辆2类型：8T
请输入车辆2规格：7.6*2.4*2.4
请输入车辆2容载量：12
请输入运费单价：111.5
请输入实际托运量：6

                    欢迎使用车辆运费结算清单：  新风物流
================================================================================
车型    车辆规格(米)          车辆容载量(托)    单价(元)          实际托运量(吨)
================================================================================
2T      4.2*1.6*1.8         4                14.5              2.0
8T      7.6*2.4*2.4         12               111.5             6.0
================================================================================
总运费是698.0
```

图 2-5　车辆运费结算信息程序运行结果（2）

任务 2.2　选择车型

任务分析

对于运输公司的货运车辆，在计算运费时，系统会根据发货时间，选用不同的车型及其不同车型对应有效期内的运费费率单价、车辆实际托运量来计算该车辆实际的运费。本任务用于解决用户可以任意选择不同车辆的型号，根据车型的不同输出对应车辆信息的描述，如车型、车辆规格和车辆容载量。

相关知识

结构化程序设计中强调使用模块化、积木式的方法来建立程序，可以使程序的逻辑结构清晰、层次分明、可读性好，能提高程序的开发效率，保证程序质量，提高程序的可靠性。

2.2.1　方法

方法（Method）是一段用来完成某种操作的程序片段，通常用来完成一项具体的功能（Function），在其他编程语言中也被称为函数，如 C 语言中的函数。

1. 方法的基本定义

定义方法的语法格式如下。

```
修饰符    返回值类型      方法名( 形式参数列表 )  {
          //这里编写方法的主体
}
```

说明如下。

- 修饰符是指权限修饰符，这里主要指 public。
- 返回值类型通常是指方法返回的数据类型。如果该方法不需要返回值，则使用 void 关键字。如果方法有返回值，则必须在方法体中使用 return 语句，return 返回值的数据类型一定要与方法中声明时的返回值类型一致。
- 方法名的命名规则必须遵循 Java 标识符的命名规则，通常方法名以英文动词开头，如果有两个以上单词组成，则第一个单词的首字母小写，其后单词首字母大写。
- 形式参数列表由数据类型、变量名组成。每个变量之间用逗号（,）分隔。参数就是方法被调用时接收传递过来的参数值的变量。如果方法没有参数，则形式参数列表为空，但是不能省略括号。
- 方法的主体就是该方法的具体业务代码，是完成一定功能行为的语句序列，可以有变量声明语句、赋值语句、调用其他方法的语句及各种流程控制语句等。

2. 方法的调用

方法是个“黑匣子”，用于完成某个特定的应用程序功能，并返回结果。方法的定义说明了方法的名称、接收的参数类型和方法的功能，仅仅定义方法是不够的，要实现某个方法的功能还必须调用该方法。

方法的调用形式如下。

```
方法名(实际参数列表);
```

3. 方法中的形参与实参

调用方法时可以给该方法传递一个或多个值，传给方法的值称为实际参数，简称实参。在方法内部，接收实参的变量称为形式参数，简称形参。形参与实参在数量、类型、顺序上严格保证一一对应的关系。

2.2.2 选择结构

做任何事情都要遵循一定的原则。例如，到图书馆去借书，必须要有借书证，并且借书证不能过期，这两个条件缺一不可。程序设计也是如此，需要通过流程控制实现与用户的交流，并根据用户的需求决定程序“做什么”及“怎么做”。

顺序结构程序就是顺序执行的语句所构成的程序。在通常情况下，顺序结构是指按照程序语句出现的先后顺序一句一句地执行。语句可以是一条语句，也可以是用花括号（{}）括起来的一个语句集合，这个语句集合也被称为复合语句。

但是在实际生活中，每个人有需要做出各种各样的选择的时候。例如，走哪条路上班，中午到哪儿吃饭等。那么程序中遇到了选择该怎么办呢？这时也需要做出选择，如何实现选择结构呢？

在解决实际问题的程序设计中，根据输入数据和中间结果的不同，需要执行不同的语句。在这种情况下，必须根据某个变量或表达式的值做出判断，以决定执行哪些语句和不执行哪些语句。这种结构就是选择结构，也被称为分支结构。

选择结构是根据给定的条件进行判断，决定执行哪个分支的程序段，条件分支在执行时“非此即彼”，不可兼得，主要用于两个分支的选择。

Java 中的选择结构提供了两种类型：一种是条件分支，就是先根据给定的条件进行判断，再决定执行某个分支的程序段。另一种是开关分支，就是先根据给定表达式的值进行判断，再决定执行多路分支中的一支。Java 提供了 if 语句、if…else 语句、if…else if 语句、switch 语句。

1. if 语句

if 语句用于实现条件分支结构，主要用于告知程序当某一个条件成立时，执行满足该条件分支的相关语句。

if 语句的语法格式如下。

```
if(<布尔表达式>) {
<语句块 1>;
}
```

布尔表达式可以是一个单纯的布尔变量或常量，也可以是条件判断表达式。

【注意】当 if 语句中布尔表达式的值为 true，要处理的只有一条语句时，可以省略花括号（{}）。但是，在实际编写程序时，即使要处理的只有一条语句，也不建议省略花括号（{}），这样是为了易于阅读和不易出错。

【例 2-4】使用 if 语句实现用户输入一个整数，如果该数字是 5 的倍数，则输出 HiFive。如果该数字能被 2 整除，则输出 HiEven。

```
import java.util.Scanner;
public class JudgmentNumber  {
    public static void main(String[] args) {
    Scanner  input =new Scanner(System.in);
    System.out.print(" 输入一个整数: ");
    int number=input.nextInt();

    if(number%5==0){
        System.out.println("HiFive");
    }

    if(number%2==0){
        System.out.println("HiEven");
    }
  }
}
```

程序运行结果如图 2-6 所示。

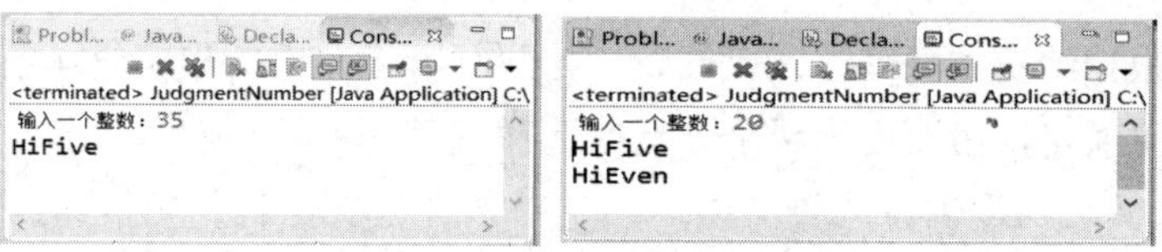

图 2-6　例 2-4 程序运行结果

从例 2-4 的程序代码中，我们可以看到，当且仅当布尔表达式的值为 true 时，单分支 if 语句才会执行动作。当输入整数 20 时，输出两个结果，因为按顺序执行两个 if 语句的布尔表达式的值都为 true。

如果输入的整数都不满足这两个 if 语句的布尔表达式的值，则结果会是怎样的呢？我们知道单分支 if 语句只考虑布尔表达式的值为 true，当为 false 时什么也不做。如果需要布尔表达式的值为 false 时也能执行一些动作，则可以使用双分支 if…else if 语句。

2. if…else 语句

if…else 语句的语法格式如下。

```
if(布尔表达式) {
语句块 1;
} else {
语句块 2;
}
```

if…else 语句是根据布尔表达式的值为 true 或 false 来执行不同的操作的。if…else 语句的执行流程如图 2-7 所示。如果布尔表达式的值为 true，则执行 if 中的语句块 1；如果布尔表达式的值为 false，则执行 else 中的语句块 2；继续执行整个 if 语句后面的语句。语句块 1 和语句块 2 可以是一条语句，也可以是复合语句。

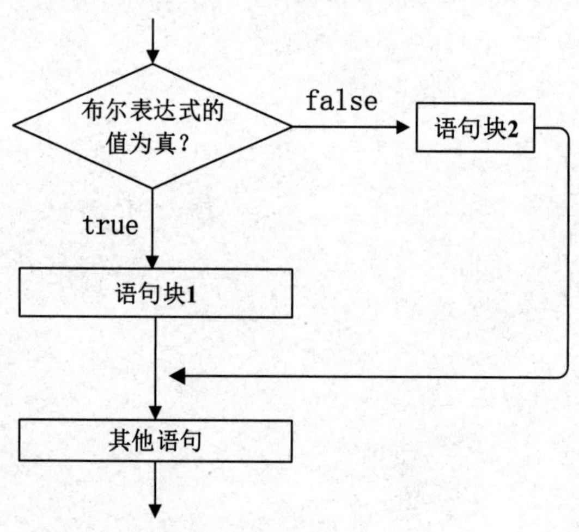

图 2-7　if…else 语句的执行流程

【例 2-5】使用 if…else 语句实现用户输入一个整数，判断该数字是偶数还是奇数。

```
import java.util.Scanner;
public class EvenAndOdd  {
```

```
    public static void main(String[] args) {
     Scanner  input =new Scanner(System.in);
     System.out.print(" 输入一个整数: ");
     int number=input.nextInt();

     if(number%2==0){
            System.out.println(number+ " 是偶数."); }
     else{
           System.out.println(number+ " 是奇数.");    }
  }
}
```

程序运行结果如图 2-8 所示。

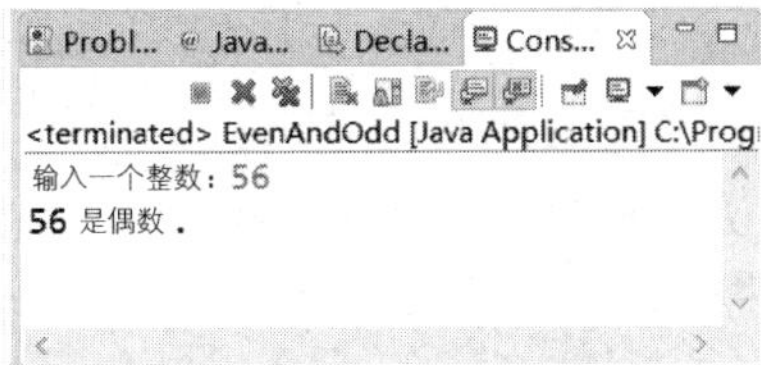

图 2-8　例 2-5 程序运行结果

3. if…else if 语句

由于 if 语句体或 else 语句体可以是多条语句，因此想要在 if…else 里判断多个条件时，可以随意嵌套。比较常见的用法是 if…else if 语句，语法格式如下。

```
if(表达式 a){
    语句块 1}          //当表达式 a 返回值为 true 时，执行语句块 1
else if(表达式 b){
    语句块 2}          //当表达式 a 返回值为 false 且表达式 b 返回值为 True 时，执行语句块 2

else{
    语句块 n}         //当表达式返回值均为 false 时，执行语句块 n
```

if…else if 也被称为多分支语句，常被应用于含有多个布尔表达式的值判断的程序中。如果对学生期末成绩评测，成绩≥90 为优秀；成绩≥80 为良好；成绩≥60 为中等；成绩<60 为差，则程序代码如下。

```
int score = 70;    //考试成绩
     if ( score >= 90 ) {
        System.out.println("优秀");
     } else if (score >= 80 ) {
               System.out.println("良好");
            }else if (score >= 60 ) {
                System.out.println("中等");
                } else {
```

```
                    System.out.println("差");
                }
```

为了避免深度缩进，并使程序易于阅读，我们还是推荐使用以下代码编写风格。

```
int score = 70;    //考试成绩
      if ( score >= 90 ) {
          System.out.println("优秀");
      } else if (score >= 80 ) {
            System.out.println("良好");
        } else if (score >= 60 ) {
            System.out.println("中等");
        } else {
            System.out.println("差");
      }
```

【例 2-6】某公司年终进行年会抽奖活动，设立以下奖项。

- “1”代表“一等奖”，奖品是“小米笔记本电脑”。
- “2”代表“二等奖”，奖品是“华为平板电脑”。
- “3”代表“三等奖”，奖品是“华为手环”。
- “4”代表“四等奖”，奖品是“128G 闪盘”。

使用 if 语句，根据控制台输入的奖号，输出与该奖号对应的奖品。

```
import java.util.Scanner;
public class YearAfterDraw {
   public static void main(String[] args) {
       Scanner input = new Scanner(System.in);
       System.out.print("请输入您的奖号: ");
       int number = input.nextInt();
       if(number == 1) {
          System.out.println("恭喜获得一等奖: 小米笔记本电脑"); }
       else if(number == 2) {
           System.out.println("恭喜获得二等奖: 华为平板电脑"); }
       else if(number == 3) {
             System.out.println("恭喜获得三等奖: 华为手环"); }
       else if(number == 4) {
          System.out.println("安慰奖 128G 闪盘。明年继续努力! ");
       }
        input.close();//关闭输入
   }
}
```

程序运行结果如图 2-9 所示。

```
请输入您的奖号：2
恭喜获得二等奖：华为平板电脑
```

图 2-9 例 2-6 程序运行结果

4. switch 语句

在 Java 中，我们可以使用 switch 语句以一个较简单的方式来实现“多选一”的功能。虽然 if 语句可以用于处理多重选择，但语句较为复杂，并且容易将 if 与 else 配对错误，从而造成逻辑混乱。如果 if 语句中的表达式值为具体的数值或字符，则使用 switch 语句来处理多重选择情况更为合适。

switch 语句也被称为开关语句，基于变量或表达式的值来执行不同语句。switch 语句与 case 语句一起使用，其功能是根据某个表达式的值在多个 case 引导的分支语句中选择对应的一个来执行。

switch 语句的语法格式如下。

```
switch(表达式) {
    case 常量表达式 a : 判断表达式与常量表达式 a 值相匹配时所执行的语句块 1; break;
    case 常量表达式 b : 判断表达式与常量表达式 b 值相匹配时所执行的语句块 2; break;
            ……
default : 判断表达式与所有 case 常量表达式值都不匹配时所执行的语句块 n
}
```

switch 语句中的表达式必须是整型、字符型、枚举型或字符串型，常量表达式 a、常量表达式 b 的值必须是与判断表达式匹配的数据类型。

在 switch 语句中，首先计算判断表达式的值，如果该值与 case 后面的常量表达式 a 的值相同，则执行该 case 语句后面的语句块，直到遇到 break 语句为止。如果该 case 语句中没有 break 语句，则继续执行后面 case 中的语句块，直到遇到 break 语句为止。break 的作用是跳出整个 switch 语句。

【例 2-7】使用 switch 语句重新编写【例 2-6】的程序。

```
import java.util.Scanner;
public class YearAfterDraw1 {
 public static void main(String[] args) {
    Scanner input = new Scanner(System.in);
    System.out.print("请输入您的奖号: ");
    int number = input.nextInt();

    switch(number){
       case 1:System.out.println("恭喜获得一等奖: 小米笔记本电脑"); break;
       case 2:System.out.println("恭喜获得二等奖: 华为平板电脑");break;
       case 3:System.out.println("恭喜获得三等奖: 华为手环");break;
```

```
        case 4:System.out.println("安慰奖 128G 闪盘。明年继续努力！");break;
      }
      input.close();
  }
}
```

程序运行结果如图 2-10 所示。

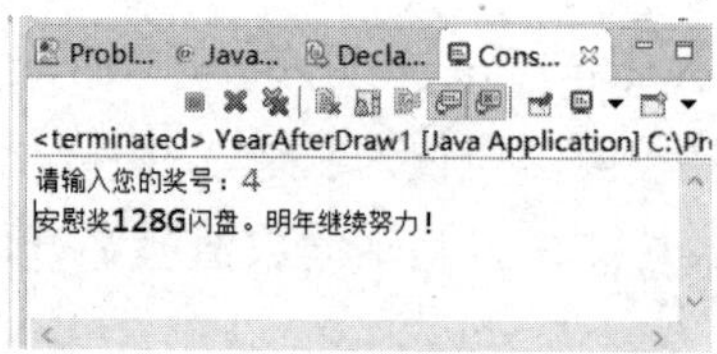

图 2-10　例 2-7 程序运行结果

大家可以先试着将源程序中的 break 语句都删除，再运行源程序看一看结果是什么，想一想为什么会这样呢？

2.2.3　循环结构

日常生活中有很多问题都无法一次性解决。例如，所有高楼都是一砖一瓦堆起来的。有些事情必须周而复始地运转，保证其存在的意义。例如，公交、地铁、火车等交通工具必须每天在同样的时间出现在相同的站点；又如，任务 2.2 中关于车型的选择，类似这样反复执行同一件事情的情况，在程序设计中经常碰到，为了满足这样的开发需求，在编程中就有了循环结构。

循环结构是程序中的另一种重要结构，与顺序结构、选择结构共同作为各种复杂程序的基本构造部件。

循环结构的特点是在满足一定条件的情况下反复执行某一个操作。通常称给定条件为循环条件，反复执行的程序段为循环体。循环结构的流程图如图 2-11 所示。循环体可以是复合语句、单个语句或空语句。在循环体中也可以包含循环语句，实现循环的嵌套。

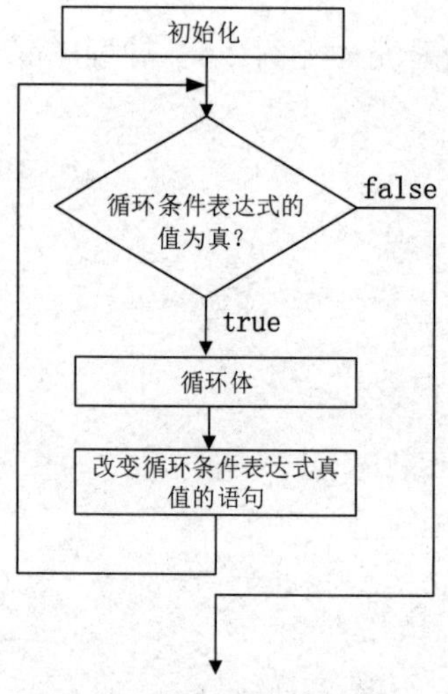

图 2-11　循环结构的流程图

循环结构的流程图由以下 4 部分组成。

- 初始化。
- 循环条件判断。
- 循环体。
- 改变循环条件表达式真值的语句。

这是构成循环的 4 个必须组成部分，每一个循环结构都必须包含这 4 部分。在进入循环之前，初始化部分用来设置条件表达式的初始值；循环条件判断用来确定是否执行循环；循环体是要重复执行的语句；改变循环条件表达式真值的语句是循环能否正确执行的关键，对每一个循环都是必不可少的，它的作用是修改循环条件表达式的值，改变循环条件，以便将循环条件一步步向终止方向趋近。

Java 提供了 4 种常用的循环语句：while 语句、do…while 语句、for 语句与 foreach 语句，其中，foreach 语句是 for 语句的特殊简化版本。

1. while 语句

while 语句执行的流程是先计算循环条件表达式的值，如果循环条件表达式的值为真，则执行循环体中的语句，继续循环；否则退出循环。因此，while 语句实现了“当型”循环结构。“当型”循环结构的特点是先判断循环条件表达式之后，再执行循环体。

while 语句的语法格式如下。

```
while(循环条件表达式){
循环体
 }
```

while 语句中只有一个循环条件表达式，它可以是任何布尔表达式，但是必须是布尔型的值。

【例 2-8】对 1~10 进行相加计算。

```
public class GetSum {
    public static void main(String args[]) {
        int x = 1;                //定义 int 型变量 x，并赋初始值
        int sum = 0;              //定义变量 sum 用于保存相加后的结果
        while (x <= 10) {
            sum = sum + x;
         x++;                     //x 的值自增
        }
       System.out.println("1~10 之和 为 sum =" + sum); //将变量 sum 输出
    }
}
```

程序运行结果如图 2-12 所示。

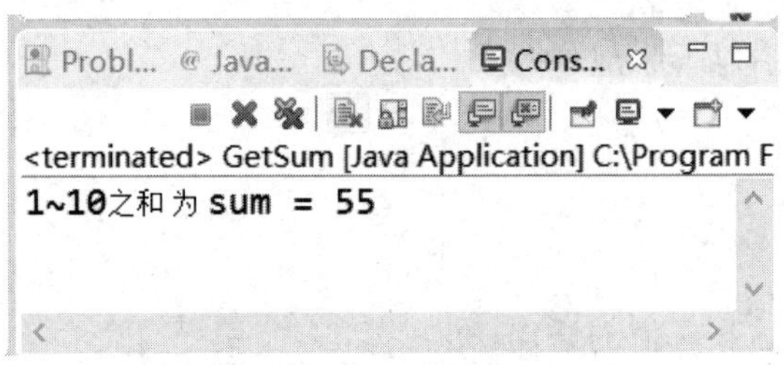

图 2-12 例 2-8 程序运行结果

2. do…while 语句

do…while 语句先执行循环体，再计算循环条件表达式的值，如果循环条件表达式的值为真，则重复执行循环体，直到循环条件表达式的值为假时，才终止循环结构。因此，do…while 语句实现了“直到型”循环结构。“直到型”循环结构的特点是先执行循环体，再判断循环条件表达式的值。

do…while 语句的语法格式如下。

```
do{
        循环体
  } while(循环条件表达式);
```

while 与 do…while 的区别是：while 语句先判断条件是否成立再执行循环体，而 do…while 语句则先执行一次循环后，再判断条件是否成立。也就是说，do…while 循环语句的循环体至少要执行一次。while 语句与 do…while 语句一个明显区别是，do…while 语句在结尾处多了一个分号。

【例 2-9】用户从键盘上输入一个值，从这个值开始，依次与这个值之后的连续多个自然数相加，当和超过 100 时结束，输出此时的累加和 sum 及当前自然数 n 的值。

```
import java.util.Scanner;
public class GetNumSum {
    public static void main(String[] args) {
          int sum = 0;
           Scanner input = new Scanner(System.in);
          System.out.print("请输入一个整数(0~100):");
          int num = input.nextInt();
          do {
                 sum += num;
                 num++;
           }while (sum <= 100);
          System.out.println("sum=" + sum);
              System.out.println("n=" + (num-1));
          input.close();
    }
}
```

程序运行结果如图 2-13 所示。

```
<terminated> GetNumSum [Java Application] C:\Program File
请输入一个整数（0~100）：25
sum=106
n=28
```

图 2-13 例 2-9 程序运行结果

3. for 语句

for 语句是 Java 程序设计中常用的循环语句。for 语句使用一个变量来控制循环体的执行次数，直到某个条件满足循环终止。

for 语句的语法格式如下。

```
for(表达式 1; 表达式 2; 表达式 3){
    循环体
}
```

表达式 1 用于描述循环变量的初始化；表达式 2 用于描述循环条件表达式，进行循环条件判断；表达式 3 用于更新循环变量的值。for 语句的流程图如图 2-14 所示。

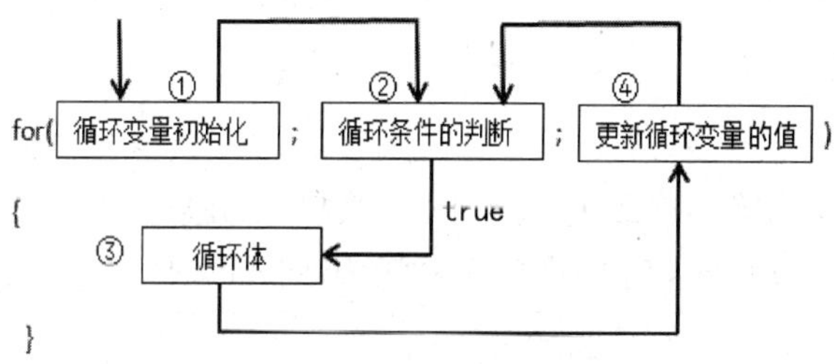

图 2-14 for 语句的流程图

首先执行①，进行循环变量初始化；然后执行②，进行循环条件的判断；如果②循环条件的值为 true，则执行③，即循环体；其次执行④，更新循环变量的值，返回②，进入下一轮循环，依次执行，直到②循环条件的值为 false，退出循环。

【例 2-10】编写中彩概率程序，从 1～50 之间的数字中取 6 个数字来抽奖。

```
import java.util.Scanner;
public class LotteryOdds {
    public static void main(String[] args) {
        Scanner in = new Scanner(System.in);
        System.out.print("你需要取几个数字？ ");
        int k = in.nextInt();
        System.out.print("取得最大数字是几？ ");
        int n = in.nextInt();
        int lotteryOdds = 1;
        for (int i = 1; i <= k; i++){
```

```
        lotteryOdds = lotteryOdds * (n - i + 1) / i;
      }
      System.out.println("概率是 1/" + lotteryOdds + ".祝你好运!");
    }
}
```

程序运行结果如图 2-15 所示。

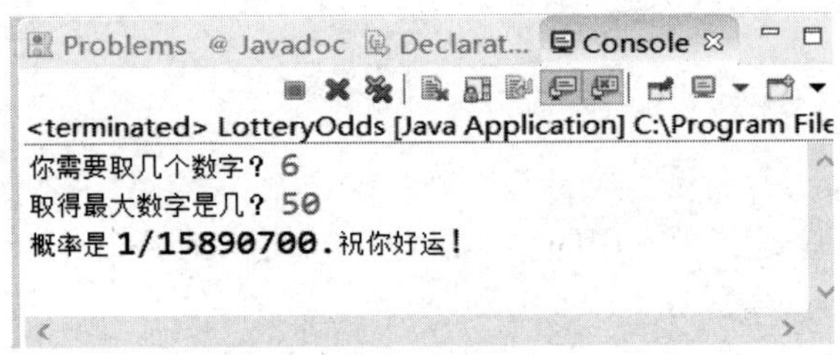

图 2-15　例 2-10 程序运行结果

在一般情况下，如果从 n 个数字中抽取 k 个数字，就可以使用下列公式得到计算结果。

$n\times(n-1)\times(n-2)\times\cdots\times(n-k+1) / (1\times2\times3\times\cdots\times k)$ ；对于这个公式就可以使用 for 语句计算。

如果是从 490 个可能数字中抽取 60 个，这个程序的基本整数和浮点数精度都不能满足需求，这时就需要大数值。java.math 包中的 BigInteger 类和 BigDecimal 类可以用于处理包含任意长度数字序列的数值。

4. 中断控制流程语句

（1）break 语句。

break 语句的作用是使程序的流程从一个语句块内部跳转出来。在 switch 语句中，使用 break 语句可以跳出 switch 分支结构。在循环结构中，也可以使用 break 语句跳出当前循环体，从而中断当前循环。

（2）continue 语句。

continue 语句是针对 break 语句的补充。continue 语句不是跳出循环体，而是跳过本次循环结束前的语句，返回循环条件测试部分，重新开始执行循环。

在 while 或 do…while 循环中，continue 语句会使流程直接跳转到循环条件表达式。在 for 循环中，continue 语句会跳转到表达式 3，先计算修改循环变量后再判断循环条件。

任务实施

在计算货运车辆运费时，需要根据不同的车型进行选择。利用模块化分别定义方法，实现车型选择的简单交互操作，以及实现车型相关信息的界面；在 main()主方法中调用实现不同车型的选择。

任务实现步骤如下。

（1）定义第 1 个方法，其功能显示车型相关信息的界面。

（2）定义第 2 个方法，其功能使用 if 语句实现车型的选择。

（3）定义第 3 个方法，其功能使用 switch 语句实现车型的选择。

（4）在 main()主方法中，首先调用车型相关信息界面的方法，然后根据用户输入的变量值（作为实参），分别调用车辆的选择方法。

程序代码如下。

```
import java.util.Scanner;
public class VehicleTypeJudge {

    //显示车型相关信息的界面
    public static void showMenu() {
        System.out.println(" ============================================================");
        System.out.println("  编号||  车型          车辆规格(米)   车辆容载量(托)");
        System.out.println(" ============================================================");
        System.out.println("  1  ||   2T          4.2*1.6*1.8        4  ");
        System.out.println(" ------------------------------------------------------------");
        System.out.println("  2  ||   5T          6.8*2.4*2.4        10 ");
        System.out.println(" ------------------------------------------------------------");
        System.out.println("  3  ||   8T          7.6*2.4*2.4        12 ");
        System.out.println(" ------------------------------------------------------------");
        System.out.println("  4  ||   10T         9.6*2.4*2.4        16 ");
        System.out.println(" ------------------------------------------------------------");
        System.out.println("  5  ||   集装箱20'   5.8*2.4*2.4        10 ");
        System.out.println(" ------------------------------------------------------------");
        System.out.println("  6  ||   集装箱40'   12*2.4*2.4         20 ");
        System.out.println(" ------------------------------------------------------------");
        System.out.println("  7  ||   小车        N/A                纸箱");
        System.out.println(" ============================================================");   }
    //使用 if…else 判断车型
    public static void chooseIf(int no) {
        System.out.println("\n 你选择使用 if…else 判断车型");
        if(no==1) {
            System.out.println(" 你选择的车型是: 2T, 车辆规格(米): 4.2*1.6*1.8, 车辆容载量
(托): 4 ");}
        else if(no==2){
            System.out.println(" 你选择的车型是: 5T, 车辆规格(米): 6.8*2.4*2.4, 车辆容载量
(托): 10 ");}
        else if(no==3){
            System.out.println(" 你选择的车型是: 8T, 车辆规格(米): 7.6*2.4*2.4, 车辆容载量
(托): 12 ");}
        else if(no==4){
            System.out.println(" 你选择的车型是: 10T, 车辆规格(米): 9.6*2.4*2.4, 车辆容载量
(托): 16 ");}
        else if(no==5){
```

```
            System.out.println(" 你选择的车型是：集装箱 20'，车辆规格(米)：5.8*2.4*2.4，车
辆容载量(托)：10 ");}
        else if(no==6){
            System.out.println(" 你选择的车型是：集装箱 40'，车辆规格(米)：12*2.4*2.4，车辆
容载量(托)：20 ");}
        else {
            System.out.println(" 你选择的车型是：小车，车辆规格(米)：N/A ，车辆容载量(托)：
纸箱 ");}
        }
    //使用 switch 判断车型
    public static void chooseSwitch(int no) {
        System.out.println("\n 你选择使用 switch 判断车型");
        switch(no) {
            case 1:System.out.println(" 你选择的车型是：2T，车辆规格(米)：4.2*1.6*1.8，
车辆容载量(托)：4 ");break;
            case 2:System.out.println(" 你选择的车型是：5T，车辆规格(米)：6.8*2.4*2.4，
车辆容载量(托)：10 ");break;
            case 3:System.out.println(" 你选择的车型是：8T，车辆规格(米)：7.6*2.4*2.4，
车辆容载量(托)：12 ");break;
            case 4:System.out.println(" 你选择的车型是：10T，车辆规格(米)：
9.6*2.4*2.4，车辆容载量(托)：16 ");break;
            case 5:System.out.println(" 你选择的车型是：集装箱 20'，车辆规格(米)：
5.8*2.4*2.4，车辆容载量(托)：10 ");break;
            case 6:System.out.println(" 你选择的车型是：集装箱 40'，车辆规格(米)：
12*2.4*2.4，车辆容载量(托)：20 ");break;
            default :System.out.println(" 你选择的车型是：小车，车辆规格(米)：N/A ，车辆
容载量(托)：纸箱 ");
        }
    }
    public static void main(String[] args) { //主方法，程序入口
        Scanner input=new Scanner(System.in);
        System.out.println("\n 货车车型相关信息：");
        showMenu();                                //调用方法
        System.out.print("\n 请输入你选择的车型：");
        int num=input.nextInt();
        chooseIf(num);                             //调用方法
        chooseSwitch(num);                         //调用方法
    }
}
```

车型界面程序运行结果如图 2-16 所示。

```
货车车型相关信息:
================================================
 编号||  车型          车辆规格(米)    车辆容载量(托)
================================================
  1  ||  2T           4.2*1.6*1.8        4
------------------------------------------------
  2  ||  5T           6.8*2.4*2.4        10
------------------------------------------------
  3  ||  8T           7.6*2.4*2.4        12
------------------------------------------------
  4  ||  10T          9.6*2.4*2.4        16
------------------------------------------------
  5  ||  集装箱20'    5.8*2.4*2.4        10
------------------------------------------------
  6  ||  集装箱40'    12*2.4*2.4         20
------------------------------------------------
  7  ||  小车         N/A                纸箱
================================================

请输入你选择的车型: 2

你选择使用if…else判断车型
你选择的车型是: 5T, 车辆规格(米): 6.8*2.4*2.4, 车辆容载量(托): 10

你选择使用switch判断车型
你选择的车型是: 5T, 车辆规格(米): 6.8*2.4*2.4, 车辆容载量(托): 10
```

图 2-16　车型界面程序运行结果

在上述代码中，定义了无返回值、无参数的显示车型界面的 showMenu()方法，该方法带有 static 关键字，是一个静态方法，静态方法属于整个类所有，不需要类实例化就可以使用。

在上述代码中，定义了无返回值、带有一个形参的 chooseIf()静态方法，该方法使用 if…else if 语句实现简单的菜单交互功能。还定义了无返回值、带有一个形参的 chooseSwitch()静态方法，该方法使用 switch 语句实现简单人机交互功能。整个程序使用模块化的方法，实现业务逻辑功能，这样使得程序逻辑层次结构清晰，可读性强。

在计算货运车辆运费时，会涉及多次选择不同的车型，那么如何实现呢？我们可以应用循环结构实现。

只需要修改任务 2.2 程序中 main()主方法的代码，其他方法不需要修改，添加 while(true){ }循环语句，就可以多次调用车型界面及其选择功能。修改程序代码如下。

```
public static void main(String[] args) {  //主方法，程序入口
        Scanner input=new Scanner(System.in);
        while(true) {
            System.out.println("\n 货车车型相关信息: ");
            showMenu();                         //调用方法显示车型界面
            System.out.print("\n 请输入你选择的车型: ");
            int num=input.nextInt();
            //chooseIf(num);
            chooseSwitch(num);
            System.out.print("\n 您还要选择车辆? (Y/N)");
             String answer=input.next();
            if(answer.equalsIgnoreCase("N")) {
                  break;
            }
            else{
```

```
                continue;
            }
        }
        System.out.print("\n 恭喜您，已成功退出啦");
    }
```

控制循环条件中使用了 equalsIgnoreCase()方法，该方法的作用是将键盘输入的字符串与指定的对象值比较，并且不考虑字符串中字母的大小写。如果输入的是“n”或“N”，则执行 if 语句中的 break 语句，终止整个循环。如果输入的是“y”或“Y”，则执行 else 语句中的 continue 语句，进入下一次循环，显示车型界面，可以继续选择不同车型。在程序调试过程中，为了方便程序的运行，只调用 chooseSwitch()方法。

循环多次调用车型界面及其选择功能的程序运行结果如图 2-17（1）、图 2-17（2）所示。

```
货车车型相关信息：
================================================
 编号||  车型           车辆规格(米)    车辆容载量(托)
================================================
  1  ||   2T            4.2*1.6*1.8        4
------------------------------------------------
  2  ||   5T            6.8*2.4*2.4        10
------------------------------------------------
  3  ||   8T            7.6*2.4*2.4        12
------------------------------------------------
  4  ||   10T           9.6*2.4*2.4        16
------------------------------------------------
  5  ||   集装箱20'     5.8*2.4*2.4        10
------------------------------------------------
  6  ||   集装箱40'     12*2.4*2.4         20
------------------------------------------------
  7  ||   小车          N/A                纸箱
================================================

请输入你选择的车型 ：1

你选择使用switch判断车型
你选择的车型是：2T，车辆规格(米)：4.2*1.6*1.8，车辆容载量(托)：4

您还要选择车辆？(Y/N)y
```

图 2-17　循环多次调用车型界面及其选择功能的程序运行结果（1）

```
货车车型相关信息：
================================================
 编号||  车型           车辆规格(米)    车辆容载量(托)
================================================
  1  ||   2T            4.2*1.6*1.8        4
------------------------------------------------
  2  ||   5T            6.8*2.4*2.4        10
------------------------------------------------
  3  ||   8T            7.6*2.4*2.4        12
------------------------------------------------
  4  ||   10T           9.6*2.4*2.4        16
------------------------------------------------
  5  ||   集装箱20'     5.8*2.4*2.4        10
------------------------------------------------
  6  ||   集装箱40'     12*2.4*2.4         20
------------------------------------------------
  7  ||   小车          N/A                纸箱
================================================

请输入你选择的车型 ：7

你选择使用switch判断车型
你选择的车型是：小车，车辆规格(米)：N/A ，车辆容载量(托)：纸箱

您还要选择车辆？(Y/N)n

恭喜您，已成功退出啦
```

图 2-17　循环多次调用车型界面及其选择功能的程序运行结果（2）

任务 2.3 计算车辆运费

任务分析

公司在计算车辆运费时，系统根据选用车型其对应有效期内运费费率单价、车辆实际托运量，来计算该车辆的运费。车辆有效期内运费费率单价如表 2-12 所示。

表 2-12 车辆有效期内运费费率单价

车型	2T	5T	8T	10T	小车
单价	12.0	75.0	110.0	130.0	0.56

对具有相同类型的数据操作时，Java 和许多其他高级语言一样，都提供了一种数组（Array）的数据结构，用来存储元素个数固定且元素类型相同的有序集合。

相关知识

2.3.1 一维数组

数组是用来存储数据的集合。通常我们把数组看作一个存储具有相同类型的变量的集合，无须声明单个变量，而是通过一个整型下标访问数组中的每一个值，这类数组就是一维数组。

1. 一维数组的声明与内存分配

要使用 Java 数组，必须要先声明数组，再将内存分配给该数组。

声明一维数组的语法格式如下。

```
数据类型[ ]  数组名 ;                    //声明一维数组
数组名=new 数据类型[个数] ;              //将内存分配给数组
```

数据类型是声明数组元素的数据类型，常见有整型、浮点型与字符型等基本数据类型，也可以是对象引用类型。无论其元素是何种类型，对象都是数组本身，这是 Java 中数组不同于其他语言数组之处。

例如，定义一个整型数组 score。

```
int[ ] score ;
```

声明了一个整型数组，数组中的每个元素都为整型数据。与 C 语言不同，Java 在数组定义时并不为数组元素分配内存，因此[ ]中不用指出数组中元素的个数（数组长度），但必须为数组分配内存空间，如为整型数组 score 分配 3 个 int 型整数所占据的内存空间。

```
score = new int[3] ;
```

除了用两行来声明并分配内存给数组，也可以用较为简洁的方式，把两行缩成一行来编写，其语法格式如下。

```
数据类型[ ]  数组名=new 数据类型 [个数] ;
```

创建一个数字数组时，所有元素都初始化为 0。Boolean 数组的元素初始化为 false；而对象数组的元素则初始化为 null。

例如，给数组 num 分配 5 个数据空间，并初始化为 0。

```
int []num = new int[5];
```

2. 数组元素的表示方法与使用

要想使用数组中的元素，可以使用下标来访问。每个数组都有一个属性 length，用来指明数组的长度。Java 数组的下标都是从 0 开始的，也就是说，数组下标的范围从 0 开始，到数组长度减 1 结束。

获取数组长度就是使用数组对象自带的 length 属性，语法格式如下。

```
数组名. length    //获取数组长度返回 int 值
```

（1）一维数组的赋值。

数组可以与基本数据类型一样进行初始化操作，也就是赋初始值。数组的初始化可以分别初始化数组中的每个元素。数组的初始化有以下 3 种形式，例如。

```
int[ ]  a = {1,2,3} ;
int[ ]  b= new int[ ] {6,7,8} ;
int[ ]  c=new int[3] ;
c[0] =12;
c[1] = 14;
c[2]= 16;
```

【例 2-11】编写程序，在控制台输出一年当中每月的天数。

```
public class GetDay {
    public static void main(String[] args) {
                                                    //创建并初始化一维数组
      int day[]= new int[] {31,28,31,30,31,30,31,31,30,31,30,31};
       for (int i = 0; i < 12; i++) {               //利用循环语句输出信息
            System.out.println((i+1)+"月有"+day[i]+"天");    //输出的信息
       }
    }
}
```

程序运行结果如图 2-18 所示。

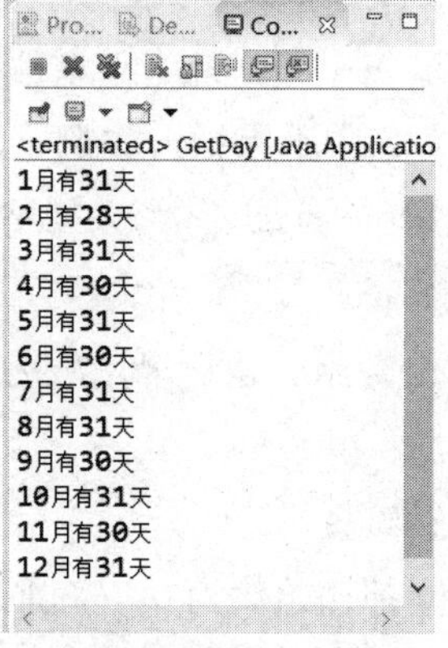

图 2-18　例 2-11 程序运行结果

除了可以使用数组初始化的方法赋初始值，还可以有以下几种方法赋初始值。

第 1 种：使用随机数初始化数组。

```
double[ ] myList =new  double[10] ;
for(int i=0; i<myList.length; i++){
myList[i]=Math.random()*100;
}
```

第 2 种：使用输入值初始化数组。

```
Scanner input = new Scanner(System.in);
double[ ] myList =new  double[10] ;
System.out.print("请输入"+ myList. length +"数值");
myList[i]=input.Double();
```

（2）一维数组的应用。

由于数组中所有元素是同一类型，因此可以使用循环语句反复处理这些元素，实现某些功能，如最值问题。

【例 2-12】从键盘上输入本次 Java 考试 10 个学生的成绩，找出考试成绩最高分。

```
import java.util.Scanner;
public class MaxScore{
    public static void main(String[] args) {
        //声明变量
      int[ ] score = new int[10];
        //循环给数组赋值
        System.out.println("请依次输入 10 个学生的 Java 成绩:");
        Scanner input = new Scanner(System.in);
        for (int i = 0; i < 10; i++) {
            score[i] = input.nextInt();
      }
        //计算成绩最大值
      int max = score[0];
      for (int index = 1; index <10; index++) {
          if (score[index] > max) {
              max = score[index];
          }
      }
        //显示成绩最大值
      System.out.println("本次考试的 10 个学生的最高分是:  " + max);
   }
}
```

程序运行结果如图 2-19 所示。

```
<terminated> MaxScore [Java Application] C:\Program Files\Java\jre1.
请依次输入10个学生的Java成绩：
75 64 78 95 62 71 82 79 66 58
本次考试的10个学生的最高分是：95
```

图 2-19　例 2-12 程序运行结果

3. foreach 语句

foreach 语句是 Java 支持的一个增强版 for 语句，即不使用下标变量就可以顺序地遍历整个数组。

语法格式如下。

```
for（变量：集合）{
语句；  }
```

【注意】变量必须声明与集合中数组元素相同的数据类型。

例如，使用传统 for 语句遍历整型数组，就是利用 for 语句使用下标逐一访问数组中的每一个元素。

```
  int[ ]  score=new  int[10]{ 1,2,3,4,5,6,7,8,9,10};
   for(int i=0; i<score.length; i++){
      System.out.println(score[i]);
}
```

使用 foreach 语句遍历整型数组，就是定义一个变量用于先暂存数组集合中的每一个元素，再输出该变量的值。

```
  int[ ]  score=new  int[10]{ 1,2,3,4,5,6,7,8,9,10};
   for(int x: score){
        System.out.println(x);
}
```

【注意】foreach 语句中的循环变量将会遍历数组中的每个元素，因而不需要使用下标值。foreach 语句仅适用于遍历数组，但是有些场合不仅需要遍历集合中的每个元素，还需要数组元素参与运算或在循环内部需要使用下标值，这时还需要采用传统 for 语句。

4. Arrays 类

java.util. *类包提供了许多存储数据的结构和有用的方法。Arrays 类提供的许多方法用于操纵数组，如排序、查找。部分方法说明如下。

- static void sort(type[] a)：采用优化的快速排序算法对数组进行排序。
- static int binarySearch(type[] a, type v)或 static int binarySearch(type[] a, int start, int end, type v)：采用二分搜索算法查找数组中的指定元素值 v。如果查找成功，则返回相应的下标；否则，返回一个负数值-r，-r 是-（插入点下标+1）。
- static boolean equals(type[] a, type[] b)：如果两个数组大小相同，并且下标相同的元素都对应相等，则返回 true。

- static void fill(type[] a, type v)：将数组中的所有元素值设置为 v。
- static String toString（type[] a)：返回包含 a 中数组元素的字符串，这些数组元素被放在括号内，并且用逗号（,）分隔。

2.3.2 多维数组

一维数组是存储线性元素的集合。多维数组将使用多个下标访问数组元素，它适用于存储表格或矩阵。

二维数组常用于表示二维表，表中信息通常以行和列的形式表示，第一个下标代表元素所在的行，第二个下标代表元素所在的列。

1. 二维数组的声明与初始化

二维数组是一个特殊的一维数组，其每个元素又是一个一维数组。

声明二维数组的语法格式如下。

```
数据类型   数组名[][];
```

或者

```
数据类型[][]   数组名;
```

例如，声明二维数组 tdarr1、tdarr2。

```
int tdarr1[][];
char[][] tdarr2;
```

【注意】在使用二维数组元素之前，在声明同时，还必须使用 new 操作符分配内存空间，可以只声明“行”的长度，而不声明“列”的长度。

2. 二维数组的应用

由于二维数组可能是不规则数组，每一行的列数量可能不相同，因此在遍历二维数组时，最好使用数组的 length 属性控制循环次数。

【例 2-13】遍历二维数组 int num[][]={{23,65,43,68},{45,99,86,80}.{76,81,34,45}, {88,64,48,25}}后，再计算该二维数组的两条对角线之和。

```
public class GetScoreSum {                              //创建 GetScoreSum 类
    public static void main(String args[])
        //初始化 int 型的二维数组
        int num[][]= {{23,65,43,68},{45,99,86,80}, {76,81,34,45}, {88, 64, 48,
25 }};
        System.out.println("原始数组如下: ");          //在控制台上输出提示信息
        for (int i = 0; i < num.length; i++) {       //遍历二维数组
           for (int j = 0; j < num[i].length; j++) {
              System.out.print(num[i][j] + " ");
            }
           System.out.println();
        }
```

```
        int sum = 0;
        for (int i = 0; i < num.length; i++) {// 遍历二维数组
            for (int j = 0; j < num[i].length; j++) {
                if(i==j||i+j==3){
                    sum=sum+num[i][j] ;
                }
            }
        }
        System.out.println("对角线总和为: " + sum);
    }
}
```

程序运行结果如图 2-20 所示。

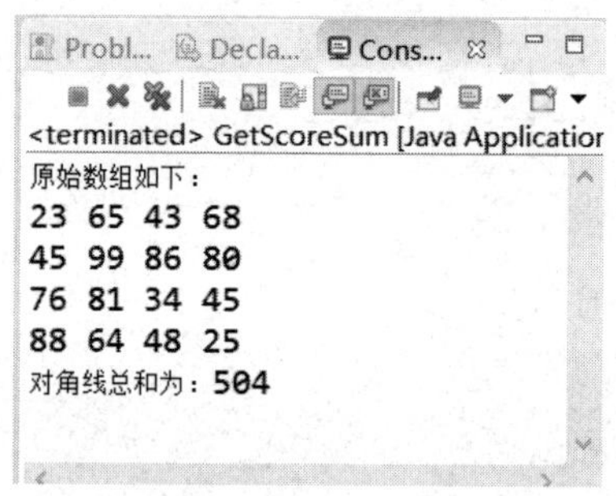

图 2-20　例 2-13 程序运行结果

【例 2-14】九宫格也被称为洛书或三阶幻方。《射雕英雄传》中黄蓉曾破解九宫格，口诀：戴九履一，左七右三，二四为肩，六八为足。通俗说法就是，有一个 3×3 的网格，现将 1 到 9 数字放入方格，能够使得每行每列与每个对角线的值相加都相同。

```
public class NineGrids {
    public static void main(String[] args) {
        int arr[][] = new int[3][3];
                                        //确定数字“1”的位置
        int a = 2;                      //第 3 行的下标
        int b = 3/2;                    //第 2 列的下标
        for (int i = 1; i <= 9; i++) {  //给数组赋值
            arr[a++][b++] = i;          //避免数组下标越界
            if (i % 3 == 0) {           //如果 i 是 3 的倍数
                a = a - 2;
                b = b - 1;
            } else {                    //如果 i 不是 3 的倍数
                a = a % 3;
                b = b % 3;
            }
```

```
        }
        System.out.println("九宫格: ");
        //遍历数组
        for (int i = 0; i < 3; i++) {
            for (int j = 0; j < arr.length; j++) {
                    System.out.print(arr[i][j] + " ");//输出数组中的数据
            }
                System.out.println();                    //换行
        }
    }
}
```

程序运行结果如图 2-21 所示。

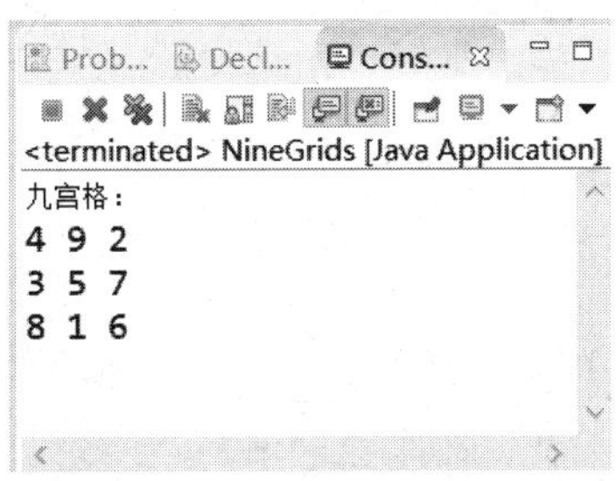

图 2-21　例 2-14 程序运行结果

2.3.3　字符串

char 型只能表示一个字符，为了表示一串字符，通常使用字符数组来表示。例如，定义一个字符数组，使用字符数组创建一个字符串。

```
char[ ] charArray = {'w','e','l','c','o','m','e'};
```

但是，Java 把字符串当作对象进行处理，通过 java.lang.String 来创建可以保存字符串的变量。String 类实际上与 System 类和 Scanner 类一样，都是 Java 库中一个预定义的类。

在 Java 中，数组和 String 字符串都不是基本数据类型，但它们被当作类来处理，是引用类型。引用类型（Reference Type）区别于基本数据类型，它指向一个对象，而不是原始值，指向对象的变量是引用变量。引用类型一般是通过 new 关键字来创建的，在创建该数据类型时，首先在堆内存中分配地址，用于存储对象的具体信息，然后在栈中存储该对象的地址信息。引用类型主要包括：类（Class）、接口类型（Interface）、数组类型（Array）、枚举类型（Enum）、字符串型（String）等。

如何声明 String 型的变量，并给该变量赋值。我们可以直接将字符串常量赋值给 String 型变量，例如。

```
String str1="时间就是金钱 ";
String str2;
str2 = "I am student ";
```

还可以使用 new 创建字符串变量 str3。

```
String str3=new String("Java 面向对象编程");
```

关于 String 类的应用详细内容讲解见单元 2.4.1，这里我们只考虑 String 类作为数据类型的应用。

任务实施

在计算多种车型的运费时，对于具有相同类型的车辆运费信息，我们可以使用数组进行存储与处理。任务实现步骤如下。

（1）定义并初始化一个 String 型的一维数组，用来存储车辆运费的信息。

（2）定义并初始化一个 String 型的二维数组，用来存储车型及相关的费率。

（3）输入不同车型的实际托运量。

（4）计算每种车型的运费及总运费。

（5）输出显示每种车型、费率单价、实际托运量及运费信息。

程序代码如下。

```
import java.util.Scanner;
public class VehicleFreight {
    public static void main(String[] args) {
        Scanner input=new Scanner(System.in);
        String  price= "";       //定义字符串，用来存储每辆货车的运费单价
        String  weight="";       //定义字符串，用来存储每辆货车的实际托运量
        double  freight=0.0;     //定义 double 型变量，用来存储每种车型的运费
        double  total=0.0;       //定义 double 型变量，用来存储车辆的总运费
        String[] columnName= {"车型","单价","实际托运量","运费"};
        String[][] FreightData=
{{"2T","12.5","0","0"},{"5T","75.0","0","0"},{"8T","110.0","0","0"},{"10T","130.0"
,"0","0"}};
        //输入各车型的实际托运量
        for (int i = 0; i < FreightData.length; i++) {
            System.out.print("输入"+FreightData[i][0]+"车型的实际托运量: ");
            FreightData[i][2]=input.next();
        }
        System.out.println("");//换行
        //计算每种车型的运费
        for (int i = 0; i < FreightData.length; i++) {
            price=FreightData[i][1];
            weight=FreightData[i][2];
            freight=Double.parseDouble(price)*Double.parseDouble(weight);
            total=total+freight;
            FreightData[i][3]=String.valueOf(freight);
        }
```

```
        System.out.println("显示各种车型的运费: ");
        System.out.println("======================================");
        //遍历一维数组，用来输出标题
        for (int i = 0; i < columnName.length; i++) {
            System.out.print(columnName[i] + "\t");
        }
        System.out.println(""); //换行
        System.out.println("======================================");
        //遍历二维数组，用来输出所有车辆运费信息
        for (int i = 0; i < FreightData.length; i++) {
            for (int j = 0; j < FreightData[i].length; j++) {
                System.out.print(FreightData[i][j] + "\t");
            }
            System.out.println("");//换行
        }
        System.out.println("======================================");
        System.out.println("合计(小写): "+ total + "元");
    }
}
```

程序运行结果如图 2-22 所示。

```
输入2T车型的实际托运量: 25
输入5T车型的实际托运量: 20
输入8T车型的实际托运量: 15
输入10T车型的实际托运量: 10

显示各种车型的运费:
======================================
车型      单价      实际托运量 运费
======================================
2T       12.5     25       312.5
5T       75.0     20       1500.0
8T       110.0    15       1650.0
10T      130.0    10       1300.0
======================================
合计(小写): 4762.5元
```

图 2-22 计算车辆运费程序运行结果

程序中 Double.*parseDouble*(price)的作用是将 String 型的运费单价 price 转换成 double 型，Double.*parseDouble*(weight)的作用是将 String 型的实际托运量 weight 转换成 double 型，并完成每种车型运费的计算。

String.*valueOf*(freight)的作用是将 double 型的运费 freight 转换成 String 型，存储到 String 型的二维数组中。

任务 2.4　统计车辆运费

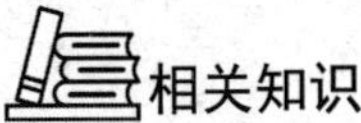

任务分析

统计当月车辆所需的运费，不仅要输出显示各种车型、费率单价、车辆实际托运量及运费，还要按照报表格式显示当前统计日期、运费合计金额的大写。本任务是在任务 2.3 的基础上进行拓展延伸的，重点实现将运费总金额的小写转换成大写，报表中日期的显示，主要涉及 String 类、Date 类与包装类的应用。

相关知识

2.4.1　String 类

Java.lang 包中有两种字符串类，String 类（字符串类）与 StringBuffer 类（字符串缓冲类）。

1. String 类

使用 String 类创建的字符串是常量，是不可更改的。也就是说，String 类对象一旦被创建就是固定不变的，对 String 类对象的任何改变都不会影响到原对象，只会生成新的对象。

对于 String 类已声明的字符串对象，可以对其进行相应的操作。String 类提供了多种实现字符串操作的方法，如表 2-13 所示。

表 2-13　String 类的常用方法

方　法	说　明
public int length()	返回此字符串的长度
public char charAt(int index)	返回指定索引处的 char 值
public String concat(String str)	将当前字符串与 str 连接，返回连接后的字符串
Public boolean isEmpty()	判断字符串是否为空，如果 length()为 0，则返回 true；否则返回 false
public int compareTo(String str)	比较两个字符串的字典顺序，如果相等，则返回 0；如果 s 的值大于当前字符串的值，则返回一个负值；如果 s 的值小于当前字符串的值，则返回一个正值
public boolean equals(Object o)	比较两个字符串对象，如果相等，则返回 true；否则返回 false。要考虑字母大小写
public boolean equalsIgnoreCase(String str)	比较两个字符串对象，如果相等，则返回 true；否则返回 false。不必考虑字母大小写
public boolean endsWith(String suffix)	测试此字符串是否以指定的后缀结束
public boolean startsWith(String prefix)	测试此字符串是否以指定的前缀开始
public int indexOf(int ch)	搜索第一个出现的字符 ch
public int indexOf(String value)	搜索第一个出现的字符 value
public int lastIndexOf(int ch)	搜索最后一个出现的字符 ch
public int lastIndexOf(String value)	搜索最后一个出现的字符串 value
public String substring(int index)	提取从位置索引开始的字符串部分
public String substring(int beginindex, int endindex)	提取 beginindex 和 endindex 之间的字符串部分
public String trim()	返回一个前后不含任何空格的调用字符串的副本
public String toUpperCase()	将 String 中的所有字符都转换为大写字母
public String toLowerCase()	将 String 中的所有字符都转换为小写字母
public String split(char ch)	根据给定的分隔符对字符串进行拆分，返回一个字符数组

【例 2-15】以“www”和“com 或 cn”作为依据，判断输入的地址是否为有效网址。

```
import java.util.Scanner;
public class Website {
    public static void main(String[] args) {
        Scanner  input = new Scanner(System.in);
        System.out.println("请输入网址: ");
        String str = input.next();
        if (str.indexOf("www.") != -1 && str.indexOf(".com") != -
1||str.indexOf(".cn") != -1 && str.length() > 7 && str.indexOf("..") == -1) {
            System.out.println("该网址为有效网址。");
        } else {
            System.out.println("该网址为非法网址。");
        }
    input.close();
    }
}
```

程序运行结果如图 2-23 所示。

图 2-23　例 2-15 程序运行结果

【例 2-16】定义一个字符串变量用来保存身份证号，编写程序截取身份证号中的出生日期，并输出出生年月日。

```
public class IDCard {
    public static void main(String[] args) {
        String idNum = "320556198002157890";                          //模拟身份证字符串
        String year = idNum.substring(6, 10);                         //截取年
        String month = idNum.substring(10, 12);                       //截取月
        String day = idNum.substring(12, 14);                         //截取日
        System.out.print("该身份证显示的出生日期为: ");                 //输出标题
        System.out.print(year + "年" + month + "月" + day + "日"); //输出结果
    }
}
```

程序运行结果如图 2-24 所示。

图 2-24　例 2-16 程序运行结果

2. StringBuffer 类

使用 StringBuffer 类创建的字符串是动态字符串，创建以后，可以根据需要对其进行改变。如果字符串内容经常改变，则应使用 StringBuffer 类型。

（1）使用 new 操作符来创建 StringBuffer 类对象，其语法格式如下。

```
StringBuffer 字符串名称 = new StringBuffer(<参数序列>)
```

例如。

```
StringBuffer sb = new StringBuffer();
StringBuffer sb = new StringBuffer("aaa");
```

（2）StringBuffer 类的常用方法如表 2-14 所示。

表 2-14　StringBuffer 类的常用方法

方　法	说　明
public StringBuffer setCharAt(int index,char ch)	将给定索引处的字符修改为 ch
public StringBuffer append(boolean b)	将指定字符串追加到当前 StringBuffer 类对象的末尾
public StringBuffer insert(int offset, boolean b)	在 StringBuffer 类对象中插入内容，形成新字符串
public StringBuffer deleteCharAt(int index)	删除指定位置的字符，形成新的字符串
public StringBuffer reverse()	将 StringBuffer 类对象中的内容反转，形成新的字符串

【例 2-17】编写程序，模拟银行 VIP 插队排号。

```
public class StringBufferInsert {
    public static void main(String[] args) {
        //创建 StringBuffer 类对象
          StringBuffer sbf = new StringBuffer();
          sbf.append("057 号客户请到窗口办理,"); //添加第 1 个客户提示
          sbf.append("058 号客户请到窗口办理,"); //添加第 2 个客户提示
           System.out.println("字符串原值: " + sbf); //输出原值
           sbf.insert(13, "01 号 VIP 客户请到窗口办理,"); //在索引 13 的位置插入 VIP 客户
           System.out.println("插入 VIP 后: " + sbf); //输出插入之后的值
    }
}
```

程序运行结果如图 2-25 所示。

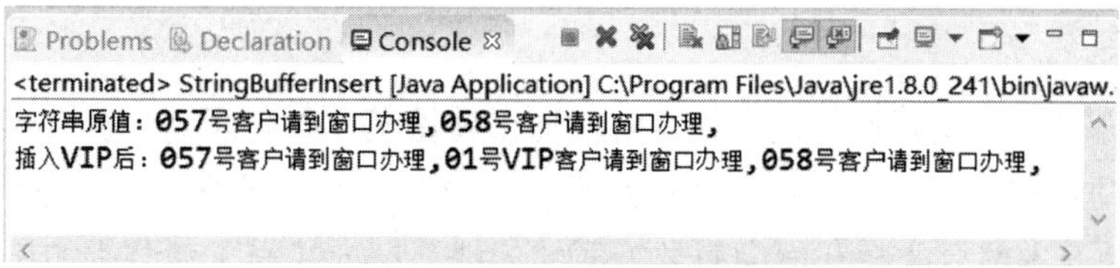

Problems Declaration Console
<terminated> StringBufferInsert [Java Application] C:\Program Files\Java\jre1.8.0_241\bin\javaw.
字符串原值：057号客户请到窗口办理，058号客户请到窗口办理，
插入VIP后：057号客户请到窗口办理，01号VIP客户请到窗口办理，058号客户请到窗口办理，

图 2-25　例 2-17 程序运行结果

【例 2-18】编写程序，屏蔽手机号中间 4 位的值。

```
import java.util.Scanner;
public class ScreenPhoneNum {
    public static void main(String[] args) {
        System.out.println("请输入手机号：");
        Scanner sc = new Scanner(System.in);
        String phoneNum = sc.next();
        StringBuffer sbf = new StringBuffer(phoneNum);
        if (sbf.length() == 11) {
              sbf.replace(3, 7, "****");
            System.out.println("手机号" + phoneNum + "屏蔽后的效果：" +
sbf.toString());
        } else {
            System.out.println("输入的手机号有误！");
        }
        sc.close();
    }
}
```

程序运行结果如图 2-26 所示。

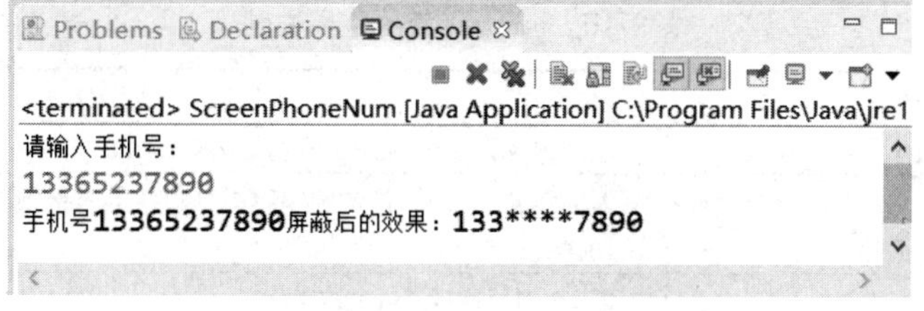

图 2-26　例 2-18 程序运行结果

2.4.2　包装类

1. 装箱与拆箱

Java 允许基本数据类型和包装类类型直接进行自动转换。如果一个基本数据类型的值出现在需要对象的环境中，则编译器会将基本数据类型的值进行自动装箱；如果一个对象出现在需要基本数据类型的值的环境中，则编译器会将对象进行自动拆箱。

将基本数据类型的值转换为包装类对象的过程称为装箱（Boxing）；而将包装类对象转换为基本数据类型的值的过程称为拆箱（Unboxing）。

2. 包装类

在一般情况下，当我们需要使用数字时，通常使用基本数据类型，如 byte、int、long、double 等。但是在实际开发过程中，我们经常会遇到需要使用对象，而不是基本数据类型的情况，为了弥补基本数据类型在面向对象方面的欠缺，Java 提出了包装类的概念。

包装类就是分别把 Java 中的 8 个基本数据类型包装成相应的类，这样可以通过对象调用各自包装类中的许多实用方法。这些包装类都是在 JDK API 的 java.lang 包中定义的。Java 中 8 个基本数据类型各自对应的包装类如表 2-15 所示。

表 2-15　Java 中 8 个基本数据类型各自对应的包装类

基本数据类型	对应的包装类	基本数据类型	对应的包装类
byte	Byte	short	Short
int	Integer	long	Long
float	Float	double	Double
char	Character	boolean	Boolean

java.lang 包中的 Integer 类是 int 的包装类，也是 Number 类的子类，都是对整数进行操作的。下面以 Integer 类为例，讲解 Integer 类的构造方法、常用方法。

（1）Integer 类的构造方法。

- Integer(int number)：该方法以一个 int 型变量作为参数创建 Integer 对象。例如，Integer number=new Integer(7)。
- Integer(String str)：该方法以一个 String 型变量作为参数创建 Integer 对象。例如，Integer number=new Integer("45")。

【注意】如果要使用字符串变量创建 Integer 对象，则字符串变量的值必须是数值型（如“123”），否则会抛出 NumberFormatException 异常。

（2）Integer 类的常用方法如表 2-16 所示。

表 2-16　Integer 类的常用方法

方　法	说　明
Interger valueOf(String str)	返回保存指定的 String 值的 Integer 对象
int parseInt(String str)	返回包含在由 str 指定的字符串中数字的等价数值，如“1010101”返回 1010101
int intValue()	以 int 型返回此 Integer 对象
String toString()	返回一个表示该 Integer 值的 String 对象
double doubleValue()	以 double 型返回此 Integer 对象
boolean equals(Object IntegerObj)	比较此对象与指定对象是否相等
int CompareTo(Integer anotherInteger)	对两个 Integer 对象进行数值比较。如果这两个值相等，则返回 0；如果调用对象的数值小于 anotherInteger 的数值，则返回负值；如果调用对象的数值大于 anotherInteger 的数值，则返回正值

【例 2-19】自动装箱与自动拆箱示例。

```
public class BoxingAndUnboxing {
   public static void main(String[] args) {
     Integer intObj=new Integer(10);     //将基本数据类型转换为包装类，装箱
```

```
    int  temp = intObj.intValue();     //将包装类转换为基本数据类型，拆箱
    System.out.println("乘法结果为  "+temp*temp);
    int temp1 = 20;
    intObj = temp1;                    //自动装箱 编译器扩展
    int foo = intObj;                  //自动拆箱
    System.out.println("乘法结果为  "+foo*foo);
    Boolean foo2 = true;
    System.out.println( foo2 && false);
  }
}
```

程序运行结果如图 2-27 所示。

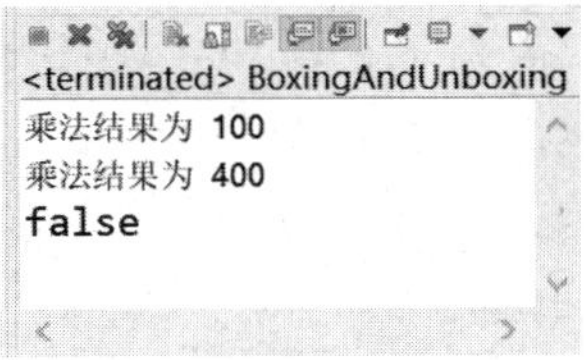

```
<terminated> BoxingAndUnboxing
乘法结果为 100
乘法结果为 400
false
```

图 2-27　例 2-19 程序运行结果

【例 2-20】将字符串对象转换为基本数据类型的数值。

```
public class StringTodDataType {
public static void main(String[] args) {
    String str="123.6";                         //定义一个字符串 str
    double num1=Double.parseDouble(str);        //将字符串 str 的值转换为 double 型数值
    System.out.println("double 型变量 num1 的值为: "+num1);

    str =new String("100");                     //给字符串 str 重新赋值
    int num2=Integer.parseInt(str);
    System.out.println("int 型变量 num2 的值为: "+num2);

    str=new String("true");                     //定义一个字符串
    boolean flag=Boolean.parseBoolean(str);     //将字符串转换为 boolean 型
    if(flag) {
           System.out.println("条件满足！");
    }else {
            System.out.println("条件不满足！");
    }
    }
}
```

程序运行结果如图 2-28 所示。

```
<terminated> StringTodDataType [Java A
double型变量num1的值为：123.6
int型变量num2的值为：100
条件满足!
```

图 2-28　例 2-20 程序运行结果

【例 2-21】将基本数据类型的数据转换为字符串。

```
public class BasicTypeToString {
    public static void main(String[] args) {
        int intValue=100;
        String str=String.valueOf(intValue);  //将 int 型转换为 String 型
        System.out.println("str 字符串的值是 " + str);

        double Pi=3.1415926;
        str=String.valueOf(Pi);              //将 double 型转换为 String 型
        System.out.println("str 字符串的值是 " + str);
    }
}
```

程序运行结果如图 2-29 所示。

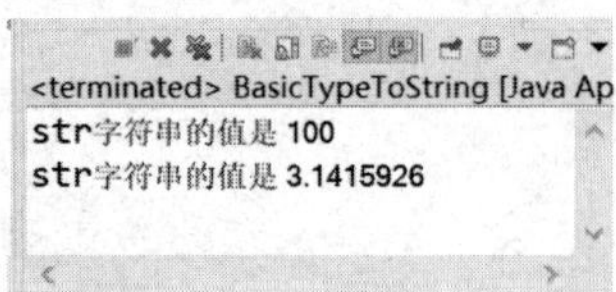

图 2-29　例 2-21 程序运行结果

2.4.3　Java 其他常用类

1. Math 类

java.lang 包中的 Math 类表示数学类，包含了用于执行基本数学运算的属性和方法，如初等指数、对数、平方根和三角函数，如表 2-17 所示。Math 类还提供了一些数学常量，如圆周率 PI 的值、自然对数底数 E 的值。

表 2-17　Math 类中的常用数学方法

方　　法	说　　明
double sqrt(double num)	获取 num 的平方根，其中 num 的值不为负值
double pow(double num1 ,double num2)	获取 num1 的 num2 次方
double random()	返回一个大于或等于 0.0，小于 1.0 的随机 double 型值
double max(double num1,double num2)	获取 num1 与 num2 之间的最大值
int min(int num1,int num2)	获取 num1 与 num2 之间的最小值
float abs(double num)	返回浮点型参数的绝对值
long round(double num)	将参数 num 加上 0.5 后返回小于或等于参数的最大 long 值

由于 Math 类中的数学方法都被定义为 static 形式，因此在程序中可以直接通过 Math 类名调用某个数学方法，其语法格式如下。

```
Math.数学方法
```

2. Random 类

在程序实际开发过程中，随机数的应用是非常普遍的，除了可以使用 Math 类中的随机方法 Random()，Java 的 java.util 包中还提供了 Random 类。该类常用的两个构造方法如下。

- Random()：创建一个新的随机数生成器。
- Random(long seed)：使用单个 long 种子创建一个新的随机数生成器。

第一种构造方法是默认使用当前系统时间的毫秒数作为种子数。例如。

```
Random random = new Random();
```

第二种构造方法是使用自己指定的种子数。例如。

```
Random random1= new Random(100);
```

Random 类提供了生成各种数据类型随机数的方法，如表 2-18 所示。Random 类提供的所有方法生成的随机数字都是均匀分布的。也就是说，区间内部的数字生成的概率是均等的。

表 2-18　Random 类中生成随机数的方法

方　法	说　明
int nextInt()	返回一个随机 int 型值
int nextInt(int n)	返回一个大于或等于 0，小于 n 的随机 int 型值
boolean nextBoolean()	返回一个随机 boolean 型值
float nextFloat()	返回一个随机 float 型值
double nextDouble()	返回一个随机 double 型值
double nextGaussian()	返回一个概率密度为高斯分布的 double 型值

【注意】随机数的取值范围是大于或等于 0，小于指定值。例如，random.nextInt(100)的取值范围为 0～100，包括 0 但不包括 100；如果需要包括 100，则将取值范围定为 101，即 random.nextInt(101)。

3. Date 类

Java 的 java. util 包中提供的 Date 类用来操作日期和时间。在使用 Date 类时，需要创建一个实例化 Date 类对象。

（1）Date 类的构造方法。

- public Date()：使用该构造方法获取系统当前的日期时间，精确到毫秒。
- public Date(long time)：time 表示从标准基准时间（即 1970 年 1 月 1 日 00:00:00 GMT）以来的指定毫秒数。

（2）Date 类的常用方法如表 2-19 所示。

表 2-19　Date 类的常用方法

方　法	说　明
boolean after(Date when)	测试当前日期是否在指定的日期之后
boolean before(Date when)	测试当前日期是否在指定的日期之前
long getTime()	获取自 1970 年 1 月 1 日 00:00:00 GMT 开始到现在所表示的毫秒数
void setTime(long time)	设置当前 Date 对象的日期时间值，参数 time 表示自 1970 年 1 月 1 日 00:00:00 GMT 以来的毫秒数

【说明】由于 Date 类所创建对象的时间是变化的，因此每次运行程序时在控制台上输出的结果都不一样。

为了使日期或时间显示为“2020-1-3”或“14:35:45”这样的格式，Java 的 java.text 包中提供了 DateFormat 类，可以按照指定格式对日期或时间进行格式化。DateFormat 类提供了 4 种默认的格式化风格，即 SHORT、MEDIUM、LONG 和 FULL。还可以自定义日期、时间的格式。如果要自定义日期、时间的格式，则需要创建 DateFormat 类对象。由于 DateFormat 类是抽象类，因此需要使用 DateFormat 类的静态方法 getDateInstance()创建 DateFormat 类对象。DateFormat 类的常用方法如表 2-20 所示。

表 2-20　DateFormat 类的常用方法

方　法	说　明
String format(Date date)	将一个 Date 格式化为日期/时间字符串
Calendar getCalendar()	获取与此日期/时间格式器关联的日历
static DateFormat getDateInstance()	获取日期格式器，该格式器具有默认语言环境的默认格式化风格
static DateFormat getInstance()	获取 SHORT 风格的默认日期/时间格式器
Date parse(String source)	将字符串解析成一个日期，并返回这个日期的 Date 对象

任务实施

本任务中总运费的计算与显示与任务 2.3 类似，此处重点使用 String 类及其常用方法，实现将小写金额转换成大写金额。任务实现步骤如下。

（1）定义 3 个常量字符串，分别存放大写数字、整数单位、小数单位。

（2）定义一个获取小写金额的整数部分的静态方法。

（3）定义一个获取小写金额的小数部分的静态方法。

（4）定义一个将小写金额转换成大写金额的静态方法。

程序代码如下。

```
public class FreightReports {
        //大写数字
        final static String[] STR_NUMBER = { "零", "壹", "贰", "叁", "肆", "伍","陆",
"柒", "捌", "玖" };
```

```
        //整数单位
        final static String[] STR_UNIT = { "", "拾", "佰", "仟", "万", "拾", "佰", "
仟", "亿", "拾", "佰", "仟" };
        //小数单位
        final static String[] STR_UNIT2 = { "角", "分", "厘" };
    //获取小写金额整数部分
    public static String getInteger(String num) {
        if (num.indexOf(".") != -1) {                //判断是否包含小数点
            num = num.substring(0, num.indexOf("."));
        }
        num = new StringBuffer(num).reverse().toString(); //反转字符串
        StringBuffer temp = new StringBuffer();     //创建一个 StringBuffer 对象
        for (int i = 0; i < num.length(); i++) {   //加入单位
            temp.append(STR_UNIT[i]);
            temp.append(STR_NUMBER[num.charAt(i) - 48]);
        }
        num = temp.reverse().toString();            //反转字符串
        num = numReplace(num, "零拾", "零");        //替换字符串的字符
        num = numReplace(num, "零佰", "零");        //替换字符串的字符
        num = numReplace(num, "零仟", "零");        //替换字符串的字符
        num = numReplace(num, "零万", "万");        //替换字符串的字符
        num = numReplace(num, "零亿", "亿");        //替换字符串的字符
        num = numReplace(num, "零零", "零");        //替换字符串的字符
        num = numReplace(num, "亿万", "亿");        //替换字符串的字符
        //如果字符串以零结尾，将其除去
        if (num.lastIndexOf("零") == num.length() - 1) {
            num = num.substring(0, num.length() - 1);
        }
        return num;
    }

    //获取小写金额的小数部分
    public static String getDecimal(String num) {
        //判断是否包含小数点
        if (num.indexOf(".") == -1) {
            return "";
        }
        num = num.substring(num.indexOf(".") + 1);
        //反转字符串
        num = new StringBuffer(num).reverse().toString();
```

```
        //创建一个 StringBuffer 对象
        StringBuffer temp = new StringBuffer();
        //加入单位
        for (int i = 0; i < num.length(); i++) {
            temp.append(STR_UNIT2[i]);
            temp.append(STR_NUMBER[num.charAt(i) - 48]);
        }
        num = temp.reverse().toString();      //替换字符串的字符
        num = numReplace(num, "零角", "零"); //替换字符串的字符
        num = numReplace(num, "零分", "零"); //替换字符串的字符
        num = numReplace(num, "零厘", "零"); //替换字符串的字符
        num = numReplace(num, "零零", "零"); //替换字符串的字符
        //如果字符串以零结尾，将其除去
        if (num.lastIndexOf("零") == num.length() - 1) {
            num = num.substring(0, num.length() - 1);
        }
        return num;
    }

    //替换字符，将旧字符串替换成新字符串
    public static String numReplace(String num, String oldStr, String newStr) {
        while (true) {
            //判断字符串中是否包含指定字符
            if (num.indexOf(oldStr) == -1) {
                break;
            }
            //替换字符串
            num = num.replaceAll(oldStr, newStr);
        }
        //返回替换后的字符串
        return num;
    }
    //将小写金额转换成大写金额
    public static String convert(double d) {
        //实例化 DecimalFormat 对象
        DecimalFormat df = new DecimalFormat("#0.###");
        //格式化 double 数字
        String strNum = df.format(d);
        //判断是否包含小数点
        if (strNum.indexOf(".") != -1) {
```

```
            String num = strNum.substring(0, strNum.indexOf("."));
            //整数部分大于 12 不能转换
            if (num.length() > 12) {
                System.out.println("数字太大，不能完成转换！");
                return "";
            }
        }
        String point = "";                          //小数点
        if (strNum.indexOf(".") != -1) {
            point = "元";
        } else {
            point = "元整";
        }

        //转换结果
        String result = getInteger(strNum) + point + getDecimal(strNum);
        if (result.startsWith("元")) {          //判断字符串是否以“元”结尾
            result = result.substring(1, result.length()); // 截取字符串
        }
        return result;                              // 返回新的字符串
    }
    //主方法
    public static void main(String[] args) {
        String  freight= "";                        //定义字符串，用来存储每辆货车的运费
        double total=0.0;                           //定义 double 型变量，用来存储运费的合计
        String[] columnName= {"车型","单价","实际托运量","运费"};
        String[][] FreightData=
{{"2T","12.5","25","312.5"},{"5T","75.0","20","1500.0"},{"8T","110.0","15","1650.0
"},{"10T","130.0","10","1300"}};
        Date  date=new Date();
        DateFormat df=new SimpleDateFormat("yyyy年MM月dd日");
        System.out.println("========= 车辆运费统计一览表  ===========");
        System.out.println("\t日期: "+df.format(date));
        System.out.println("======================================");
        // 遍历一维数组，用来输出标题
        for (int i = 0; i < columnName.length; i++) {
            System.out.print(columnName[i] + "\t");
        }
        System.out.println("");                     //换行
        System.out.println("======================================");
```

```
        //遍历二维数组，用来输出所有车辆运费信息
        for (int i = 0; i < FreightData.length; i++) {
            for (int j = 0; j < FreightData[i].length; j++) {
                System.out.print(FreightData[i][j] + "\t");
            }
            freight=FreightData[i][3];     //获取字符串数组中每辆货车的运费
            total=total+Double.parseDouble(freight);//将字符串变量转换为double型变量
                System.out.println("");   //换行
         }
        System.out.println("=====================================");//换行
        System.out.println("合计（小写）： "+ total + "元");
        //将小写金额转换为大写金额
        System.out.println("合计（大写）： "+ convert(total)+ "元");
    }
}
```

程序运行结果如图 2-30 所示。

```
=========  车辆运费统计一览表  ===========
           日期：2024年08月11日
=====================================
车型      单价       实际托运量 运费
=====================================
2T        12.5      25        312.5
5T        75.0      20        1500.0
8T        110.0     15        1650.0
10T       130.0     10        1300
=====================================
合计（小写）：  4762.5元
合计（大写）：  肆仟柒佰陆拾贰元伍角元
```

图 2-30　统计运费报表程序运行结果

程序中的 DecimalFormat 类是 NumberFormat 的一个具体子类，用来格式化十进制数字，主要靠#和 0 两种占位符号来指定数字长度。0 表示如果位数不足则以 0 填充，# 表示如果数字没有达到指定位数则不用补齐，具体内容见 Java API 文档。

【建议】在编写程序之前，首先对每个问题都应该多读几遍，直到理解透彻为止；然后思考如何解决这个问题，将业务逻辑翻译成程序代码。通常，一个问题可以有多种不同的解决方法，我们应该尝试探索不同的解决方法，选择最优方法。

拓展训练

在工资管理系统中，普通员工只能查询自己的工资信息，而系统管理员可以核算、查询员工工资。根据需求分析、完成其功能。

1. 从键盘上输入相关信息，计算并输出员工的实发工资。设定工资信息如图 2-31 所示。

```
请输入员工工号:
001001
请输入员工姓名:
张研
请输入基本工资:
3500
请输入奖金:
300
请输入补贴:
200
请输入扣款:
300

======================= 工资清单=======================
工号      姓名      基本工资 奖金      补贴      扣款项    实发工资
001001   张研      3500.0   300.0    200.0    300.0    3700.0
```

图 2-31　设定工资信息

2. 用户身份权限的选择，如图 2-32 所示。

```
========= 用户身份权限类型 ========
  1.普通员工    2.系统管理员
========= =======================
请输入你的选择用户类型：3
你的身份权限选择错误，请重新选择

是否需要重新选择用户类型呢？(Y/N)Y
========= 用户身份权限类型 ========
  1.普通员工    2.系统管理员
========= =======================
请输入你的选择用户类型：2
你的身份权限是系统管理员

是否需要重新选择用户类型呢？(Y/N)N
你的身份权限选择正确，继续登录操作
```

图 2-32　用户身份权限的选择

3. 计算多个员工的实发工资，如图 2-33 所示。

```
===欢迎您使用工资管理系统实发工资计算工具===
请输入员工人数：3
输入1个员工姓名：王艳丽
输入2个员工姓名：赵研
输入3个员工姓名：钱涛
输入1个员工工资信息：
请输入基本工资：2280
请输入奖金：500
请输入补贴：200
请输入扣款：400

输入2个员工工资信息：
请输入基本工资：2280
请输入奖金：600
请输入补贴：200
请输入扣款：500

输入3个员工工资信息：
请输入基本工资：2280
请输入奖金：400
请输入补贴：200
请输入扣款：350

员工姓名：  王艳丽        赵研          钱涛
实发工资：  2580.0 | 2580.0 | 2530.0 |
```

图 2-33　计算多个员工的实发工资

单元小结

本单元首先介绍了编程元素标识符、常量与变量、数据类型、运算符、表达式等，要求学生学会描述事物在计算机中的表现形式；然后介绍了流程控制语句、循环语句，以及方法的定义与应用，要求学生学会使用方法与流程控制语句实现业务逻辑模块的设计；最后介绍了数组声明与引用，以及 Java 常用类，要求学生学会使用数组与 Java 常用类批量存储与处理数据。通过本单元的学习，不仅要掌握编程元素、流程控制与模块化设计、简单数据的存储与处理，还要引导学生逐步养成探究式的学习方法，要有相互协作的意识，做事细心严谨、精益求精的工匠精神。

单元练习

一、选择题

1. 下面关于变量命名规范说法正确的是（　　）。

A. 变量名由字母、下画线、数字、$符号随意组成

B. 变量名不能以数字作为开头

C. A 和 a 在 java 中是同一个变量

D. 不同数据类型的变量，可以起相同的名字

2.下列（　　）属于引用数据类型。

A. int 和 String　　B. int[ ] 和 double

C. String 和 double[ ]　　D. int 和 double

3. 当为一个 boolean 型变量赋值时，可以使用（　　）方式。

A. boolean = 1;　　B. boolean a = (9 >= 10);

C. boolean a="真";　　D. boolean a = = false;

4. 下面关于循环的描述正确的是（　　）。

A. while 循环先判断循环条件，再执行循环操作

B. while 至少会执行一次循环

C. do…while 先进行循环条件判断，再执行循环操作

D. do…while 循环与 while 循环执行次数一样

5. 下面有关 for 循环的描述正确的是（　　）。

A. for 循环体语句中可以包含多条语句，但要用花括号括起来

B. for 循环只能用于循环次数已经确定的情况

C. 在 for 循环中，不能使用 break 语句跳出循环

D. for 循环是先执行循环体语句，再进行条件判断

6. 下面数组定义错误的是（　　）。

A. int [] arr ={23,45,65,78,89};

B. int [] arr=new int[10] ;

C. int [] arr=new int[4]{3,4,5,6};

D. int arr [ ] ={92,23,6}；

7. 下面（　　）不是 String 类提供的合法的方法。

A. equals()　　B. append()　　C. substring()　　D. split()

8. Math 类表示数学类，它位于 Java 的（　　）包中。

A. java.lang　　B. java.util　　C. java.io　　D. java.sql

9. 执行 Integer.parseInt("123")的结果值的类型是（　　）。

A.字符串　　B. 整型　　C. 浮点型　　D. 字符型

10. 下面选项中与成员变量共同构成一个类的是（　　）。

A. 关键字　　B. 方法　　C. 运算符　　D. 表达式

二、操作题

1. 编写程序，类名为 CheckNumber，从键盘上输入 num 值，判断 num 是否是 0～100 之间的数字，如果是，则输出“num 介于 0 和 100 之间”。

2. 编写程序，类名为 CompareNum，随机产生两个 100 以内的整数，使用 if…else 语句找出最小值。说明，使用 Random 类产生随机数。

3. 编写程序，类名为 MonthSeason，根据输入的月份，输出对应季节。

4. 编写程序，类名为 ConvertNumber，实现从键盘上输入整数 value，实现反转。

5. 中国数学史上广泛流传着一个“韩信点兵”的故事。他在点兵时，既要知道有多少士兵，又要保住军事机密，便让士兵排队报数：首先按从 1 至 5 报数，记下最末一个士兵报的数为 1；其次按从 1 至 6 报数，记下最末一个士兵报的数为 5；再次按从 1 至 7 报数，记下最末一个士兵报的数为 4；最后按从 1 至 11 报数，最末一个士兵报的数为 10。编写程序，计算韩信至少有多少个士兵。

6. 编写程序，类名为 ArrayOperation，一维数组 myList 有 10 个元素，完成功能：① 从键盘输入初始化数组；② 使用 foreach 语句遍历显示数组元素；③ 对所有元素累加求和；④ 找出数组中的最大元素。

7. 编写程序，类名为 TwoArrayOperation，创建二维数组 num，完成功能：从键盘上输入初始化数组；并对所有元素累加求和。

8. 编写程序，研发小组名单上有 5 个成员，成员姓名为“周斌、张涛、黎斐、王俊、赵彦”，现在张涛申请退出研发小组，请将张涛的姓名从名单中删除。

单元3

面向对象程序设计

单元介绍

本单元的学习目标是熟悉 Java 中面向对象编程的两个核心概念：类与对象。前文中的程序都是利用 main()主方法中的流程控制执行步骤，完成所需的工作，为了简化程序，实现模块化和功能化，使用了方法的定义。而面向对象其实是现实世界模型的自然延伸，就是从客观存在的事物（对象）出发构造软件系统，将现实世界中的任何实体都看作对象，运用人类的自然思维方式将所有现实中预处理的问题抽象为对象，同时了解这些对象具有哪些相应的属性。

本单元的任务是基于 RFID 自动出货管理系统中车辆的管理，每一辆具体的车辆信息就是一个对象实例，而对这一类对象实例的抽象就是一个类，即车辆信息类。

本单元分为 3 个子单元任务。

- 设计车辆信息类。
- 使用构造方法设计车辆信息类。
- 使用静态方法设计车辆信息类。

学习目标

知识目标

- 了解面向对象的编程思想。
- 理解类与对象的概念。
- 熟悉对象与对象变量。
- 熟悉类的访问修饰权限。
- 熟悉 this 与 static 关键字。
- 熟悉静态变量与实例变量的区别。
- 熟悉构造方法及通过构造方法创建对象。

能力目标

- 能使用类建模对象。
- 能正确使用 static 访问共享变量或访问类方法。

- 能正确使用 this 关键字代表本类对象的引用。
- 能使用构造方法设计初始化车辆信息类。
- 能使用静态方法设计车辆信息类。

素质目标

- 激发培养专业兴趣与专业归属感、自豪感。
- 养成主动探索、自我更新和优化知识的良好习惯。
- 培养分析与解决问题的能力。

任务 3.1　设计车辆信息类

任务分析

要想熟练使用 Java 技术，一定要掌握类与对象的使用。对于 RFID 自动出货管理系统中车辆管理功能的问题，可以分解成各个车辆对象，从车辆对象具体的实体中寻找解决问题相关的属性和功能，而这些属性和功能就形成了概念世界中的类。本单元的任务就是学习类的定义和对象的创建，实现车辆信息类的设计与对象的创建。

相关知识

3.1.1　面向对象的概述

面向对象既是一种对现实世界理解和抽象的方法，又是一种编程思想。使用对象、类、封装、继承、多态等概念可以设计出一款类比真实世界的系统。

1. 面向对象程序设计

传统的结构化程序设计是通过设计一系列的过程（算法）来求解问题的。首先要确定如何操作数据，然后决定如何组织数据，以便于操作数据。

面向对象程序设计（Object-oriented Programming，简称 OOP）是当今主流的程序设计方法。它把构成问题的事务分解成各个对象，建立对象的目的不是为了完成一个步骤，而是为了描述某个事物在整个解决问题的步骤中的行为。面向对象程序设计以数据为中心，用类作为表现数据的工具，类也是划分程序的基本单位，而方法（函数）在面向对象程序设计中成为类的接口。面向对象的程序是由对象构成的，每个对象都包含对用户公开的特定功能部分和隐藏的实现部分。

在开发一个五子棋游戏的案例中。如果使用面向过程的编程思想，则是按照过程步骤来实现的，第 1 步，开始游戏；第 2 步，黑子先走；第 3 步，绘制画面；第 4 步，判断输赢；第 5 步，轮到白子；第 6 步，绘制画面；第 7 步，判断输赢；第 8 步，返回步骤 2；第 9 步，输出最后结果。如果使用面向对象程序设计的编程思想，则是分解成 3 个模块考虑，第 1 个，黑白双方模块；第 2 个，棋盘模块；第 3 个，规则模块。

对于一些规模较小的问题，将其分解为过程的开发方式比较理想，而面向对象更加适用于解决规模较大的问题。Java 是完全面向对象的，因此，开发人员必须熟悉 OOP 才能够编写程序。在 OOP 中，不必关心对象的具体实现，只要能够满足用户需求即可。

【建议】OOP 的初学者首先从设计类开始，然后在每个类中添加方法。识别类的简单规则就是在分析问题的过程中寻找名词，这些名词很可能成为类，而方法对应着动词。

2. 类与对象

广义来讲，具有共同性质的事物的集合称为类。我们可以将类想象成制作冰激凌的模具，将对象想象成冰激凌。或者把类想象成制作小甜饼的模具，将对象想象成颜色或形状不同的小甜饼。类（Class）是构造对象的模板或蓝图，它会告诉虚拟机如何创建某种类型的对象。类构造（Construct）对象的过程称为创建类的实例（Instance）。根据某类创建出的对象都会有自己的实例变量。

对象（Object）是一个抽象概念，表示任意存在的事物。世间万物皆对象。在现实世界中随处可见的一种事物就是对象。对象是事物存在的实体，如一个人就是一个对象。每个对象都保存着描述当前特征的信息，这就是对象的状态（属性），任何对象都具备自身特征或属性，这些属性是客观存在的，如人的性别。我们可以对对象施加一些操作或方法，这就是对象的行为，如人可以行走。对象的行为是由可调用的方法定义的，即对象执行的动作。对象属性的改变必须通过调用方法来实现。对象的属性并不能完整描述一个对象。每个对象都有一个唯一的身份，可以辨别具有相同行为与状态的不同对象。作为一个类的实例，每个对象的标识都是不同的。例如，所有学生对象都存在不同之处，唯一的标识就是每个学生的学号。

3. 类与对象的关系

类是对某一类事物的描述，是抽象的、概念上的定义；对象是实际存在的该类事物的个体，因此也被称为实例。

对象就是类实例化的产物。对象的特征分为静态特征和动态特征。静态特征是指对象的外观、性质、属性等。动态特征是指对象具有的功能、行为等。一个类按同种方法实例化的多个对象，其初始状态都是一样的，但是当修改其中一个对象的属性时，其他对象并不会受到影响。例如，当有多把椅子，修理第 1 把椅子的属性时（如锯短椅子腿），其他椅子不会受到影响。

4. 面向对象程序设计的基本特征

（1）封装性（Encapsulation）。

封装是一种信息隐蔽技术，也被称为数据隐藏。它是对象的重要特性。封装把数据和加工该数据的方法打包成一个整体，以实现独立性很强的模块，使得用户只能见到对象的外特性（对象能接收哪些消息，具有哪些处理功能），而对象的内特性（保存内部状态的私有数据和实现加工功能的算法）对用户是隐蔽的。

（2）继承性（Inheritance）。

继承性是子类共享其父类数据和方法的机制。它由类的派生功能体现。继承是类之间的一种关系，可以认为是分层次的一种手段。一个类直接继承其他类的全部描述，同时可以修改和扩充。继承可以分为单继承（一个子类有一个父类）和多重继承（一个类有多个父类，在 C++中支持，而 Java 不支持）。类的对象是各自封闭的，如果没有继承性机制，类中的属性（数据成员）、方法（对数据操作）就会出现大量重复。

继承不仅支持系统的可重用性，还促进系统的可扩充性。引入继承可以减少重复的代码，提高编写代码和开发的效率。

（3）多态性（Polymorphism）。

对象根据所接收的消息而做出动作，当同一消息被不同的对象接收而做出完全不同的行为，这种现象称为多态性。利用多态性，用户可发送一个通用的消息，而将所有的实现细节留给接收消息的对象自行决定，同一消息即可调用不同的方法。

多态性的实现受到继承性的支持，利用类继承的层次关系，把具有通用功能的协议存放在父类中，而将实现这一功能的不同方法置于子类中，这样在子类上生成的对象，就能给通用消息以不同的响应。

3.1.2 类的定义

类可以将现实世界中的概念模拟到计算机程序中。类就是模板，是从对象中抽象出来的，是对象的类型，是确定对象拥有的特征（属性）和行为（方法）。

一个类可以通过 UML 图中的类图表示，如图 3-1 所示。类图中的类用一个矩形来表示，顶部是类名，中间是属性（也被称为域或成员变量），底部是方法。

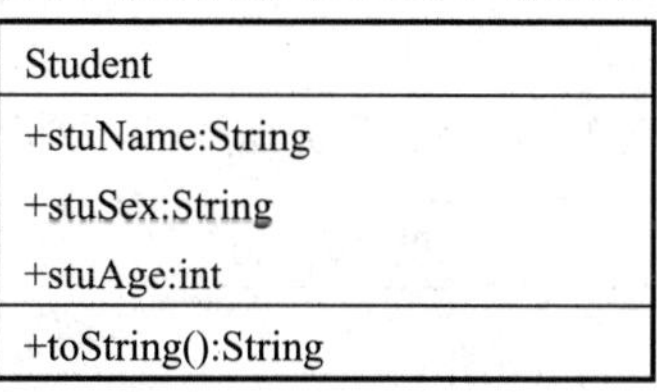

图 3-1 UML 图中的类图

类是 Java 程序的基本单位，类中包含属性和方法。除属性声明语句外，所有其他语句（如赋值语句、方法调用语句、分支语句和循环语句）都只能放在方法中。因此，实现一个类的各种行为的语句序列必须放在方法中。要想创建一个完整的程序，应该将若干类组合在一起，其中只有一个类有 main()主方法。

在 Java 中，要想描述类，需要使用 class 关键字，其语法格式如下。

```
class  类名 {
                    //定义属性部分
                    属性 1 的类型 属性 1;
                    属性 2 的类型 属性 2;
                    ……
                    属性 n 的类型 属性 n;
                    //定义行为部分
                    方法 1;
                    方法 2;
```

```
                ……
                方法 m;
}
```

class 关键字后面就是所定义的类的名称，接着是一对花括号括起来的区块，其内容用来描述此类的属性与行为。

类的命名规则遵循标识符的命名规则。在通常情况下，类名使用名词命名，第一个单词的首字母必须大写，后续单词首字母大写。

例如，要设计一个代表客户的类。

```
class Customer {
        //编号
        //姓名
        //年龄
        //地址
    }
```

（1）成员变量——类的属性。

在类中，需使用成员变量来描述类的属性。在 Java 中，类的属性也被称为类的数据域。成员变量的声明格式与一般变量的声明格式类似，需要使用数据类型声明变量。在声明变量时可以为其赋值，也可以不为其赋值。如果不设初始值，则使用默认值。Java 常见数据类型的默认值如表 3-1 所示。

表 3-1　Java 常见数据类型的默认值

数 据 类 型	默 认 值	说　　明
byte、short、int、long	0	整型零
float、double	0.0	浮点零
char	' '	空格字符
boolean	false	逻辑假
引用类型（如 String）	null	空值

例如，客户类用于记录编号、姓名、年龄、地址。

```
class Customer {
        int  custId = 1205;            //编号
        String name = "Junior Duke";  //姓名
        int age;                       //年龄
        String address;                //地址
    }
```

其中，成员变量 age 的默认值为 0，address 的默认值为 null。

（2）方法——类的行为。

要让对象可以动作，就必须在类中用方法来描述对象的行为。一个方法的定义包含方法的声明与方法体两部分。如果方法有返回值，则在方法体中用 return 语句指明返回值。调用方法的语法格式如下。

```
方法名（实参列表）;
```

在调用方法时，程序会先跳到此方法体中的第一个语句开始执行，直到整个方法体结束或遇到 return 语句为止，再跳回原处继续执行。

3.1.3 使用对象

要想使用对象，首先必须构造对象，并指定其初始状态；然后才能对对象应用方法。定义类之后，我们就可以用它来创建对象。在使用类创建对象时，必须使用 new 操作符来创建对象。

1. 创建并使用对象

创建对象包括对象声明、实例化两部分，其语法格式如下。

创建一个对象的步骤：①声明一个指向“类所创建的对象”的引用变量，即对象变量；②利用 new 操作符实例化对象；③将 new 创建的对象赋值给声明的引用变量（也就是对象变量）。

在 Java 中，我们可以使用构造方法构造对象。构造方法是一种特殊的方法，用来构造并初始化对象。构造方法的名称与类名相同。在构造一个新对象时，必须在构造方法前面添加 new 操作符。

例如，创建一个客户对象 customer。

```
Customer customer ;          //声明对象变量
customer =new Customer() ; //对 customer 初始化
```

在 Java 中，任何对象变量的值都是对存储在另外一个地方的对象的引用。new 操作符的返回值也是一个引用。例如，下列语句的描述。

```
Customer customer = new Customer();
```

表达式 new Customer()构造了一个 Customer 类型的对象 Customer，并且它的值是对新创建对象的引用。这个引用存储在变量 customer 中。

【注意】对象只有实例化之后才能被使用，而实例化对象的关键字就是 new。

一旦定义并创建了对象，就可以在程序中使用该对象，也可以在程序中使用该对象的成员变量，成员变量的语法格式如下。

```
对象.成员变量
```

小圆点（.）是用来获取对象成员变量的运算符，通过这种方式，就能像使用一般变量一样，使用对象中的成员变量。例如，定义编号为 1205 的客户年龄是 32 岁。

```
Customer.age = 32;
```

在 main()主方法中调用类的方法与使用成员变量一样，都要使用小圆点（.）运算符，其语法格式如下。

```
对象.方法名称()
```

2. 匿名对象

匿名对象是指没有名字的对象。根据前面的分析，对于对象实例化的操作来讲，匿名对象是指只开辟了堆内存空间，没有被其他对象引用的对象，所以只能使用一次，之后就变成无法寻找的垃圾对象，因此会被垃圾回收器回收。

【例 3-1】定义类、创建匿名对象。

```
public class NoNameObject {
public void recite() {
        System.out.println("故人西辞黄鹤楼，烟花三月下扬州。 \n孤帆远影碧空尽，唯见长江天际
流。");
   }
  public static void main(String[] args) {
      new NoNameObject().recite();//匿名对象，没有被其他对象引用
  }
}
```

程序运行结果如图 3-2 所示。

```
Console ×
<terminated> NoNameObject [Java Application] D:\eclipse
故人西辞黄鹤楼，烟花三月下扬州。
孤帆远影碧空尽，唯见长江天际流。
```

图 3-2　例 3-1 程序运行结果

3.1.4　方法的进阶应用

我们已经学习了定义类、创建对象的基本技巧，现在学习更多的方法设计方式，以及应该注意的地方。

1. 方法的参数

我们可以将类的方法，设计成调用时带有指定参数（实参）的形式，以便将必要的数据传入方法中，让它可以完成不同的行为或处理。在使用方法时，要特别注意以下两点。

（1）方法调用时的实参必须与方法定义中形参的类型一致。

（2）方法调用时的实参必须与方法定义中形参的数量、顺序一致。

2. 方法返回值

回顾前面介绍的方法定义语法，当要有返回值时，除了需要定义方法的数据类型，还必须在方法体中添加 return 语句。return 的返回值可以是任何符合数据类型的变量或表达式，在必要时，Java 会自动做强制转换。

3. 参数的传递

在 Java 中，方法的参数传递有以下两种。

（1）值传递：值传递表明实参与形参之间按值传递，当使用值传递的方法调用时，首先编译器为形参分配存储单元，然后将对应的实参的值复制到形参中。由于是值类型的传递方法，在方法中对值类型的形参修改并不会影响实参。

（2）引用传递：如果在给定方法中传递参数时，参数的类型是数组或其他引用类型，则在方法中对形参的修改会影响原有的数组或引用类型，这就是引用传递。

【例 3-2】设计汽车类，包含载油量（gas）和耗油量（eff）两个 double 型属性，其 printState()方法用于输出汽车数据的相关数据，move()方法用于表示汽车的行驶行为。

```
public class Car {
    double gas;                              //载油量
    double eff;                              //耗油量
    public void printState() {               //显示汽车状态的方法
        System.out.print("目前载油量为 "+ gas +"公升，");
        System.out.println("耗油量为每公升跑 "+ eff +"公里");
    }
     public double move(double distance) { //汽车行驶的方法
        if(gas>=distance/eff) {              //如果油量足够
            gas=gas-distance/eff;            //将油量减去用掉的油量
        }else {                              //如果油量不足
            distance=gas*eff;                //将全部的油都用来行驶
            gas=0;
        }
        return distance;                     //返回实际行驶里程
    }
}

public class DriveCar {
    public static void main(String[] args) {
        Car golfCar=new Car();               //实例化对象
        golfCar.gas=55;                      //设定 golfCar 对象的成员变量值
        golfCar.eff=10;
        System.out.print("高尔夫汽车：");
        System.out.println("行驶了 " +  golfCar.move(10)+ "公里");
        System.out.println("行驶了 " +  golfCar.move(100)+ "公里");
        System.out.println("行驶了 " +  golfCar.move(500)+ "公里");
        golfCar.printState();
    }
}
```

程序运行结果如 3-3 所示。

```
Console ×
<terminated> DriveCar [Java Application] D:\eclipse-java-2022-03-R-win32-x86_64\
高尔夫汽车：行驶了 10.0公里
行驶了 100.0公里
行驶了 440.0公里
目前载油量为 0.0公升，耗油量为每公升跑 10.0公里
```

图 3-3　例 3-2 程序运行结果

程序中 printState()方法的返回值类型为 void，表示该方法没有返回值。另外该方法名后面的括号内是空的，表示该方法没有参数，因此，在使用该方法时不需要传入任何数据。而定义的 move()方法则有一个 double 型的参数，在 main()主方法内 3 次调用 move()方法时，分别以 10、100、500 的里程为实参。

任务实施

根据车辆信息管理分析，车辆信息类的成员变量包括车牌号码、车型名称、车辆规格、车辆容载量、运输公司名称、司机姓名、行驶证号码等。任务实现步骤如下。

（1）定义车辆信息类 Truck，设计显示车辆信息的方法。

（2）定义测试类 TruckTest，创建车辆对象，访问对象的成员变量与方法。

程序代码如下。

（1）定义车辆信息类 Truck，设计显示车辆信息的方法。

```java
public class Truck {           //定义车辆信息类
     String TruckID;           //车牌号码
     String VehicleTypeName;//车型名称
     String  Specs;            //车辆规格
      int    Capacity;         //车辆容载量
     String CompanyName;       //运输公司名称
     String DriverName;        //司机姓名
     String TruckNumber;       //行驶证号码

     //定义成员方法
      public String showInfo() {
           return TruckID+"\t\t" + VehicleTypeName + "\t\t" +Specs+ "\t "
+Capacity+"\t\t"+CompanyName +"\t\t" +DriverName+"\t\t"+TruckNumber ;
     }
}
```

（2）定义测试类 TruckTest，创建车辆对象，访问对象的成员变量与方法。

```java
import java.util.Scanner;
public class TruckTest {
    public static void main(String[] args) {
        Truck truck=new Truck(); //创建一个 Truck 对象 truck
        Scanner in=new Scanner(System.in);
```

```
        System.out.print("请输入车牌号码:");
        truck.TruckID=in.next();
        System.out.print("请输入车型名称:");
        truck.VehicleTypeName=in.next();
        System.out.print("请输入车辆规格:");
        truck.Specs=in.next();
        System.out.print("请输入车辆容载量:");
        truck.Capacity=in.nextInt();
        System.out.print("请输入运输公司名称: ");
        truck.CompanyName=in.next();
        System.out.print("请输入司机姓名: ");
        truck.DriverName=in.next();
        System.out.print("请输入行驶证号码: ");
        truck.TruckNumber=in.next();

         System.out.println("车辆信息显示: ");
        System.out.println("车牌号码 \t\t 车型名称 \t\t 车辆规格 \t\t 车辆容载量\t\t 运输公
司名称\t\t 司机姓名\t\t 行驶证号码 ");
        System.out.println(truck.showInfo());
    }
}
```

程序运行结果如图 3-4 所示。

```
请输入车牌号码:苏E12U00
请输入车型名称:2T
请输入车辆规格:4.2*1.6*1.8
请输入车辆容载量:4
请输入运输公司名称: 新风物流
请输入司机姓名: 王明
请输入行驶证号码: 4000012
车辆信息显示:
车牌号码        车型名称        车辆规格        车辆容载量        运输公司名称        司机姓名        行驶证号码
苏E12U00        2T              4.2*1.6*1.8     4                 新风物流            王明            4000012
```

图 3-4 任务 3.1 程序运行结果

任务 3.2 使用构造方法设计车辆信息类

任务分析

在类中，除了成员方法，还存在一种特殊类型的方法，就是构造方法。构造方法的名称和其所属类名相同。在任务 3.1 中，当我们构造 Truck 类的对象时，Java 编译器会自动调用构造方法运行，用来将对象的实例变量初始化。如果类中没有定义任何构造方法，则 Java 编译器会自动帮助类定义一个预设构造方法。本任务使用无参数的构造方法和有参数的构造方法，对车辆对象进行初始化。

相关知识

3.2.1 方法的重载

在 Java 中，允许同一个类的两个或两个以上的方法可以使用相同的名称，只要它们的参数声明、参数类型不同即可。这种特征称为重载，这个过程称为方法重载（Method Overloading）。当 Java 编译程序时，会将参数类型、参数数量等数据，都一并加到方法的签名（Method Signature）中。当调用方法时，Java 并不仅是以名称来辨别方法，而是会依据方法签名，找出正确的方法。也就是说，Java 使用方法名，以及参数的类型和数量，来确定实际调用的重载方法的版本。它也是 Java 实现多态性的一种方式。

方法重载的特点：在同一个类中发生；方法名相同；参数列表不同；其中参数列表的不同可以是个数不同、顺序不同、类型不同。

方法重载支持多态性，因为它是 Java 实现"一个接口、多种方法"模型的一种方式。重载的价值在于它允许相关的方法可以使用同一个名字，在调用时，编译器会根据方法参数的类型或个数来执行不同的方法体代码。

前面已经使用过方法重载，如 java.io.PrintStream 类的 println()方法，它有相同的名字、不同的参数，便产生了重载。编译器必须挑选出具体执行哪个方法，通过各个方法给出的参数类型与特定方法调用的值类型进行匹配来挑选出相应的方法。

【例 3-3】重载方法 println()的使用示例。

```
public class ShowPrintlnOverload {
    public static void main(String args[]) {
        System.out.println(123) ;           //输出整型 int
        System.out.println(12.3) ;          //输出双精度型 double
        System.out.println('A') ;           //输出字符型 char
        System.out.println(false) ;         //输出布尔型 boolean
        System.out.println("Hello Java!") ;//输出字符串类型 String
    }
}
```

程序运行结果如图 3-5 所示。

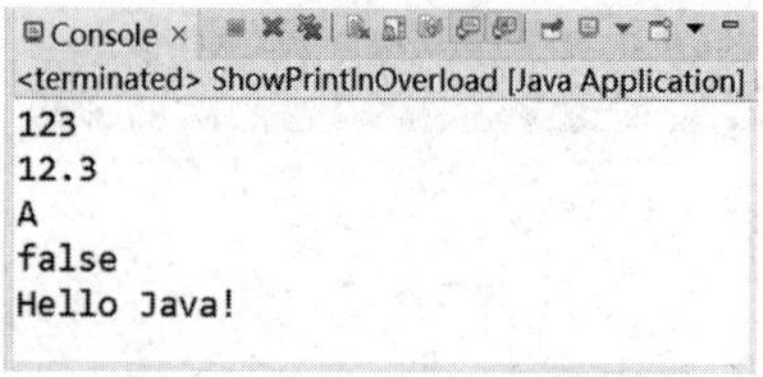

```
Console ×
<terminated> ShowPrintlnOverload [Java Application]
123
12.3
A
false
Hello Java!
```

图 3-5　例 3-3 程序运行结果

System 是 java.lang 包中定义的一个内置类。该内置类中定义了一个静态对象 out，由于 out 属于类成员，所以它的访问方式是"类名.成员名"。out 是 PrintStream 类的实例对象，println()则是 PrintStream 类定义的方法。例 3-3 中的 System.out.println()语句可以用于输出不同的数据类型。我们可以看到相同的方法名添加了不同的参数列表，这就是典型的方法重载的特征。

Java 方法重载是通过方法的参数列表的不同来加以区分的。用户自定义设计方法重载时要注意以下 3 点。

- 方法名称相同。
- 方法的参数列表不同（即参数个数、参数类型、参数顺序），至少有一项不同。
- 方法的返回值类型和修饰符不做要求，可以相同，也可以不同。

3.2.2 构造方法

构造一词来源于英文“Constructor”，中文常译为“构造器”，也被称为构造函数（C++）或构造方法（Java）。构造方法是一个特殊的方法，是面向对象程序设计语言对对象初始化的解决方案。由于构造方法是专门用于构造对象时初始化对象成员的，因此，其名称和类名相同。构造方法总是伴随 new 操作符的执行被调用。

构造方法与普通方法的差别：构造方法是在创建对象时由系统自动调用，用来创建对象初始的状态，它只在对象实例化时被调用一次，而普通方法则可以通过一个实例化对象被调用多次。

Java 中的构造方法具有以下 5 个特点。

- 构造方法名必须与类名相同。
- 每个类可以有一个以上的构造方法。
- 构造方法没有返回类型，也不能定义 void。
- 构造方法可以有 0 个、1 个或多个参数。
- 构造方法总是伴随 new 操作符一起被调用。

如果需要对新创建的对象进行任何初始化设定，就可以自行定义构造方法。在定义构造方法时，除了要遵循一般方法的定义规则，还需要注意两点：①构造方法不能有任何的返回值，也就是不需要也不能注明任何返回值类型，包括 void。②构造方法名一定要与类名相同，不可以使用其他名称。

1. 无参数的构造方法

在之前编写的程序中，如创建 Car 类和 Truck 类的对象时，在类中并没有声明任何构造方法，而程序也可以正常运行。实际上，如果类中没有定义任何构造方法，Java 编译器会自动定义一个预设的无参数的构造方法。例如。

```
public Car(){  }
public Truck(){  }
```

这样，每一个类中至少存在一个构造方法（也可以说没有构造方法的类是不存在的）。所以之前的程序中虽然没有明确地定义构造方法，也可以正常运行。

【注意】如果使用系统默认的无参数构造方法初始化对象，则系统使用默认值初始化对象的实例变量。实例变量中数值型的默认值为 0，boolean 型的默认值为 false，char 型的默认值为''，引用类型的默认值为 null。

2. 有参数的构造方法

在类中定义构造方法时，还可以为其添加一个或多个参数，即有参构造方法。当构造一个新对象时，类中的构造方法可以按需要将一些指定的参数传递给对象。需要注意的是，一旦定义了构造方法，使用 new 操作符产生对象时必须依据构造方法的定义，传入相同数量与相同类型的参数，就跟调用一般的方法一样，否则编译时就会产生错误。

例如，在 Car 类中设置有参数的构造方法。

```
public Car(double g, double e) {
    gas = g;
        eff = e;
}
```

为了防止参数变量用同样的名称，会将实例变量屏蔽起来，因此参数使用了简单的单个字符命名。但是程序在实际开发过程中，有时不能正确理解参数 g 和参数 e 的作用。因此，采用了 this 关键字（后续将会讲解），修改如下。

```
public Car(double gas, double eff) {
    this.gas = gas;
        this.eff = eff;
}
```

【注意】如果类中定义的都是有参数的构造方法，则 Java 编译器不会为该类自动生成一个默认的无参数构造方法。当试图调用无参数构造方法实例化一个对象时，Java 编译器就会报错。这时，就需要用户自行创建一个无参数的构造方法。只有在类中没有任何构造方法时，Java 编译器才会在该类中自动预设一个无参数的构造方法。

3.2.3 构造方法的重载

Java 允许重载任何方法，构造方法与一般的方法一样，也可以使用方法重载方式。构造方法重载就是构造方法中的参数类型或个数不同，即多个参数不一样的构造方法。构造方法重载是为了实现构造方法的重用。当多个构造方法重载时，根据生成对象时传递的参数来决定调用哪个构造方法。

【例 3-4】构造方法的重载示例。

```
public class Person {
    String name;
    int age;
                                              //无参数的构造方法
    public Person()    {
       this.name = "杨洋";
       this.age = 32;
    }
                                              //有一个整型参数的构造方法
     public Person( int age ){
```

```
        this.name = "杨洋";
          this.age = age;
    }
    //有一个整型参数和一个字符串型参数的构造方法
    public Person( String name, int age ){
        this.name = name;
        this.age = age;
    }

    //定义方法
    public void talk(){
        System.out.println( "我叫: " + name + "  我今年: " + age + "岁" );
    }
}
public class ConstructOverload {
    public static void main(String[] args) {
        Person p1 = new Person(32);          //声明并实例化一个 Person 对象 p1
        p1.talk();                           //调用 Person 类中 talk()公有方法

        Person p2 = new Person("彭飞", 38); //声明并实例化一个 Person 对象 p2
        p2.talk();
    }
}
```

程序运行结果如图 3-6 所示。

```
Console ×
<terminated> ConstructOverload [Java Application] D:\e
我叫：杨洋    我今年：32岁
我叫：彭飞    我今年：38岁
```

图 3-6　例 3-4 程序运行结果

从上面的程序中可以看到，在创建类的实例对象时，利用构造方法传入需要的参数，之后再利用构造方法为其内部的实例变量进行初始化。构造方法除了没有返回值，且名称必须与类名相同，它的调用机制也与普通方法有所不同。普通方法是在需要时才能调用，而构造方法则是在创建对象时自动“隐式”执行。因此，构造方法无须在程序中直接调用，而是在对象产生时自动执行一次。

上面程序中的 Person 类定义了 3 种版本的构造方法，形成重载的构造方法。当创建 p1、p2 两个对象时，Java 编译器根据需要使用适当的构造方法。

【注意】在为类设计构造方法时，首先定义一个无参数的构造方法，可以将对象设定为预设的状态；然后在根据不同的情况，定义有参数的构造方法。

构造方法在本质上实现了对象初始化流程的封装，且封装了操作对象的流程。此外，在

Java 类的设计中，还可以使用 private 封装私有数据成员。封装的目的在于隐藏对象细节，把对象当作黑箱来进行操作。

3.2.4　this 关键字

this 是 Java 常用的关键字。我们在学习定义有参数的构造方法时，为了防止参数变量用同样的名称，会将实例变量屏蔽起来，建议可以使用 this.gas 的形式访问成员变量，this 关键字表示目前执行此方法的对象。

Java 中规定使用 this 关键字来代表本类对象的引用。它也可以在构造方法内部用于调用同一个类的其他构造方法。this 引用的使用方法如下。

（1）用 this 指代对象本身。

（2）访问本类的数据成员。

```
this.成员变量
this.方法名
```

（3）调用本类的构造方法。

```
this.([参数列表])
```

【例 3-5】定义 Book 类，其中有一个成员变量姓名（name）并赋初始值，一个输出 name 值的方法 showName()。

```
public class Book {
    //定义成员变量 name 并赋初始值
    String name="小王子";
    //定义方法，输出 name 的值
   public void showName(String name) {
     System.out.println(name);
   }
   public static void main(String[] agrs) {
      Book book=new Book();
      book.showName("《哈利波特》");
   }
 }
```

程序运行结果如图 3-7 所示。

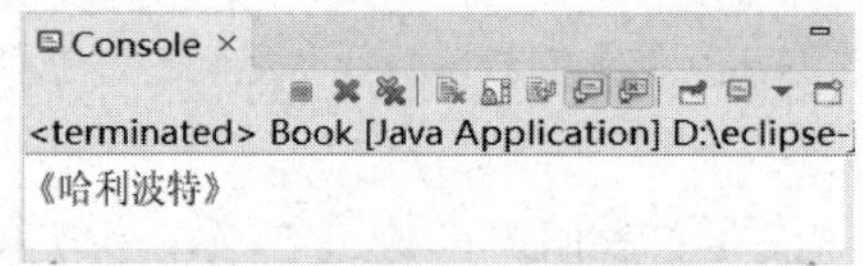

图 3-7　例 3-5 程序运行结果

从上面程序运行结果可以看出，成员变量与 showName()方法中形参的名称相同，都为 name，输出的值不是成员变量的初始值。也就是说，如果方法中出现了与局部变量同名的参数，会导致方法无法直接使用成员变量。那么如何在类中区分使用的是哪一个变量呢？由于

this 关键字是指向调用对象本身的引用名，因此可以利用 this 关键字引用对象的实例成员。

【例 3-6】使用 this 关键字访问书名成员变量。

```
public class Borrowbook {
    //定义成员变量 name
    String name= "小王子";
    //含有一个字符串型参数的构造方法
    public Borrowbook(String name) {
        //将参数 name 的值赋给该类的成员变量 this.name
        this.name=name;
    }
    //借书方法
    public void borrow() {
        System.out.println("请在借阅处领取"+ this.name+"。");
    }
    //main()主方法
    public static void main(String[] agrs) {
         Borrowbook book=new Borrowbook("《哈利波特》");
         book.borrow();
    }
}
```

程序运行结果如图 3-8 所示。

```
Console ×
<terminated> Borrowbook [Java Application] D:\eclip
请在借阅处领取《哈利波特》。
```

图 3-8　例 3-6 程序运行结果

既然 this 关键字和对象都可以调用成员变量与成员方法，那么两者之间具有怎样的关系呢？事实上，this 关键字引用的是本类的一个对象，在局部变量或方法参数覆盖了成员变量时，就要添加 this 关键字明确引用的是类成员变量还是局部变量或方法参数。

如果在含有一个参数的构造方法中省略 this 关键字，直接写成 name=name，只是把参数 name 赋值给参数本身而已，则成员变量 name 的值没有发生改变，因为仅是参数 name 在方法的作用域中覆盖了成员变量 name。

如果一个类有多个构造方法，则尽可能使用 this（参数列表）来实现调用。通常无参数或参数少的构造方法可以用 this（参数列表）调用参数多的构造方法。这样做通常可以简化代码，使代码易于阅读和维护。

【例 3-7】设计电池类，在构造方法中声明 1 节 5 号电池的电压是 1.5 伏，使用 this 关键字调用电池类中的构造方法，实现电压为 9 伏的叠层电池。

```
public class Battery {
    int batteryNum;
```

```
    double voltage;
    //有参数的构造方法，参数为电池数量和电压
    public Battery(int batteryNum, double voltage) {
        this.batteryNum = batteryNum;
        this.voltage = voltage;
        if (batteryNum == 1) {
              System.out.println(batteryNum + "节 5 号电池的电压为" + voltage + "V。");
        }else{
           System.out.println("叠层电池可由" + batteryNum + "节 5 号电池串联而成，其电压为
" + (batteryNum * voltage) + "V。");
        }
    }
    //无参的构造方法，默认 1 节电池电压为 1.5 伏
    public Battery() {
        this(1, 1.5);
    }
    //main()主方法
    public static void main(String[] args) {
       Battery singlecell = new Battery();          //创建无参数的电池对象
       Battery stackedcell = new Battery(6, 1.5);//创建电池对象，且电池有 6 节 1.5 伏
    }
}
```

程序运行结果如图 3-9 所示。

```
Console ×
<terminated> Battery [Java Application] D:\eclipse-java
1节5号电池的电压为1.5V。
叠层电池可由6节5号电池串联而成，其电压为9.0V。
```

图 3-9　例 3-7 程序运行结果

在电池类中定义的第二个构造方法 this(1, 1.5)，调用了含有两个参数的第一个构造方法。也就是说，在无参数的构造方法中可以使用 this 关键字调用有参数的构造方法。但要注意的是，this()语句之前不可以有其他代码。

任务实施

本任务是在设计类时，定义多版本的构造方法，设定车辆对象的初始状态。任务实现步骤如下。

（1）定义车辆信息类 Truck2，设计构造方法，设定好初始化状态。

（2）定义测试类 Truck2Test，创建对象并初始化。

程序代码如下。

（1）定义车辆信息类 Truck2，设计构造方法，设定好初始化状态。

```
public class Truck2 {
    //定义成员变量
    String TruckID;          //车牌号码
    String VehicleTypeName;//车型名称
    String Specs;            //车辆规格
    int   Capacity;          //车辆容载量
    String CompanyName;      //运输公司名称
    String DriverName;       //司机姓名
    String TruckNumber;      //行驶证号码

   public Truck2() {
         System.out.println("使用无参数的构造方法创建车辆信息对象");
   }
   public Truck2(String truckID, String vehicleTypeName, String specs, int
capacity, String companyName,     String driverName, String truckNumber) {
       System.out.println("使用有参数的构造方法创建车辆信息对象");
       this.TruckID = truckID;
       this.VehicleTypeName = vehicleTypeName;
       this.Specs = specs;
       this.Capacity = capacity;
       this.CompanyName = companyName;
       this.DriverName = driverName;
       this.TruckNumber = truckNumber;    }

   //定义方法
   public String showInfo() {
     return this.TruckID+"\t\t" + this.VehicleTypeName + "\t\t" + this.Specs+ "\t
" + this.Capacity+"\t\t"+ this.CompanyName +"\t\t" + this.DriverName+"\t\t"+
this.TruckNumber ;
  }
 }
```

（2）定义测试类 Truck2Test，创建对象并初始化。

```
import java.util.Scanner;
public class Truck2Test {
    public static void main(String[] args) {
     //使用无参数的构造方法创建 truck 对象，设定 truck 的实例变量数值
    Truck2 truck=new Truck2();
    Scanner in=new Scanner(System.in);
    System.out.print("请输入车牌号码:");
```

```
    truck.TruckID=in.next();
    System.out.print("请输入车型名称:");
    truck.VehicleTypeName=in.next();
    System.out.print("请输入车辆规格:");
    truck.Specs=in.next();
    System.out.print("请输入车辆容载量:");
    truck.Capacity=in.nextInt();
    System.out.print("请输入运输公司名称: ");
    truck.CompanyName=in.next();
    System.out.print("请输入司机姓名: ");
    truck.DriverName=in.next();
    System.out.print("请输入行驶证号码: ");
    truck.TruckNumber=in.next();

    System.out.println("车辆信息显示: ");
    System.out.println("车牌号码\t\t 车型名称 \t\t 车辆规格 \t\t 车辆容载量\t\t 运输公司名称
\t\t 司机姓名\t\t 行驶证号码");
    System.out.println(truck.showInfo());

     //使用有参数的构造方法创建 truck2 对象，传入参数
     Truck2 truck2=new Truck2(truck.TruckID,truck.VehicleTypeName,
truck.Specs,truck.Capacity,truck.CompanyName,truck.DriverName,truck.TruckNumber);
     System.out.println("车辆信息显示: ");
     System.out.println("车牌号码\t\t 车型名称 \t\t 车辆规格 \t\t 车辆容载量\t\t 运输公司名称
\t\t 司机姓名\t\t 行驶证号码");
     System.out.println(truck2.showInfo());
  }
}
```

程序运行结果如 3-10 所示。

```
使用无参数的构造方法创建车辆信息对象
请输入车牌号码:苏E1814R
请输入车型名称:10T
请输入车辆规格:9.6*2.4*2.4
请输入车辆容载量:16
请输入运输公司名称：新风物流
请输入司机姓名：孙虎
请输入行驶证号码：4000010
车辆信息显示：
车牌号码        车型名称        车辆规格        车辆容载量      运输公司名称    司机姓名        行驶证号码
苏E1814R        10T             9.6*2.4*2.4     16              新风物流        孙虎            4000010
使用有参数的构造方法创建车辆信息对象
车辆信息显示：
车牌号码        车型名称        车辆规格        车辆容载量      运输公司名称    司机姓名        行驶证号码
苏E1814R        10T             9.6*2.4*2.4     16              新风物流        孙虎            4000010
```

图 3-10　任务 3.2 程序运行结果

任务 3.3 使用静态方法设计车辆信息类

任务分析

任务 3.1 中的 Truck 类与任务 3.2 中的 Truck2 类所创建的对象都能拥有自己的成员变量，用来表现对象属性间的差异。但在有些情况下，我们可能想让所有对象的某个属性都是相同的，此时就可以使用 static 关键字共享成员变量，来表现这个对象的共同属性。

假如我们现在只考虑车辆信息类代表的是某一个特定的车型，所有对象代表的是同车型的多个个体；可以使用 static 关键字修饰成员变量，这就表示所有属于此类的对象，都会共享这些成员，而并非每一个对象拥有自己的成员；可以不需要创建对象，直接使用类名就能访问车辆信息类中成员。

相关知识

3.3.1 静态变量

静态变量是使用 static 声明的。如果想让一个类的所有实例共享数据，就要使用静态变量（static variable），也被称为类变量。静态变量被类中所有对象的实例共享，它将变量值存储在一个公共的内存地址。

调用静态变量的语法格式如下。

```
类名.静态变量名
```

不同的类之间有时需要对同一个变量进行操作。例如，同时打开一个水池的进水口和出水口，进水与出水两个动作同时影响到水池的水量，此时水池中的水量可以认为是一个共享的变量。在 Java 中，把要共享的变量使用 static 声明。

【例 3-8】创建一个水池类 Pool，使用静态变量 water 来描述水池中的水量。

```
public class Pool {
    public static int water = 0;      //初始化静态变量水池中的水量为 0
    public void outlet() {            //放水，一次放出 3 个单位
      if (water >= 3) {               //如果水池中的水量大于或等于 3 个单位
         water = water - 3;           //则放出 3 个单位的水
      } else {                        //如果水池中的水量小于 3 个单位
         water = 0;                   //则水池中的水量为 0
      }
}
   public void inlet() {              //注水，一次注入 5 个单位的水
         water = water + 5;           //注入 5 个单位的水
   }

   public static void main(String[] args) {
      Pool pool = new Pool();         //创建水池对象
```

```
        System.out.println("水池的水量: " + Pool.water);      //输出水池当前的水量
        System.out.println("水池注水两次。");
        pool.inlet();                                          //调用注水方法
        pool.inlet();                                          //调用注水方法
          System.out.println("水池的水量: " + Pool.water);    //输出水池当前的水量
        System.out.println("水池放水一次。");
        pool.outlet();                                         //调用放水方法
        System.out.println("水池的水量: " + Pool.water);      //输出水池当前的水量
    }
}
```

程序运行结果如图 3-11 所示。

```
Console ×
<terminated> Pool (1) [Java Application] D:\eclipse-jav
水池的水量：0
水池注水两次。
水池的水量：10
水池放水一次。
水池的水量：7
```

图 3-11　例 3-8 程序运行结果

静态变量与实例变量的区别：当第一次调用类时，系统为静态变量 water 分配一次内存空间。不管以后类创建多少个对象，所有对象都共享该类的静态变量 water。可以通过类名或某个对象来访问静态变量，如 Pool.water 就是使用类名来访问该变量的。而声明实例变量之后，当每次创建类的新对象时，系统就会为该对象创建实例变量的副本，即该对象每个实例变量都有自己的内存空间，然后可以通过对象名访问这些实例变量。

3.3.2　静态方法

在 Java 中声明类的成员变量和成员方法时，可以使用 static 把成员声明为静态成员。使用 static 修饰的方法称为静态方法，也被称为类方法。它不属于类的具体对象，而是整个类的方法。由于静态方法的运行不依赖于任何对象，因此可以不需要创建对象，而通过类自身（类名作前缀）来运行静态方法。如果创建了某个类的具体对象，则可以将对象名作为前缀来调用静态方法。

【例 3-9】创建一个水池类 Pool2，使用静态方法来控制水池中的水量。

```
public class Pool2 {
    public static int water = 0;          //初始化静态变量水池中的水量为 0
    public static void outlet() {         //放水，一次放出 3 个单位
          if (water >= 3) {               //如果水池中的水量大于或等于 3 个单位
              water = water - 3;          //则放出 3 个单位的水
          }else {                         //如果水池中的水量小于 3 个单位
              water = 0;                  //则水池中的水量为 0
          }
    }
```

```
    public static void inlet() {        //注水，一次注入 5 个单位的水
        water = water + 5;              //注入 5 个单位的水
    }

    public static void main(String[] args) {
        Pool2 pool = new Pool2();                                //创建水池对象
        System.out.println("水池的水量: " + Pool2.water);  //输出水池当前的水量
        System.out.println("水池注水两次。");
        Pool2.inlet();                                           //调用注水方法
        pool2.inlet();                                           //调用注水方法
        System.out.println("水池的水量: " + Pool2.water);  //输出水池当前的水量
        System.out.println("水池放水一次。");
        Pool2.outlet();                                          //调用放水方法
        System.out.println("水池的水量: " + Pool2.water);  //输出水池当前的水量
    }
}
```

程序运行结果如图 3-12 所示。

```
Console ×
<terminated> Pool2 (1) [Java Application] D:\eclipse-ja
水池的水量：0
水池注水两次。
水池的水量：10
水池放水一次。
水池的水量：7
```

图 3-12　例 3-9 程序运行结果

不添加 static 修饰符的方法称为实例方法。实例方法是属于某个对象的方法，即每个对象的实例方法都有自己专用的内存空间，既可以访问实例成员，又可以访问静态成员（类成员）。从例 3-8 与例 3-9 两个实例的程序运行结果来看，使用静态方法的程序运行结果与使用实例方法的程序运行结果一样。

静态成员最主要的特点是它不属于任何一个类的对象，它不保存在任意一个内存空间中，而是保存在类的公共区域中。

在 Java 中，静态变量也被称为类变量，非静态变量也被称为实例变量（成员变量）；静态方法也被称为类方法，非静态方法也被称为实例方法（成员方法）。实例方法可以调用其他实例方法和静态方法，还可以访问实例变量或静态变量。静态方法可以调用其他静态方法，以及访问静态变量。但是，静态方法不能调用实例方法，也不能访问实例变量。

3.3.3　静态代码块

在类的成员方法之外，有时使用 static 修饰代码区域，称为静态代码块。定义一个静态代

码块，可以完成类的初始化操作，在类声明时就会执行。

定义静态代码块的语法格式如下。

```
public class staticTest{
    static{
  //此处编辑代码执行语句
}
}
```

静态代码块的执行优先级高于非静态的初始化块，静态代码块随着类的加载而执行，而且只执行一次，执行完成便被销毁，它仅能初始化静态变量。

【例 3-10】静态代码块与非静态代码块，以及构造方法与实例方法执行顺序示例。

```
public class StaticDemo {
    static String name;
    //静态代码块
    static{
        System.out.println(name+"静态代码块被调用");
    }
    //非静态代码块
    {
        System.out.println(name+"非静态代码块被调用");
    }
    //构造方法
    public  StaticDemo(String a) {
        name=a;
        System.out.println(name+"构造方法");
    }
    //实例方法
    public void method() {
        System.out.println(name+"实例方法");
    }
    //main()主方法
    public static void main(String[] args) {
        StaticDemo sd1;                           //在声明类时就已经运行静态代码块了
        StaticDemo sd2=new StaticDemo("sd2"); //在实例化对象时才运行构造方法
        StaticDemo sd3=new StaticDemo("sd3");
        sd3.method();
    }
}
```

程序运行结果如图 3-13 所示。

```
Console ×
<terminated> StaticDemo [Java Application] D:\eclipse-
null静态代码块被调用
null非静态代码块被调用
sd2构造方法
sd2非静态代码块被调用
sd3构造方法
sd3实例方法
```

图 3-13 例 3-10 程序运行结果

从程序运行结果可以看出，静态代码块自始至终只运行一次。而非静态代码块，每次创建对象时，都会在构造方法之前运行。所以读取实例变量 name 的值时，只能获取 String 类型的默认值“null”。构造方法只有在使用 new 创建对象时才会运行。实例方法只有在对象调用时才会运行。因为 name 是 static 修饰的静态成员变量，在创建 sd2 对象时将字符串“sd2”赋给了 name，所以在创建 sd3 对象时，重新调用了类的非静态代码块，此时 name 的值还没有被 sd3 对象改变，因此，就会输出“sd2 非静态代码块被调用”。

3.3.4 类的主方法

主方法是类的入口点，它指定了程序从何处开始，提供对程序流向的控制。Java 编译器是通过类的主方法来执行程序的。

主方法的语法格式如下。

```
public static void main(String[]  args) {
        //方法体
}
```

由于主方法是静态的，如果要在主方法中直接调用其他方法，则该方法必须是静态的；否则要使用类创建对象，调用其实例方法。主方法是没有返回值的，类型为 void。主方法的形参为数组，其中 args[0]～args[n]分别代表程序的第一个参数到第 n+1 个参数，可以使用 args.length 获取参数的个数。

任务实施

本任务是将车辆信息类中的成员变量设置为静态变量，并设计静态方法 init()，实现数据初始化。任务实现步骤如下。

（1）定义车辆信息类 Truck3，设置静态变量与静态方法。

（2）定义测试类 Truck3Test，直接访问类的方法。

程序代码如下。

（1）定义车辆信息类 Truck3，设置静态变量与静态方法。

```
import java.util.Scanner;
public class Truck3 {                    //创建货车类
    //定义静态变量
    static String TruckID;           //车牌号码
    static String VehicleTypeName;//车型名称
```

```
    static String  Specs;         //车辆规格
    static  int   Capacity;       //车辆容载量
    static String CompanyName;   //运输公司名称
    static String DriverName;     //司机姓名
    static String TruckNumber;    //行驶证号码

   //静态初始化方法 init()
    public static void init() {
      Scanner in=new Scanner(System.in);
      System.out.print("请输入车牌号码:");
      TruckID=in.next();
      System.out.print("请输入车型名称:");
      VehicleTypeName=in.next();
      System.out.print("请输入车辆规格:");
      Specs=in.next();
      System.out.print("请输入车辆容载量:");
      Capacity=in.nextInt();
      System.out.print("请输入运输公司名称: ");
      CompanyName=in.next();
      System.out.print("请输入司机姓名: ");
        DriverName=in.next();
      System.out.print("请输入行驶证号码: ");
      TruckNumber=in.next();
    }

   public static String showInfo() {
      return TruckID+"\t\t" + VehicleTypeName + "\t\t" +Specs+ "\t "
+Capacity+"\t\t"+CompanyName +"\t\t" +DriverName+"\t\t"+TruckNumber ;
    }
 }
```

（2）定义测试类 Truck3Test，直接访问类的方法。

```
public class Truck3Test {
   public static void main(String[] args) {
     Truck3.init();  //访问静态方法
     System.out.println("车辆信息显示: ");
     System.out.println("车牌号码 \t\t 车型名称 \t\t 车辆规格 \t\t 车辆容载量\t\t 运输公司名
称\t\t 司机姓名\t\t 行驶证号码 ");
     //调用返回车辆信息的方法
     System.out.println(Truck3.showInfo());
   }
```

```
}
```

程序运行结果如图 3-14 所示。

```
请输入车牌号码:苏E20B24
请输入车型名称:集装箱20'
请输入车辆规格:5.8*2.4*2.4
请输入车辆容载量:10
请输入运输公司名称：新风物流
请输入司机姓名：钱飞
请输入行驶证号码：4000021
车辆信息显示：
车牌号码      车型名称      车辆规格      车辆容载量     运输公司名称     司机姓名     行驶证号码
苏E20B24     集装箱20'     5.8*2.4*2.4    10          新风物流        钱飞        4000021
```

图 3-14　任务 3.3 程序运行结果

拓展训练

定义工资信息类 SalaryInfo，该类的属性包括员工工号（empNo）、姓名（name）、基本工资（basicSalary）、奖金（reward）、补贴（welfare）、扣款（payDeduction）；方法包括计算应发工资的 calculatePayableSalary()方法、计算实发工资的 calculateActualSalary()方法、显示工资单明细的 showSalaryDetails()方法，程序运行结果如图 3-15 所示。

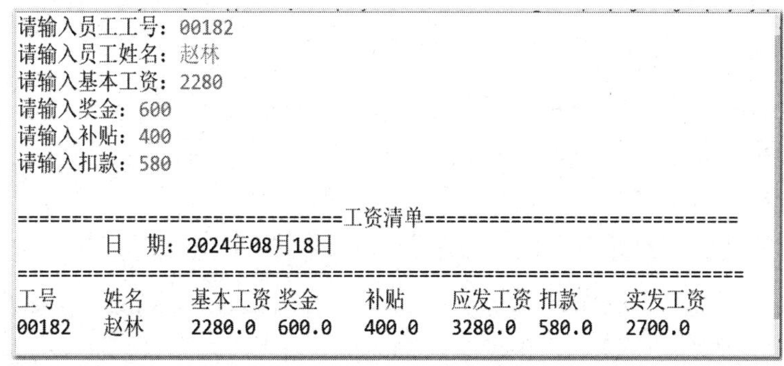

```
请输入员工工号：00182
请输入员工姓名：赵林
请输入基本工资：2280
请输入奖金：600
请输入补贴：400
请输入扣款：580

=============================工资清单=============================
        日　期：2024年08月18日
==================================================================
工号     姓名     基本工资 奖金     补贴     应发工资 扣款     实发工资
00182    赵林     2280.0   600.0    400.0    3280.0   580.0    2700.0
```

图 3-15　程序运行结果

单元小结

本单元主要介绍面向对象的概念，类的定义、成员方法、构造方法、主方法及对象的应用、使用 static 修饰静态成员的方法。在面向对象程序设计的学习过程中，通过识别简单的规则，学会分析问题，培养抽象思维能力；利用编写类、定义类成员、构造方法来解决一些实际问题，养成主动探索、自我更新和优化知识的良好习惯，逐步建立面向对象程序设计的编程思想。

单元练习

一、选择题

1. 下面选项中与成员变量共同构成一个类的是（　　）。

A. 关键字　　B. 方法　　C. 运算符　　D. 表达式

2. 方法的重载是指两个方法具有相同名称和不同的参数形式，其中不同的参数形式是指（　　）。

A. 参数个数和类型不同

B. 参数有无返回值

C. 方法的修饰符不同

D. 以上都不对

3. 为了区分类中重载的同名的不同方法，要求（　　）。

A. 采用不同的形式参数列表

B. 返回值的数据类型不同

C. 调用时用类名或对象名作为前缀

D. 参数名不同

4. 如果在某一个类定义中定义了 static void　testMethod()方法，则该方法属于（　　）。

A. 本地方法　　B. 最终方法　　C. 静态方法　　D. 抽象方法

5. 下面构造方法的调用方式中正确的是（　　）。

A. 按照一般的方法调用

B. 由用户直接调用

C. 只能通过 new 自动调用

D. 被系统调用

6. 下面关于构造方法的叙述错误的是（　　）。

A. Java 规定构造方法名与类名必须相同

B. Java 规定构造方法没有返回值，且不用 void 声明

C. Java 规定构造方法不可以重载

D. Java 规定构造方法只能通过 new 自动调用

7. 下面关于静态方法的叙述错误的是（　　）。

A. 静态方法是指被 static 修饰的方法

B. 静态方法不占用对象的内存空间，而非静态方法则占有对象的内存空间

C. 在静态方法内可以使用 this 关键字

D. 静态方法内部只能访问被 static 修饰的成员变量

二、操作题

1．创建一个计算机类 Computer，生成两个类对象并输出相关信息。

（1）Computer 类包括品牌（brand）、CPU 类型（cpuType）、内存容量（memory）、硬盘大小（hardDisk）、价格（price）等属性。

（2）Computer 类包括一个 displayMessage()方法，该方法用于输出计算机对象的相关信息。

2．创建教师类与学生类，生成类对象并输出相关信息。

（1）学生类属性包括：姓名、年龄、选修课程、兴趣，其方法用于显示学生信息。

（2）教师类属性包括：姓名、专业方向、教授课程、教龄，其方法用于显示教师信息。

（3）定义测试类，从键盘上输入数据，调用方法输出学生信息和教师信息。

3. 创建店员类 Clerk，设计一个查询图书的方法，顾客咨询哪一类图书，店员就返回该类图书的名称。店员类测试程序运行结果如图 3-16 所示。

```
<terminated> Test (2) [Java Application] C:\Program Files\Java\jre
1.计算机  2.社会科学  3.历史读物
请选择图书类别：1
店员推荐：《Java语言程序设计（基础）》。
```

```
<terminated> Test (2) [Java Application] C:\Program Fi
1.计算机  2.社会科学  3.历史读物
请选择图书类别：2
店员推荐：《小哥白尼》。
```

```
<terminated> Test (2) [Java Application] C:\Program Files
1.计算机  2.社会科学  3.历史读物
请选择图书类别：3
店员推荐：《资治通鉴》。
```

图 3-16　店员类测试程序运行结果

4. 某市出租车起步价规定 3 公里为 10 元；超过 3 公里，每一公里为 1.5 元，除了乘车费，还需要支付 1 元的燃油附加费。将起步价设定为静态变量，根据出租车的行驶里程，计算乘车费用。当出租车起步价格调整后，根据出租车的行驶里程，计算出租车起步价格调整后的乘车费用。出租车乘车费用程序运行结果如图 3-17 所示。

```
出租车起步价为3公里10元。
请输入出租车的行驶里程：
20
乘客应付金额：36.5元。
福音来了：起步价上调！请输入上调后的起步价：
12
请输入出租车的行驶里程：
20
乘客应付金额：38.5元。
```

图 3-17　出租车乘车费用程序运行结果

5. 工具类是系统开发中常见的组件，多用于提供各种计算方法。为了方便在实际开发环境中调用，工具类的计算方法均为静态方法。现在创建工具类 Utils，定义实现加、减、乘、除运算的静态方法。

提示如下。

- 在除法静态方法中，如果分母为 0，则方法返回值为-1。
- 当测试输出结果时，如果除法静态方法的返回值为-1，则在控制台输出“分母不能为 0”。

6. 创建银行卡类，有两个成员变量分别是卡号和密码。如果用户开户时没有设置初始密码，则默认密码设置为“123456”。创建两个不同的构造方法，分别用于设置用户密码和未设置密码两种场景。

7. 创建一个矩形类 Rectangle，该类有两个 double 型的成员属性 width 和 height，分别表示矩形的宽和高。width 和 height 的默认值均为 1。创建默认的无参数的构造方法和一个以 width 和 height 为指定值的有参数的构造方法。定义一个 getArea()方法返回这个矩形的面积。

单元 4
继承与多态

单元介绍

单元 3 阐述了类与对象的概念。用户通过识别类的简单规则来设计类，可以利用构造方法对对象的实例变量进行初始化。本单元学习面向对象程序设计的三大特征：封装、继承和多态。封装相当于一个黑匣子，将类的属性与方法封装在一起，只对外公开必要的接口，它的目的是增强数据的安全性。继承是类的另一个重要特征，可以进一步扩充新的特性，适应新的需求，通过代码的复用，可以提高软件开发效率。多态可以动态处理对象的调用，降低对象之间的依赖关系。

本单元任务是应用面向对象程序设计的三大特征设计成品信息类，实现基于 RFID 自动出货管理系统中成品入库的基本操作。

本单元分为两个子单元任务。

- 设计成品信息封装类。
- 显示成品入库信息。

学习目标

知识目标

- 理解封装的意义。
- 理解继承的原理。
- 理解多态的作用。
- 熟悉对象与方法的多态性。
- 掌握对象类型的转换方法。
- 掌握 super 关键字的使用方法。

能力目标

- 会使用封装技术提高程序的可维护性和安全性，解决实际问题。
- 会使用继承方式提高面向对象程序设计中的扩展性和维护性，解决实际问题。

素质目标

- 培养团队沟通交流与协作共赢的意识。
- 培养敬业、专注、精益求精的创新精神。

任务 4.1 设计成品信息封装类

任务分析

在 RFID 自动出货管理系统中，成品数据由仓库管理员首先从生产管理系统（MES）中导出，然后写入 RFID 自动出货管理系统，实现自动出货。成品信息包含成品批次号码、料号、LP 号码、数量、入库时间，其操作显示入库成品批次信息。本单元的任务为了保证成品入库信息的有效性与安全性，首先将数据封装，然后通过公有方法向外部提供接口服务，处理类中的数据。

相关知识

4.1.1 访问修饰符

Java 中可以通过修饰符、类包和 final 关键字对类、方法或变量的访问范围进行控制。Java 中用来修饰类的修饰符有 public、abstract、final；用来修饰类的成员变量的修饰符有 public、protected、private、final、static；用来修饰成员方法的修饰符有 public、protected、private、final、static、abstract。下面主要介绍 final 与 abstract 两种修饰符。

1. final

使用 final 修饰类的变量表示不能改变它的值。一个被 final 修饰的变量表示它一旦被初始化之后就不会改变了。如果该变量再被 public、static 修饰，它就是一个常数变量，在命名时用大写字母表示。

（1）在 Java 中，使用 final 修饰的类不能被继承。有时定义了一个类，而不想让其被继承，则在类的定义前面添加 final，便可以阻止该类被继承。

（2）使用 final 修饰类中的方法称为最终方法，该方法不能重写。如果在定义类的方法时添加 final，则子类中的方法被禁止重写，可以防止子类修改该方法的定义与实现方式。

2. abstract

使用 abstract 修饰类中的方法称为抽象方法。抽象方法只有方法头，没有方法体，以一个分号（;）结束。abstract 的声明通常出现在抽象类和接口中。需要注意的是，final 与 abstract 不可以同时使用。

4.1.2 访问控制

在 Java 中，用户可以在类、方法和成员变量前使用 public 修饰符，表示它们可以被任何其他的类访问。如果没有使用可见性修饰符，则默认类、方法和成员变量可以被同一个包中的任何一个类访问。除了 public、default（默认）类型修饰符，Java 还提供 private、protected 修饰符。

类的访问控制级别只有 public 和 default，它们限定了整个类的访问权限。在类的外部，类中成员变量的可见性由 public、protected、private 来控制，称为类的成员变量的访问权限修饰符。

成员的访问控制，即方法和成员变量的访问控制。成员的访问是指一个类中的方法代码是否能够访问（调用）另一个类中的成员；或者一个类是否能够继承其父类的成员。成员的访问权限有 4 种类型，public、protected、private、default。表 4-1 列出成员访问权限修饰符与其对应的可见性之间的关系。

表 4-1　成员访问权限修饰符与其对应的可见性之间的关系

可见性	public	protected	private	default
对同一个类	可以	可以	可以	可以
对同一个包中的任何类	可以	可以	不可以	可以
对不同包中的非子类	可以	不可以	不可以	不可以
对不同包的子类	可以	可以	不可以	不可以
对同一个包的子类	可以	可以	不可以	可以

- public：当一个类的成员被声明为 public 时，表示所有其他类，无论是属于哪个包的类，都可以访问该成员。
- protected：当一个类的成员被声明为 protected 时，表示只对包内的类可见，包外的类可通过继承访问该成员。
- private：当一个类的成员被声明为 private 时，表示该成员不能被所在类之外的任何类中代码访问。
- default：当一个类的成员没有任何访问权限修饰符时，表示其成员只能对包内的类是可见的。

前文中的实例及任务中定义的类，其访问权限都是 public，而成员变量的访问权限都是 default，成员方法的访问权限都是 public，所定义的类都放在同一个包中，因此对同一个包中的任何类都是可见的，可以直接访问。

4.1.3 封装

封装是面向对象程序设计的核心思想。封装的载体是类，且对象的属性和行为都被封装在这个类中。对于人们来说，这个概念可能还是比较抽象的。我们要“透过现象看本质”，通过一个实例来说明为什么需要封装？封装的目的是什么？

1. 为什么需要封装?

我们通过前文所学的类的设计，将对象的属性（数据）暴露出来，外界可以任意接触它甚至直接修改它。看一看下面的程序，会产生什么样的结果。

【例 4-1】类的封装实例——危险的热水器。

```
class WaterHeater {
public String brand;        //通过 public，开放热水器的属性给外界
public int temperature ;  //通过 public，开放热水器的属性给外界

public String introduction(){
       return "这是"+brand+"牌热水器，目前的温度是"+temperature+"摄氏度。"; }
}

public class WaterHeaterTest {
      public static void main(String[] args) {
           WaterHeater wh=new WaterHeater();
           wh.brand="美的";
           wh.temperature=200;
       System.out.println(wh.introduction());
   }
}
```

程序运行结果如图 4-1 所示。

```
Console ×
<terminated> WaterHeaterTest [Java Application] D:\ecli
这是美的牌热水器，目前的温度是200摄氏度。
```

图 4-1　例 4-1 程序运行结果

在 WaterHeater 类中通过 public，开放 WaterHeater 的属性（brand、temperature）给外界，这就意味着外界可以通过“对象名.属性名”的方式来访问（读或写）这两个属性。我们定义了一个对象 wh，通过圆点运算符获得这个对象的值。从语法上给 brand、temperature 赋值的具体数值是没有问题的。但在实际生活中，热水器的温度一般不超过 75 摄氏度，所以这是一个“危险”的热水器。由于温度 temperature 这个属性开放给外界。属性数据可以被任意篡改，使类变得难于维护，同时容易出现错误。为了让外部不能任意访问类的成员，使用 private 修饰其属性，隐藏属性，实现数据的封装。

2. 封装的实现

我们已经学习了访问控制权限。定义私有属性的类，其外部是不能访问对象内部的属性的。在类设计时，开发人员都会设计一对公有接口，这些接口对属性赋值与取值的外在表现形式都是公有（public）的方法，可以在这些方法里，为成员变量加上存取限制，以达到保护属性数据的目的。

通常，对属性设置赋值的方法被命名为 setXxx ()，这类方法可以统称为 setter 方法；对属性取值的方法被命名为 getXxx()，这类方法可以统称为 getter 方法，其中 Xxx 表示属性名称。

【例 4-2】类私有属性的 setter 和 getter 方法实例——合格的热水器。

```
class WaterHeater1 {
    private String brand;      //品牌
    private int temperature ;  //温度
    //定义 setter 方法与 getter 方法
    public int getTemperature() {
            return temperature;
       }
       public void setTemperature(int temperature) {
            if(temperature>75) {
                 System.out.println("热水器的温度太高，不能超出 75 摄氏度。");
                 this.temperature = 75;
             }   else {
                  this.temperature = temperature; }
        }
        public String getBrand() {
             return brand;
        }
        public void setBrand(String brand) {
              this.brand = brand;
        }
}


public class WaterHeaterTest1 {
   public static void main(String[] args) {
     WaterHeater1 wh=new WaterHeater1();
     wh.setBrand("美的");;
     wh.setTemperature(1000);
     System.out.println("这是"+wh.getBrand()+"牌热水器，目前的温度是
"+wh.getTemperature()+"摄氏度。");
    }
}
```

程序运行结果如图 4-2 所示。

```
Console ×
<terminated> WaterHeaterTest2 [Java Application] D:
热水器的温度太高，不能超出75摄氏度。
这是美的牌热水器，目前的温度是75摄氏度。
```

图 4-2　例 4-2 程序运行结果

在 brand、temperature 属性前面添加 private，表示属性被声明为私有的，对外界是不可见的，私有数据只能在定义它们的类中被访问。换句话说，对象不能通过圆点运算符操作直接访问这些私有属性，即不能在测试程序中使用 wh.brand 或 wh.temperature 方式访问实例变量。

如果试图访问私有属性，将会产生编译错误。

在 main()主方法中调用 setTemperature()方法，传送一个参数值为 1000 的不合理温度值。然而在 setTemperature(int temperature)方法中设置温度值时，程序中添加了 if…else 判断语句，如果传入的参数值大于 75，则给出提示信息，并采用默认值，否则将传入的参数值赋给 temperature 属性。通过这个方法可以看出，经由公有接口方法来对属性值实施操作，在这些接口里对值实施“管控”，能够更好地控制属性成员。

因此，在设计类时，为防止数据被篡改，以及使类更易于维护，最好将属性声明为私有的。除了可以使用 private 将属性封装起来，也可以使用 private 把方法封装起来。一旦方法的访问权限被声明为 private（私有），那么这个方法就只能被类内部方法调用。

在实际程序设计中，开发人员首先把代码封装在一个类中，然后通过公有接口方法，向外部提供服务，同时向外部屏蔽类中的具体实现方式。

【例 4-3】使用封装实现餐馆点菜，为顾客做一道鱼香肉丝。

```
    class Cook {
      private String name;               //厨师的名字
      public Cook() {
        this.name = "张鹏";              //厨师的名字叫张鹏
      }
      private void cutGinger() {         //私有方法，切姜丝
        System.out.println(name + "切姜丝");
      }
      private void washVegetavles() {  //私有方法，洗蔬菜
         System.out.println(name + "洗蔬菜");
      }
       void cooking(String dish) {       //默认方法，烹饪顾客点的菜
         washVegetavles();
         cutGinger();
         System.out.println(name + "开始烹饪" + dish);
      }
}

  public class Restaurant {
    private Cook cook = new Cook();
     public void takeOrder(String dish) {     //下单
      cook.cooking(dish);                     //通知厨师做菜
      System.out.println("服务员：您的菜好了，请慢用。");
     }

    public String saySorry() {                //拒绝顾客的请求
      return "服务员：抱歉，餐厅不提供此项服务。";
```

```
    }

    public static void main(String[] args) {
        Restaurant waiter = new Restaurant();  //创建餐厅服务员对象，为顾客提供服务
        System.out.println("顾客：请让厨师为我做一份鱼香肉丝。");
        waiter.takeOrder("鱼香肉丝");           //服务员给顾客下单
        System.out.println("顾客：你们的厨师叫什么名字？");
        System.out.println(waiter.saySorry()); //服务员给顾客善意的答复
        System.out.println("顾客：请让厨师给我切一点姜丝。");
        System.out.println(waiter.saySorry()); //服务员给顾客善意的答复
    }
}
```

程序运行结果如图 4-3 所示。

```
Console ×
<terminated> Restaurant [Java Application] D:\eclipse
顾客：请让厨师为我做一份鱼香肉丝。
张鹏洗蔬菜
张鹏切姜丝
张鹏开始烹饪鱼香肉丝
服务员：您的菜好了，请慢用。
顾客：你们的厨师叫什么名字？
服务员：抱歉，餐厅不提供此项服务。
顾客：请让厨师给我切一点姜丝。
服务员：抱歉，餐厅不提供此项服务。
```

图 4-3 例 4-3 程序运行结果

从例 4-3 可以看出，顾客去餐馆吃饭，下单点菜，首先是服务员与顾客交流，然后是服务员与厨师交流。厨师是被封装的，隐藏细节。厨师的名字，以及切姜丝、洗蔬菜的两种行为都被表示为 private，cutGinger()和 washVegetavles()这两个私有方法只能供类中的对象调用。而作为顾客，不需要知道自己品尝的美食是哪位厨师做的，采用何种方法烹饪的，这种编程模式就是封装。

任务实施

设计成品信息类，为了保证数据的安全性，将成品信息类的属性与操作属性的方法进行封装，只对外提供必要的方法。RFID 自动出货管理系统中入库的数据是从 MES 系统导出的，这里定义一个数据类，使用数组在构造方法中初始化成品信息。任务实现步骤如下。

（1）定义成品信息类 Stock。

（2）定义 MES 系统入库数据类 MESDataSet。

（3）定义测试类 MainClass，输出入库数据。

程序代码如下。

（1）定义成品信息类 Stock。

```
public class Stock {
```

```
    private String BatchNumber; //批次号码
    private String Code;        //料号
    private String LPNumbe;     //LP 号码
    private int Qty;            //数量
    private String InStockTime; //入库时间
    public Stock() {
        super();
    }
    public Stock(String batchNumber, String code, String lPNumbe, int qty, String
inStockTime) {
        super();
        this.BatchNumber = batchNumber;
        this.Code = code;
        this.LPNumbe = lPNumbe;
        this.Qty = qty;
        this.InStockTime = inStockTime;
    }

    public String getBatchNumber() {
        return BatchNumber;
    }
    public void setBatchNumber(String batchNumber) {
        this.BatchNumber = batchNumber;
    }
    public String getCode() {
        return Code;
    }
    public void setCode(String code) {
        this.Code = code;
    }
    public String getLPNumbe() {
        return LPNumbe;
    }
    public void setLPNumbe(String lPNumbe) {
        this.LPNumbe = lPNumbe;
    }
    public int getQty() {
        return Qty;
    }
    public void setQty(int qty) {
```

```
        this.Qty = qty;
    }

    public String getInStockTime() {
         return InStockTime;
    }
    public void setInStockTime(String inStockTime) {
        this.InStockTime = inStockTime;
    }

    //显示成品入库批次信息
    public String toString() {
         return "|批次号码:"+ this.getBatchNumber()+"| 料号:"+ this.getCode()+"| LP号码:"+ this.getLPNumbe()+"| 数量:"+ this.getQty()+"| 入库时间:"+ this.getInStockTime()+" |";
    }
}
```

（2）定义 MES 系统入库数据类 MESDataSet。

```
public class MESDataSet {
      Stock[] stocks=new Stock[8];
      public MESDataSet() {
        super();
      stocks[0]=new Stock("8184309","NS329492","33121069535",56000,"2023/02/10");
      stocks[1]=new Stock("8184309","NS329492","33121069540",56000,"2023/02/10");
      stocks[2]=new Stock("8184309","NS329492","33121069564",56000,"2023/02/10");
      stocks[3]=new Stock("8184309","NS329492","33121069529",56000,"2023/02/10");
      stocks[4]=new Stock("8184310","NS329496","33121069530",56000,"2023/02/11");
      stocks[5]=new Stock("8184310","NS329496","33121069558",56000,"2023/02/11");
      stocks[6]=new Stock("8184310","NS329496","33121069538",56000,"2023/02/11");
      stocks[7]=new Stock("8184310","NS329496","33121069509",56000,"2023/02/11");
      }
public void setStocks(Stock[] stocks) {
        this.stocks = stocks;
    }
    public Stock[] getStocks() {
          return stocks;
    }
}
```

（3）定义测试类 MainClass，输出入库数据。

```
public class MainClass {
```

```
    public static void main(String[] args) {
        MESDataSet ms=new MESDataSet();
        Stock[] stocks=ms.getStocks();
        System.out.println("成品入库清单:");
        for (Stock stock:stocks) {
            System.out.println(stock);
        }
    }
}
```

程序运行结果如图 4-4 所示。

```
成品入库清单:
|批次号码:8184309| 料号:NS329492| LP号码:33121069535| 数量:56000| 入库时间:2023/02/10 |
|批次号码:8184309| 料号:NS329492| LP号码:33121069540| 数量:56000| 入库时间:2023/02/10 |
|批次号码:8184309| 料号:NS329492| LP号码:33121069564| 数量:56000| 入库时间:2023/02/10 |
|批次号码:8184309| 料号:NS329492| LP号码:33121069529| 数量:56000| 入库时间:2023/02/10 |
|批次号码:8184310| 料号:NS329496| LP号码:33121069530| 数量:56000| 入库时间:2023/02/11 |
|批次号码:8184310| 料号:NS329496| LP号码:33121069558| 数量:56000| 入库时间:2023/02/11 |
|批次号码:8184310| 料号:NS329496| LP号码:33121069538| 数量:56000| 入库时间:2023/02/11 |
|批次号码:8184310| 料号:NS329496| LP号码:33121069509| 数量:56000| 入库时间:2023/02/11 |
```

图 4-4　任务 4.1 程序运行结果

任务 4.2　显示成品入库信息

任务分析

继承是面向对象程序设计中软件复用的关键技术，通过继承可以进一步扩充新的特性，派生出新的类，而不需要编写相同代码，实现代码的重用，减少编程量，使系统结构更加统一。在实际程序设计时，使用继承可以在程序中复用一些已经定义完善的类，这样可以缩短软件的开发周期，也可以提高软件的可维护性、可拓展性。

本任务就是使用继承的属性复用技术来设计实现显示成品入库信息的基本操作。首先修改成品信息类 Stock，增加一个方法，功能是读取成品数据的 LP 号码以确定成品可以入库。学习者通过此任务可以理解继承和多态的含义、掌握 super 关键字的使用、构造方法的继承及对象类型的转换。

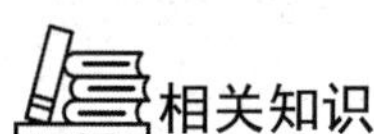

相关知识

4.2.1　继承

1. 引入继承

前文已经介绍了设计类的基本方式。但是当我们要设计功能比较复杂的类时，会发现每次都要设计出类的所有功能，这是很烦琐的一件事。如果已经有人设计出功能类似的其他类，则我们可以直接将它扩充使用，极大地缩短了程序开发的时间。

【例 4-4】定义一个 JavaTeacher 类、一个 PythonTeacher 类，分别定义其属性、构造方法。

在 TestTeacher 类 main()主方法中实例化两个对象，调用其方法。

```
class JavaTeacher {
    private String name;    //教师姓名
    private String school; //所在学校
    public JavaTeacher(){ }
    public JavaTeacher(String myName,String mySchool) {
       this.name = myName;
       this.school = mySchool;
    }
   public void giveLession(){
       System.out.println("启动 Eclipse ");
       System.out.println("知识点讲解");
       System.out.println("总结提问");
    }
   public void introduction() {
       System.out.println("大家好！我是" + school + "的" + name + "。");
       }
}

class PythonTeacher {
    private String name;    // 教师姓名
    private String school; // 所在学校
    public PythonTeacher(){ }
    public PythonTeacher(String myName,String mySchool){
       this.name = myName;
       this.school = mySchool;
    }
    public void giveLession(){
        System.out.println("启动 Python");
        System.out.println("知识点讲解");
        System.out.println("总结提问");
    }
    public void introduction() {
       System.out.println("大家好！我是" + school + "的" + name + "。");
    }
}

public class TestTeacher {
   public static void main(String[] args) {
```

```
        JavaTeacher jt=new JavaTeacher("王彬","苏工院");
        jt.introduction();
        jt.giveLession();
        PythonTeacher  pt=new PythonTeacher("张平","苏工院");
        pt.introduction();
        pt.giveLession();
    }
}
```

程序运行结果如图 4-5 所示。

```
Console ×
<terminated> TestTeacher (1) [Java Application] D:\ec
大家好！我是苏工院的王彬.
启动Eclipse
知识点讲解
总结提问
大家好！我是苏工院的张平.
启动Python
知识点讲解
总结提问
```

图 4-5 例 4-4 程序运行结果

当以面向对象的方式设计 Java 程序时，首先要分析出程序中各种对象，然后以系统化的方式描述相似但不相同的对象。但是从程序代码中可以发现，这两个类中有很多代码是相同的，两个类中都有属性 name、school、introduction()方法及 giveLession()方法，且部分代码相同，这样会造成代码的臃肿。由于代码存在重复性，违背了“writc once，only once”的原则。那么如何解决上述代码的冗余呢？我们引入面向对象程序设计的特征——继承。

生活中继承的实例随处可见，如宠物狗、猫具有一些共同的特征和行为，我们把这些共同的特征和行为都统一放在一个类中，这个类为父类，而狗、猫则为子类。狗虽然是宠物，但是宠物不一定是狗。因此继承结构下的 IS-A 是单向的关系。

继承是面向对象程序设计中软件复用的关键技术，通过继承可以进一步扩充新的特性，适应新的需求。在设计继承时，首先把共同的程序代码放在某个类中，然后告诉其他的类，此类是它们的父类。当某个类继承另一个类时，也就是子类继承自父类。

以 Java 的方式来说，这就是“子类继承父类”。虽然 Java 中的继承是单继承，不支持多重继承，也就是说一个子类只能有一个父类。但是可以有多层次继承，一个父类可以有多个子类，而且子类也可以作为下一个子类的父类。

2. 继承的实现

为了解决例 4-4 代码的冗余，我们可以使用继承。在设计继承时，首先要考虑建立继承关系，然后让子类自动继承父类的属性和方法，来解决代码的冗余。

继承是面向对象的一种特征，继承的关系意味着子类继承了父类的成员。当我们提及“类的成员”时，成员就是指成员变量和方法。所有的 Java 类都直接或间接地继承了 java.lang.Object 类。

在 Java 中，使用 extends 关键字来创建一个类的子类，表示一个类继承了另一个类，子类自动继承父类的属性和方法，子类中可以定义特定的属性和方法，其语法格式如下。

```
class  子类名 extends  父类名 {
//定义属性
//定义方法
}
```

【例 4-5】使用继承关系设计教师类 Teacher，实现代码复用。

```
public class Teacher {
    private String name;   //教师姓名
    private String school; //所在学校
    public Teacher() {
        super();
    }
    public Teacher(String name, String school) {
        super();
        this.name = name;
        this.school = school;
    }
    public void giveLession(){
      System.out.println("知识点讲解");
      System.out.println("总结提问");
    }
    public void introduction() {
      System.out.println("大家好！我是" + this.school + "的" + this.name + "。");
    }
}

public class JavaTeacher extends Teacher {
    public JavaTeacher() {
        super();
    }
    public JavaTeacher(String name, String school) {
        super(name, school);
    }
    @Override
    public void giveLession() {
        System.out.println("启动 Eclipse");
        super.giveLession();
    }
```

```
}

public class PythonTeacher extends Teacher {
    public PythonTeacher() {
        super();
    }
    public PythonTeacher(String name, String school) {
        super(name, school);
    }
    @Override
    public void giveLession() {
        System.out.println("启动 Python");
        super.giveLession();
    }
}

public class TestTeacher {
    public static void main(String[] args) {
        JavaTeacher jt=new JavaTeacher("赵菲","苏工院");
        jt.introduction();
        jt.giveLession();
        PythonTeacher  pt=new PythonTeacher("孙瑞彬","苏工院");
        pt.introduction();
        pt.giveLession();
    }
}
```

程序运行结果如图 4-6 所示。

```
Console ×
<terminated> TestTeacher (2) [Java Application] D:\ecli
大家好！我是苏工院的赵菲.
启动Eclipse
知识点讲解
总结提问
大家好！我是苏工院的孙瑞彬.
启动Pyhton
知识点讲解
总结提问
```

图 4-6　例 4-5 程序运行结果

在 Java 中，通过继承可以简化类的定义，拓展类的功能。但是对于继承来说，实际上也存在若干限制。

3. 继承的限制

限制 1：Java 只允许单继承，而不允许多继承。也就是说，一个子类只能有一个父类。但是允许多层继承。

限制 2：当父类成员被 private 修饰时，子类可以继承该成员，但不能直接使用。

当子类继承父类时，对于父类中的非私有成员采用显式继承，即当使用 public 修饰父类成员时，子类可以继承，并直接使用。而对于父类中的所有私有成员采用隐式继承（对子类不可见），子类不能直接操作这些私有属性，必须通过 setter 方法和 getter 方法间接操作。

属性隐藏是指子类重新定义一个从父类继承来的与子类变量完全相同的变量。当属性隐藏，子类执行继承自父类的方法时，处理的是继承自父类的变量，此时需要使用 super 关键字，如例 4-5 中的 super.giveLession()就是继承父类的方法。

限制 3：子类在进行对象实例化时，对于从父类继承的成员变量，首先需要使用 super 关键字调用父类的构造方法来初始化，然后调用子类的构造方法来初始化自身的成员变量。

子类除了可以继承父类的所有成员变量，也可以有自身的成员变量。但是，在调用构造方法实施成员数据初始化时，一定要“各司其职”，即访问父类的成员变量，需要调用父类的构造方法来初始化，而子类的成员变量初始化要在本类构造方法中完成。在调用次序上，先使用 super 关键字调用父类的构造方法（生成父类对象），再调用子类的构造方法（生成子类对象）。

限制 4：使用 final 修饰的类不能被继承，使用 final 修饰的方法不能被子类重写。

4.2.2 super 关键字

在 Java 中，用户可以使用 super 关键字访问被子类隐藏的父类成员变量或方法。使用 super 关键字调用父类对象有以下 3 种情况。

1. 调用父类的构造方法

调用父类的构造方法的语法格式如下。

```
super([参数列表])
```

在构造子类对象时，必须调用父类的构造方法。为了方便代码的编写，Java 会在子类的构造方法内部自动调用父类中默认的无参数的构造方法或有参数构造方法。语句 super()和 super([参数列表])必须放在子类构造方法的第 1 行，如例 4-5 的 JavaTeacher 子类中的有参数构造方法 super(name, school)就是调用 teacher 父类中的有参数构造方法，super()调用 teacher 父类中的无参数构造方法。

2. 调用父类的方法

调用父类的方法的语法格式如下。

```
super.父类方法名(参数)
```

在例 4-5 中，JavaTeacher 子类的 giveLession() 具体方法内容中使用 super 关键字访问 teacher 父类的 giveLession()，如 super.giveLession()。同样在 PythonTeacher 子类的 giveLession() 具体方法内容中也使用 super 关键字访问 teacher 父类的 giveLession()，如 super.giveLession()。

3. 调用父类的属性

调用父类的属性的语法格式如下。

```
super.父类属性
```

【例 4-6】定义一个计算机类 Computer，一个平板电脑类 MatePad，其中平板电脑类 MatePad 是计算机类 Computer 的子类，当使用计算机时，输出提示信息“欢迎使用”；当使用平板电脑时，输出提示信息“欢迎使用华为 MatePad”。

```
class Computer {                              //父类：计算机
    public String sayHello() {                //方法：打招呼
        return "欢迎使用";
    }
}

public class MatePad extends Computer {  //子类：平板电脑
    public String sayHello()  {               //子类重写父类方法
        return super.sayHello() + "华为 MatePad"; //调用父类方法并添加字符串
    }

    public static void main(String[] args) {
        Computer pc = new Computer();         //创建计算机类对象
        System.out.println(pc.sayHello());
        MatePad matepad = new MatePad();  //创建平板电脑类对象
        System.out.println(matepad.sayHello());
    }
}
```

程序运行结果如图 4-7 所示。

```
Console ×
<terminated> MatePad [Java Application] D:\eclipse-j
欢迎使用
欢迎使用华为MatePad
```

图 4-7　例 4-6 程序运行结果

4. this 关键字与 super 关键字的区别

从查找范围来看，this 关键字先从本类找到属性或方法，本类找不到再查找父类。super 关键字不会查询本类的属性及方法，直接由子类调用父类指定属性及方法。从调用构造方法的格式来看，this 参数调用的是当前类中的构造方法；this 变量调用的是当前对象的变量。super 参数调用的是父类中的构造方法，用于确认使用父类中的哪一个构造方法，必须放在子类构造方法首行；super 变量直接调用的是父类中的变量。

4.2.3 方法重写

方法的继承并不只是扩展父类的功能，还可以重写父类的方法。我们知道，父类的成员都会被子类继承，但是有时候父类中的某个方法并不适用于子类，需要在子类中重写父类的这个方法。

方法重写（Method Overriding）也被称为方法覆盖，是指父类中的方法必须使用相同的方法名和相同的返回值类型在子类定义。具体来说，就是当一个子类继承父类，如果子类中的方法与父类中的方法在名称、参数个数、类型、返回值类型等完全一致，就称子类中的方法“重写”了父类中的方法。

【例 4-7】子类重写父类的实现实例。

```
class Employee{
   private  String name;
   private  int age;
   public Employee()  {
      super();
   }
  public Employee(String name, int age) {
     super();
     this.name = name;
     this.age = age;
  }
  public String talk(){
     return "我是" + this.name + ", 年龄" + this.age + "岁";
  }
}

class Manger extends Employee{
   private String job;//子类自身的属性
public Manger() {
      super();
   }
   public Manger(String name, int age,String job) {
      super(name, age);
      this.job=job;
   }
    // 此处重写父类 Employee 中的 talk()方法
   public String talk(){
        return super.talk()+",工作职务是" + this.job ;
   }
```

```
}

public class OverrideDemo {
    public static void main(String[] args) {
      Manger m = new Manger( "张鹏飞", 35, "技术总监" );
      // 调用子类中的talk()方法
      System.out.println( m.talk() );
    }
}
```

程序运行结果如图 4-8 所示。

```
Console ×
<terminated> OverrideDemo [Java Application] D:\ecl
我是张鹏飞, 年龄35岁,工作职务是技术总监
```

图 4-8　例 4-7 程序运行结果

父类 Employee 中定义 name 和 age 两个私有属性，并声明了一个 talk()方法。子类 Manger 继承自父类 Employee，并具有自身的 job 属性。同时声明了一个与父类同名的 talk()方法，此时子类 Manger 中的 talk()方法重写了父类 Employee 中的同名 talk()方法，并在方法中通过 super.talk()方法调用父类中的 talk()方法。

从例 4-7 可以知道，方法重写是子类重新定义从父类继承来的方法，从而使子类具有自己的行为，满足自己的需要。一般在以下两种情况下使用方法重写。

（1）子类中实现与父类相同的功能，但算法不同。

（2）在方法名称相同的方法中，子类的操作要比父类多。

当子类重写父类方法时，由于同名方法分别属于父类与子类，因此要区分调用的是哪个类中的方法。在一般情况下，只要在方法前面使用不同类的对象或类名即可。如果直接调用父类的方法，则可以使用 super 关键字。

方法重写是在子类中定义名称、参数个数和类型均与父类相同的方法，子类重写父类的方法。方法重载是指在相同类中定义名称相同但参数个数、类型与顺序不同的方法。方法重载与方法重写的区别如表 4-2 所示。

表 4-2　方法重载与方法重写的区别

区　别	方 法 重 载	方 法 重 写
英文单词	Method Overloading	Method Overriding
定义语法	方法名称相同、参数个数、类型与顺序至少有一个不同	方法名称、参数个数、类型、返回值类型完全相同
范围	只发生在一个类中	发生在类的继承关系中
权限	不受权限控制	被重写的方法不能拥有比父类更严格的访问控制权限

4.2.4 多态

从字面上理解，多态就是一种类型表现出的多种状态。在 Java 中，多态的含义是“一种定义，多种实现”。我们知道让方法的继承发挥最大作用必须要依赖多态。子类是延伸父类而来的，也就是子类的内容包含了父类所有的内容。如例 4-7 中，我们可以说 m 指向的是一个 Manger 对象，也可以说 m 指向的是一个 Employee 对象。这就好像我们可以说，张鹏飞是员工，但也是管理者。由于子类一定包含父类的成员变量，因此，在 Java 中，可以使用父类的对象变量指向子类的对象。这种通过父类的对象变量，依据实际指向对象决定调用构造方法的机制称为多态，也就是对象多态性。在 Java 中，多态性表现在两个方面：方法多态性和对象多态性。

1. 方法多态性

方法多态性体现在方法的重载与重写上。方法重载已经在 3.2.1 节进行了详细讨论，就是同一个方法名称，根据其传入的参数个数、类型和顺序不同，所调用的方法体不同，即同一个方法在一个类中由不同的功能实现。

【例 4-8】方法重载多态性。

```
class OverLoadDemo {
    public static int add(int a, int b) {
        return a + b;
    }
    public static double add(double a, double b) {
        return a + b;
    }
    public static int add(int a, double b) {
        return (int) (a + b);
    }
    public static int add(double a, int b) {
        return (int) (a + b);
    }
    public static int add(int... a) {
        int s = 0;
        for (int i = 0; i < a.length; i++) {
            s=s+a[i];
        }
        return s;//将计算结果返回
    }
}

public class OverLoadTest {
    public static void main(String[] args) {
```

```
        System.out.println("两个整数之和: "+OverLoadDemo.add(12, 24));
        System.out.println("两个浮点数之和: "+ OverLoadDemo.add(22.4, 13.3));
        System.out.println("一个整数与一个浮点数之和: "+OverLoadDemo.add(23, 43.3));
        System.out.println("一个整数与一个浮点数之和: "+ OverLoadDemo.add(12.1, 23));
        System.out.println("不定长整型数组累加和: "+ OverLoadDemo.add(11, 12, 13, 14,
15, 16, 17, 18, 19));
      System.out.println("三个整数之和: "+ OverLoadDemo.add(22, 33, 44));
    }
}
```

程序运行结果如图 4-9 所示。

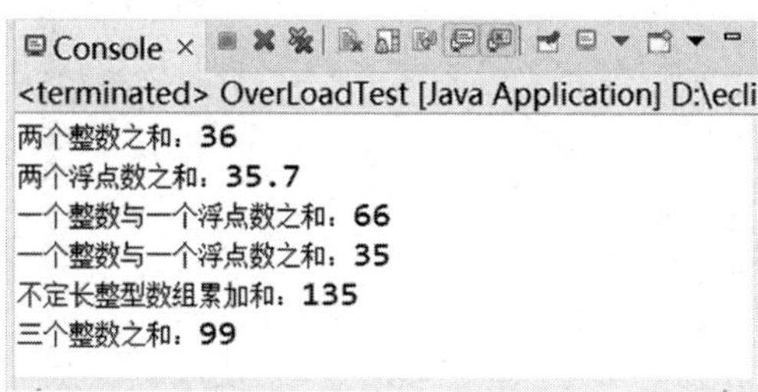

图 4-9　例 4-8 程序运行结果

方法重写已经在 4.2.3 节进行了详细讨论，是指父类中的一个方法，在不同的子类由不同的功能实现，而后依据实例化子类的不同，同一个方法可以实现不同的功能。

2. 对象多态性

对象多态性体现在父类与子类的对象之间的转型上。在 Java 中，对象类型的转换包括向上转型和向下转型。

（1）向上转型。父类对象通过子类对象去实例化，由于向上转型是自动完成的，不会丢失精度，因此不需要强制转换类型。另外，由于向上转型是一个从具体类到抽象类的转换，所以向上转型是安全的。

（2）向下转型。父类的对象可以转换为子类对象，但是必须要进行强制转换。向下转换是将抽象类转换为具体类，这样的转换会出现问题，需要将父类对象强制转换为某个子类对象，这种转换的方式称为显式转换。

【例 4-9】汽车有两种类型：手动挡和自动挡。对于汽车来说，至少有油门踏板和刹车踏板。如果是手动挡汽车，则会比自动挡汽车多一个离合器踏板。编写程序，分析作为子类的手动挡汽车此时能否调取自己的离合器踏板？

```
 class Car {
   public int pedalAuto = 2; //定义一个成员变量“自动挡汽车的踏板数量”，并初始化
   public int pedalHand = 3; //定义一个成员变量“手动挡汽车的踏板数量”，并初始化
   public void stepOnGas(){
     System.out.println("油门踏板");
   }
   public void stepOnBrake(){
```

```
        System.out.println("刹车踏板");
    }
}

class AutoCar extends Car {
     public void stepOnGas(){
        System.out.println("右脚踩油门踏板！");
     }
    public void stepOnBrake(){
       System.out.println("右脚踩刹车踏板！");
    }
}

class HandCar extends Car {
    public void stepOnGas() {
        System.out.println("右脚踩油门踏板！");
    }
    public void stepOnBrake(){
        System.out.println("右脚踩刹车踏板！");
    }
    public void stepOnClutch(){
          System.out.println("左脚踩离合器踏板！");
    }
}

public class CarDemo {
   public static void main(String[] args) {
      Car autoCar = new AutoCar(); //创建父类对象autoCar
      System.out.println("自动挡汽车有" +autoCar.pedalAuto+"块踏板。");
      autoCar.stepOnGas();
      autoCar.stepOnBrake();
      Car handCar=new HandCar();   //创建父类对象handCar
      System.out.println("手动挡汽车有" + handCar.pedalHand + "块踏板。");
      handCar.stepOnGas();
      handCar.stepOnBrake();
      handCar.stepOnClutch();
   }
}
```

程序运行时抛出错误异常，如图 4-10 所示。

```
Console ×
<terminated> CarDemo [Java Application] D:\eclipse-java-2022-03-R-win32-x86_64\eclipse\plugins\org.ec
Exception in thread "main" java.lang.Error: Unresolved compilation problem:
	The method stepOnClutch() is undefined for the type Car

	at chapter040202.CarDemo.main(CarDemo.java:53)
```

图 4-10　例 4-9 程序运行异常

【注意】程序在编译时，Java 编译器会先根据对象变量的类型来检查是否可以调用指定的构造方法，而 Java 虚拟机在程序执行时才会依据对象变量指向的对象所属的类来决定实际调用的动作。换句话说，对象变量的类决定了可以调用哪些方法，而对象变量指向的对象决定了要调用哪一个构造方法。

对象变量 handCar 的类型是父类 Car，该父类中只有 stepOnGas()和 stepOnBrake()两个方法，表示 handCar 只能调用这两个方法；而 new HandCar()方法说明 handCar 指向 HandCar 对象，调用的是子类 HandCar 的构造方法。因此，父类对象变量 handCar 无法调用子类独有的 stepOnClutch()方法，对象向下转型，会抛出异常，需要采用父类对象强制转换为子类对象的方式。因此，可以将代码修改为以下形式。

```
HandCar handCar1=(HandCar)handCar
handCar1.stepOnClutch();
```

这样程序就能正常运行了。程序运行结果如图 4-11 所示。

```
Console ×
<terminated> CarDemo [Java Application] D:\eclipse-j
自动挡汽车有2块踏板。
右脚踩油门踏板!
右脚踩刹车踏板!
手动挡汽车有3块踏板。
右脚踩油门踏板!
右脚踩刹车踏板!
左脚踩离合器踏板!
```

图 4-11　例 4-9 程序运行结果

多态意味着父类的变量可以引用子类的对象。也就是说，父类对象依据被赋值的每个子类对象的类型，做出恰当的响应。

3. instanceof 关键字

当程序执行向下转型操作时，如果父类对象不是子类的实例，就会抛出异常 ClassCastException。因此，在执行向下转型之前，需要使用 instanceof 关键字判断父类对象是否为子类的实例。instanceof 关键字还可以用于判断某个类是否实现了某个接口。

instanceof 关键字的语法格式如下。

```
myobject  instanceof  ExampleClass
```

说明如下。

- myobject 表示某类的对象引用；instanceof 是 Java 的关键字；ExampleClass 表示某个类。
- 使用 instanceof 关键字的表达式返回值为布尔值。如果返回值为 true，则说明 myobject 对象为 ExampleClass 类的实例；如果返回值为 false，则说明 myobject 对象不是

ExampleClass 类的实例。

【例 4-10】判断父类对象是否为子类对象，即判断“鸡是不是鸟”。

```
class Bird {
    public void fly() {
          System.out.println("鸟类都会飞吗？ ");
    }
}

public class Chicken extends Bird {
    public void fly() {
       System.out.println("鸡就不会飞！ ");
    }
     public static void main(String[] args) {
         Chicken chicken = new Chicken();
         System.out.println("鸡是否属于鸟类？ ");
         if(chicken instanceof Bird) {
             System.out.println("鸡属于鸟类。");
             Bird bird = new Bird();
             bird.fly();
             chicken.fly();}
          else{
                  System.out.println("鸡不属于鸟类！！！ ");
              }
        }
}
```

程序运行结果如图 4-12 所示。

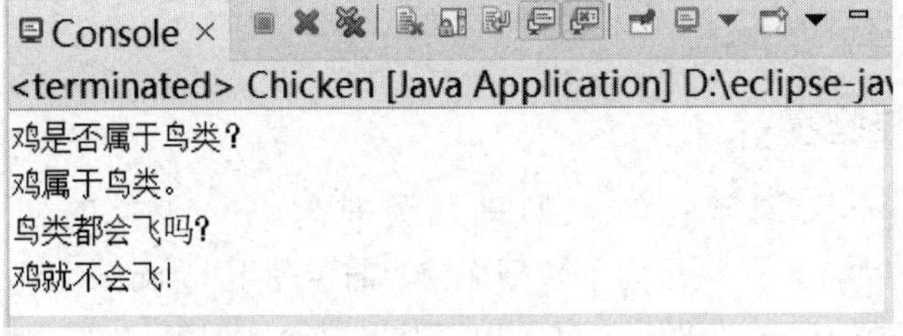

图 4-12　例 4-10 程序运行结果

任务实施

本任务中使用 RFID 自动出货管理系统扫描实际成品货物上的 RFID 标签，在程序中模拟采用键盘输入的方式。任务实现步骤如下。

（1）定义成品信息类 Stock，添加读取 LP 号码的方法。

（2）定义入库信息类 InStock，增加托数序号、状态、操作人员、操作时间、重写父类中

读取 LP 号码的方法，以及显示成品入库信息的方法。

（3）定义测试类 InStockTest，测试创建父类、子类对象；子类继承父类的属性，子类重写父类的方法。

程序代码如下。

（1）定义成品信息类 Stock，添加读取 LP 号码的方法。

```
public class Stock {
    private String BatchNumber; //批次号码
    private String Code;        //料号
    private String LPNumber;    //LP 号码
    private int Qty;            //数量
    private String InStockTime; //入库时间

    public Stock() {
        super();
        System.out.println("这是无参数的成品信息类 Stock 的构造方法");
    }
    public Stock(String batchNumber, String code, String lPNumber, int qty, String
inStockTime) {
        super();
        this.BatchNumber = batchNumber;
        this.Code = code;
        this.LPNumber = lPNumber;
        this.Qty = qty;
        this.InStockTime = inStockTime;
        System.out.println("这是有参数的成品信息类 Stock 的构造方法");
    }
    public String getBatchNumber() {
        return BatchNumber;
    }
    public void setBatchNumber(String batchNumber) {
        this.BatchNumber = batchNumber;
    }
    public String getCode() {
        return Code;
    }
    public void setCode(String code) {
        this.Code = code;
    }
    public String getLPNumber() {
```

```
        return LPNumber;
    }
    public void setLPNumber(String lPNumber) {
        this.LPNumber = lPNumber;
    }
    public int getQty() {
        return Qty;
    }
    public void setQty(int qty) {
        this.Qty = qty;
    }
    public String getInStockTime() {
        return InStockTime;
    }
    public void setInStockTime(String inStockTime) {
        this.InStockTime = inStockTime;
    }
    //显示成品入库批次信息
    public String toString() {
        return "|批次号码:"+ this.getBatchNumber()+"| 料号:"+ this.getCode()+"| LP 号
码:"+ this.getLPNumber()+"| 数量:"+ this.getQty()+"| 入库时间: "+
this.getInStockTime()+" |";
    }
    //读取成品表中的 LP 号码
    public void isLPNumber() {
        System.out.print("RFID 标签为:"+this.getLPNumber());
    }
}
```

（2）定义入库信息类 InStock，增加托数序号、状态、操作人员、操作时间、重写父类中读取 LP 号码的方法，以及显示成品入库信息的方法。

```
public class InStock extends Stock {
    //子类新增属性
    private String TrayNumber;  //托数序号
    private String StatusName;  //状态
    private String Modifier;    //操作人员
    private String ModifyTime;  //操作时间
    //无参数的构造方法
    public InStock() {
        super();
```

```
        System.out.println("这是无参数入库信息类 InStock 的构造方法");
    }
    //有参数的构造方法
    public InStock(String batchNumber, String code, String lPNumber, int qty,
String inStockTime,String TrayNumber,String StatusName,String Modifier,String
ModifyTime) {
        super(batchNumber, code, lPNumber, qty, inStockTime);
        this.TrayNumber=TrayNumber;
        this.StatusName=StatusName;
        this.Modifier=Modifier;
        this.ModifyTime=ModifyTime;
        System.out.println("这是有参数入库信息类 InStock 的构造方法");
    }
    public String getTrayNumber() {
        return TrayNumber;
    }
    public void setTrayNumber(String trayNumber) {
        this.TrayNumber = trayNumber;
    }
    public String getStatusName() {
        return StatusName;
    }
    public void setStatusName(String statusName) {
        this.StatusName = statusName;
    }
    public String getModifier() {
        return Modifier;
    }
    public void setModifier(String modifier) {
        this.Modifier = modifier;
    }
    public String getModifyTime() {
        return ModifyTime;
    }
    public void setModifyTime(String modifyTime) {
        this.ModifyTime = modifyTime;
    }
    //子类重写父类的方法：显示成品入库批次信息
    public String toString() {
```

```
        return super.toString() +"托数序号:"+ TrayNumber+"| 状态:"+StatusName+"| 操作人员:"+Modifier+"| 操作时间:"+ModifyTime+" |";
    }
    //扫描货物上的 RFID 标签，如果与读取成品表中的 LP 号码匹配，则可以入库
    public void isLPNumber() {
        super.isLPNumber();
        System.out.println("与扫描货物 RFID 标签的 LP 号码匹配，可以入库");
    }
}
```

（3）测试类 InStockTest，测试创建父类、子类对象；子类继续父类的属性，子类重写父类的方法。

```
public class InStockTest  {
    public static void main(String[] args) {
    System.out.println("================================");
    System.out.println("通过无参数的构造方法创建对象");
    Stock stock=new Stock();      //创建成品对象
   InStock instock=new InStock();//创建入库信息对象
    System.out.println("\n================================");
    System.out.println("通过有参数的构造方法创建对象");
    Stock stock1=new InStock("8184309","NS329492","33121069535",56000,"2023/02/10","1","入库待出库","admin","2023/02/12");
    stock1.setLPNumber("33121069535");
    stock1.isLPNumber();

    System.out.println("\n---------成品入库信息--------");
    System.out.println(stock1);
  }
}
```

程序运行结果如图 4-13 所示。

```
================================
通过无参数的构造方法创建对象
这是无参数的成品信息类Stock的构造方法
这是无参数入库信息类InStock的构造方法


================================
通过有参数的构造方法创建对象
这是有参数的成品信息类Stock的构造方法
这是有参数入库信息类InStock的构造方法
RFID标签为:33121069535与扫描货物RFID标签的LP码匹配，可以入库

---------成品入库信息--------
|批次号码:8184309| 料号:NS329492| LP号码:33121069535| 数量:56000| 入库时间:2023/02/10 |托数序号:1| 状态:入库待出库| 操作人员:admin| 操作时间:2023/02/12 |
```

图 4-13　任务 4.2 程序运行结果

拓展训练

1. 创建员工信息类 Employe，包含私有属性姓名（name）、职级（level）、工资（salary）。创建对应的 getter 方法、setter 方法，以及无参数的构造方法与有 3 个参数的构造方法。其成员方法 inspect()的作用是模拟员工查看工资信息，在控制台输出的信息是：员工姓名+“查看工资信息”。

2. 创建人事类 Hrstaff，继承自员工信息类 Employe。创建无参数的构造方法与有 1 个参数的构造方法，参数为：人事的姓名（字符串类型）。人事的职级默认是 5 级，工资是 4500 元。其成员方法 paySalary()的作用是给员工发放工资，形式如下。

```
public void paySalary(Employe em) {   }
```

实现工资发放的业务逻辑是：在方法内首先获取通过参数传入员工职级（int level = em.getLevel()），然后根据 Employe 的员工职级实现工资发放，发放规则如下。

- 职级在[1～5]之间，员工工资 =员工工资 + 500；
- 职级在[6～9]之间，员工工资 =员工工资 + 800；
- 职级在[10～15]之间，员工工资 =员工工资 + 1000；
- 超出职级范围，提示“不存在对应的职级，无法发放额外浮动工资”。

3. 创建业务主类 MainClass，创建 3 个不同的员工对象和 1 个人事对象，实现输出所有员工（包括人事）查看工资的信息，模拟实现人事为员工（包括自己）发放工资的操作。

单元小结

本单元主要学习封装的作用，继承与多态的机制，以及向上向下转型等技术。使用继承可以减少重复代码的编写，而多态可以动态处理对象的调用，降低对象之间的依赖程度。面向对象程序设计在类与类之间共同特性及关系上，使软件开发具有更快的速度、更完善的代码组织架构，以及更好的扩展性和维护性。

单元练习

一、选择题

1. 下面不属于面向对象程序设计的 3 个特征的是（　　）。

A. 封装　　B. 指针操作　　C. 多态　　D. 继承

2. 下面关于方法重写的描述正确的是（　　）。

A. 发生方法重写时返回类型不一定相同

B. 子类可以重写父类中定义的任何方法

C. 方法重写不一定发生在父类与子类之间

D. 子类不能重写父类的静态方法

3. 为了区分类中重载的同名的不同方法，要求（　　）。

A. 采用不同的形式参数列表

B. 返回值的数据类型不同

C. 调用时用类名或对象名作为前缀

D. 参数名不同

4. 下面有关子类继承父类构造方法的描述正确的是（　　）。

A. 在创建子类的对象时，先执行子类自己的构造方法，再执行父类的构造方法

B. 子类可以不调用父类的构造方法

C. 子类必须通过 super 关键字调用父类的无参数的构造方法

D. 在创建子类的对象时，先执行父类的构造方法，再执行子类自己的构造方法

5. 下面关于继承的描述正确的是（　　）。

A. 在 Java 中，只允许单一继承

B. 在 Java 中，一个类只能实现一个接口

C. 在 Java 中，一个类不能同时继承一个类和实现一个接口

D. 在 Java 中，多重继承使代码更可靠

6. 下面关于多态的描述错误的是（　　）。

A. Java 允许运算符重载

B. Java 允许方法重载

C. Java 允许成员变量重写

D. 多态性提高了程序的抽象性和简洁性

7. 重写与重载的关系是（　　）。

A. 重写只发生在父类与子类之间，而重载可以发生在同一个类中

B. 重写方法可以不同名，而重载方法必须同名

C. 使用 final 修饰的方法可以被重写，但不能被重载

D. 重写与重载是同一回事

8. 假定有代码片段 abstract class Toy {　　int price;　　// line n1 }，下面代码片段在 line n1 处有效的是（　　）。

A. public int caculatePrice() {　　return　price; }

B. public abstract Toy getToy() {　return new Toy(); }

C. public static void insertToy() {　/* code goes here */　}

D. public void printToy();

二、操作题

1. 设计一个账户类，类名为 Account，这个类包括以下属性与方法。

- int 型的私有属性 id（默认值为 0）。
- double 型的私有属性 balance（默认值为 0）。
- double 型的私有属性 annualInterestRate（默认值为 0），存储当前年利率。假设所有的账户都有相同的年利率。

- Date 型的私有属性 dateCreated，存储账户的开户日期。
- 创建默认账户的无参数构造方法。
- 创建有特定 id 和初始余额的账户的构造方法。
- 为 id、balance 和 annualInterestRate 创建访问器（get()方法用于获取属性值）和修改器（set()方法用于设置属性的新值）。
- 为 datceCreated 创建访问器（get()方法）。
- 创建一个 getMonthlyInterestRate()方法，用于返回月利率。提示：getMonthlyInterestRate()方法用于返回月利息。月利息=余额（balance）×月利率（monthlyInterestRate）。月利率（monthlyInterestRate）=年利率（annualInterestRate）/12。需要注意的是，年利率（annualInterestRate）是一个百分数。
- 创建一个 withDraw()方法，用于从账户提取特定数额。
- 创建一个 deposit()方法，用于向账户存储特定数额。

编写测试程序，创建一个账户 ID 为 1122，余额为 20000 元，年利率为 2.75%的 Account 对象，使用 withDraw()方法取款 2500 元，使用 deposit()方法存款 3000 元，输出余额、月利息及该账户的开户日期。

2. 编写一个 Java 应用程序，该程序包括 3 个类：Monkey 类、People 类和测试类 Test。要求如下。

- Monkey 类中有一个构造方法 Monkey (String s)与一个 public void speak()方法，在 speak()方法中输出“咿咿呀呀......”。
- People 类是 Monkey 类的子类，在 People 类中重写方法 speak()，在 speak()方法中输出“小样的，不错嘛！会说话了！”。
- 在 People 类中新增 think()方法，在 think()方法中输出“别说话！认真思考！”。

在测试类 Test 的 main()主方法中创建 Monkey 类与 People 类的对象，测试这两个类的功能。

单元 5

面向接口编程

单元介绍

本单元的学习目标是熟悉抽象类与接口的区别，学会 List、Set 和 Map 集合容器的定义与使用方法。类用来描述实际存在的对象，而接口则用来描述某种行为方式。接口之间也可以依据相关性，以继承的方式来架构。不同接口的继承与类的继承的最大的差别在于，接口可以继承多个父接口，而类则无法继承多个父类。使用接口可以优化继承和多态，建立类之间的依赖关系。使用集合类及接口可以方便保存操作的数据，数据的个数与类型可以根据需求动态变化调整。

本单元的任务应用面向接口编程模式，创建成品入库管理系统中相关接口与类的定义，选用合适的集合容器，实现成品入库后数据的更新操作，即增加、修改、删除、查询。

本单元分为两个子单元任务。

- 设计成品入库业务接口。
- 更新成品入库数据。

学习目标

知识目标

- 熟悉抽象类与接口的使用。
- 熟悉遍历集合的方法。
- 熟悉 List、Set、Map 等接口及其实现类中的常用方法。
- 熟悉不同集合容器的特点。

能力目标

- 能使用多态与接口结合的技术，解决实际问题。
- 能查看集合容器的 API 文档。
- 能对集合进行遍历。
- 能使用合适的集合类与方法，解决实际问题。

素质目标

- 培养团队协作和大局意识。
- 培养创新意识，提升专业认同度。

任务 5.1　设计成品入库业务接口

任务分析

成品入库业务包含入库数据的增加、修改、删除、查询等操作。Java 提供了一种机制，把对于数据通用的操作（也就是方法）汇集在一起，形成一个接口，实现对算法的复用。接口是实现多继承的一种机制，其宗旨为定义多个继承类共同遵守的“契约”。应用面向接口编程模式可以使业务逻辑思路清晰，编程灵活且代码可维护性高。

相关知识

5.1.1　抽象类

在 Java 中有一种类，虽然也能派生出很多子类，但自身是不能用来生成对象的，也就是不能实例化对象，这种类称为抽象类。它的作用有点类似“模板”，其目的是要设计人员依据它的格式来修改并创建新的子类。

抽象类实际上也是一个类，只是与普通类相比，内部新增了抽象方法。抽象方法是指只声明未实现的方法。所有的抽象方法必须使用 abstract 关键字声明，而包含了抽象方法的类，必须声明为抽象类，即使用 abstract class 声明。

1. 抽象类的定义

定义抽象类的语法格式如下。

```
abstract  class 类名{
声明成员变量;
访问权限修饰符 返回值的数据类型 方法名(参数列表){
//定义一般方法
}
       abstract  返回值的数据类型  方法名(参数列表);
}
```

说明如下。

- 抽象类与抽象方法必须用 abstract 关键字来修饰。
- 抽象类不能实例化，也就是不能使用 new 关键字去实例化对象。
- 在抽象类中，定义抽象方法时只需要声明，无须实现。

● 包含抽象方法的类必须被声明为抽象类，而抽象类的子类必须实现所有的抽象方法后，才可以实例化，否则该子类还是抽象类。

2. 抽象类的使用

如果一个类可以实例化对象，则这个对象可以调用类中的属性和方法，但是抽象类中的抽象方法没有方法体，没有方法体的抽象方法无法被调用。

因此，对于抽象类的使用原则如下。

● 抽象类必须有子类，子类使用 extends 继承抽象类，一个子类只能够继承一个抽象类。
● 定义对象的子类，必须实现抽象类中的全部抽象方法。简单来说，就是所有的抽象方法都不再抽象了，依据类可以生产对象。
● 如果要想实例化抽象类的对象，则可以通过子类进行对象的向上转型来实现。

【例 5-1】模拟“去超市购物”场景。“去超市购物”就是一个抽象的行为。到底去哪个超市购物，是实体店还是网店呢？

```
abstract class Market {
     public String name;  //超市名称
     public String goods; //商品名称
     public abstract void shop();
}
class RTMarket extends Market {
     public void shop() {
       System.out.println("在" + name + "实体店购买" + goods);
    }
}
class JingDongMarket extends Market {
     public void shop() {
        System.out.println("在" + name + "网购" + goods);
     }
}
public class GoShoping {
    public static void main(String[] args) {
          Market market = new RTMarket();
          market.name = "大润发";
          market.goods = "奥妙洗衣粉";
          market.shop();
          market = new JingDongMarket();
          market.name = "京东";
          market.goods = "蓝月亮洗衣液";
          market.shop();
    }
```

```
}
```

程序运行结果如图 5-1 所示。

```
Console ×
<terminated> GoShoping (5) [Java Application] D:\eclip
在大润发实体店购买奥妙洗衣粉
在京东网购蓝月亮洗衣液
```

图 5-1 例 5-1 程序运行结果

在上述代码中，声明了一个超市的 Market 抽象类，定义的抽象方法 shop()表示购物行为；具体是哪家超市，采购什么商品，交给子类去实现。在这个实例中，不需要 shop()方法的子类也必须重写 shop()方法。如果将 shop()方法从父类中拿出，放在其他类中，则又会出现新问题：某些类想要实现“买衣服”的场景，需要继承两个父类。而 Java 规定一个类不能同时继承多个父类，为了解决这个问题，接口应运而生。

5.1.2 Object 类

Object 类是一切类的“祖先”，即所有类的父类，是 Java 的最高层类。也就是说，所有的 Java 类都直接或间接地继承了 java.lang.Object 类。Java 中的每个类都源于 java.long.Object 类，如 String 类、Integer 类等都是继承于 Object 类；包括自定义的类也继承于 Object 类。Object 类包含以下几个重要方法。

1. getClass()方法

getClass()方法用于返回某个对象执行时的 Class 实例，并通过 Class 实例调用 getName()方法获取类的名称，其语法格式如下。

```
getClass().getName();
```

2. toString()方法

toString()方法用于返回某个对象的字符串表示形式。当输出某个类对象时，将自动调用重写的 toString()方法。

【例 5-2】设计人类，定义年龄属性，重写 toString()方法，在该方法中判断此人类对象是否大于或等于 18 岁，如果大于或等于 18 岁，则输出“我 XX 岁，我是成年人。”；否则输出“我 XX 岁，我是未成年人。”。

```
class People {
    int age;
    public People(int age) {
        this.age = age;
    }
    @Override
    public String toString() {
        if (this.age >= 18) {
```

```
            return "我" + this.age + "岁，我是成年人。";
        } else {
            return "我" + this.age + "岁，我是未成年人。";
        }
    }
}

public class Adult {
    public static void main(String[] args) {
        People people = new People(18);
        System.out.println(people.toString());
    }
}
```

程序运行结果如图 5-2 所示。

```
Console ×
<terminated> Adult [Java Application] D:\eclipse-java-2
我18岁，我是成年人。
```

图 5-2　例 5-2 程序运行结果

3. equals()方法

equals()方法比较的是两个对象是否相等，其语法格式如下。

```
object1.equals(object2);
```

【例 5-3】比较自定义类的两个对象是否相等。

```
class V{
}

public class overWriteEquals {
    public static void main(String[] args) {
        String s1 = new String("123"); //实例化两个对象，内容相同
        String s2 = new String("123");
        System.out.println("两个字符串比较结果："+s1.equals(s2)); //使用 equals()方法调用
        V v1 = new V();                //实例化两个 V 类对象
        V v2 = new V();
        //使用 equals()方法比较 v1 对象与 v2 对象
        System.out.println("两个自定义类对象比较结果："+v1.equals(v2));
    }
}
```

程序运行结果如图 5-3 所示。

```
Console ×
<terminated> overWriteEquals [Java Application] D:\ec
两个字符串比较结果：true
两个自定义类对象比较结果：false
```

图 5-3　例 5-3 程序运行结果

5.1.3　接口

接口是一种与类相似的结构，只包含常量和抽象方法。它的目的是指明相关或不相关类的多个对象的共同行为。接口是抽象类的延伸，可以看作纯粹的抽象类。接口中的所有方法都没有具体实现，默认都是 abstract，即都是抽象方法。

使用正确的接口，可以指明对象是可比较的、可使用的、可复制的。

1. 接口的定义

定义接口的语法格式如下。

```
[修饰符] interface  接口名   [ extends 父接口名列表] {
      public  static  final  数据类型 常量名;
       public  abstract  返回值类型 方法名();   //定义没有方法体的抽象方法
}
```

说明如下。

- 修饰符：可选用 public。如果省略，则使用默认访问权限。
- 接口名：为必需参数，用于指定接口的名称。在一般情况下，接口名必须是合法的 Java 标识符，它可以是一个形容词或名词，要求首字母大写。
- extends 父接口名列表：可选参数，用于指定定义的接口继承哪个父接口。当使用 extends 关键字时，父接口名为必选参数。
- 方法：接口中的方法都是抽象方法，只有声明没有实现，也就是没有方法体。

2. 接口的实现

一个类实现一个接口可以使用 implements 关键字，其语法格式如下。

```
public  class  类名   implements   接口名 {
    ……
}
```

Java 只允许为类的扩展进行单一继承，但是允许使用接口进行多重扩展。另外，在 Java 中，利用 extends 关键字继承其他接口。接口可以拓展其他接口而不是类。一个类可以扩展它的父类，同时实现多个接口。

【例 5-4】子类继承多个接口的应用。

```
interface faceA{                                           //定义一个接口
    public static final String INFO = "Hello World!" ; //全局常量
    public abstract void print() ;                         //抽象方法
}
```

```
interface faceB{                                    //定义一个接口
    public abstract void get() ;
}

class subClass implements faceA,faceB {      //一个子类，同时实现了两个接口
    public void print(){
        System.out.println(INFO) ;
    }
    public void get(){
        System.out.println("你好！") ;
    }
}
public class InterfaceDemo{
    public static void main(String args[]){
        subClass subObj = new subClass() ;     //实例化子类对象
        faceA fa = subObj ;                    //为父接口实例化
        fa.print() ;
        faceB fb = subObj ;                    //为父接口实例化
        fb.get() ;
    }
}
```

程序运行结果如图 5-4 所示。

```
Console ×
<terminated> InterfaceDemo [Java Application] D:\eclip
Hello World!
你好!
```

图 5-4　例 5-4 程序运行结果

从上面实例可以看出，接口与抽象类相比主要区别在于子类上，子类可以同时实现多个接口，变相就是实现了“多继承”。在变相实现的“多继承”中，如果一个子类既要实现接口又要继承抽象类，则应该采用先继承后实现的顺序完成。

【例 5-5】子类同时继承抽象类，并实现接口。

```
interface FaceAA {                     //定义一个接口
    String INFO = "Hello World." ;
    void print()                       //抽象方法
}

interface FaceBB {                     //定义一个接口
   public abstract void get() ;
```

```
}

abstract class AbstractCC{          //抽象类
  public abstract void fun() ;    //抽象方法
}

class subClass1 extends AbstractCC implements FaceAA,FaceBB{
                                            //先继承后实现
  public void print(){
     System.out.println(INFO) ;
  }

  public void get(){
     System.out.println("你好! ") ;
  }

  public void fun() {
     System.out.println("你好! JAVA") ;
  }
}

public class ExtendsInterfaceDemo {
   public static void main(String[] args) {
     subClass1 subObj = new subClass1() ; //实例化子类对象
      FaceAA  fa = subObj ;                //为父接口实例化
      FaceBB  fb = subObj ;                //为父接口实例化
      AbstractCC  ac = subObj ;            //为抽象类实例化
      fa.print() ;
      fb.get() ;
      ac.fun();
   }
}
```

程序运行结果如图 5-5 所示。

```
Console ×
<terminated> ExtendsInterfaceDemo [Java Application
Hello World.
你好!
你好! JAVA
```

图 5-5　例 5-5 程序运行结果

一个类可以实现多个接口，但是只能继承一个父类。当使用接口实现多继承时，可能出现变量或方法冲突的情况，如果出现变量冲突，则需要明确指定变量的接口，即通过“接口名.变量”来实现；如果出现方法冲突，则只需要实现一个方法即可。

3. 抽象类与接口的区别

抽象类的使用和接口的使用基本相似，但也有不同点，具体总结如表 5-1 所示。

表 5-1 抽象类与接口的不同

比 较 项	抽 象 类	接 口
方法	可以有非抽象方法	所有方法都是抽象方法
属性	属性中可以有非静态变量	所有的属性都是静态变量
构造方法	有构造方法	没有构造方法
继承	一个类只能继承一个父类	一个类可以同时实现多个接口
多重继承	一个类只能继承一个父类	一个接口可以同时实现多个接口

任务实施

本任务只考虑成品入库业务操作的基本功能，任务实现步骤如下。

（1）定义成品入库业务管理接口 StockDao。

（2）定义实现成品入库业务管理接口功能的类 StockDaoImp。

（3）定义主界面设计类 StockManagerDemo，实现成品入库操作。

程序代码如下。

（1）定义成品入库业务管理接口 StockDao。

```
public interface StockDao {
public void showAll();            //显示成品信息
public void searchlPNumber();    //根据 LP 号码查询
public void searchBatchNumber();//根据批次号码查询
public void updateStock();       //根据 LP 号码修改
public void deleteStock();       //根据 LP 号码删除成品信息
}
```

（2）定义实现成品入库业务管理接口功能的类 StockDaoImp。

```
public class StockDaoImp implements StockDao {
      @Override
      public void showAll() {
         System.out.println("此方法的功能是显示成品信息!!!\n");
      }

      @Override
      public void searchlPNumber() {
```

```
            System.out.println("此方法的功能是根据 LP 号码查询成品信息!!!\n");
        }

        @Override
        public void searchBatchNumber() {
            System.out.println("此方法的功能是根据批次号码查询成品信息!!!\n");
        }

        @Override
        public void updateStock() {
            System.out.println("此方法的功能是根据 LP 号码修改成品信息\n");        }

        @Override
        public void deleteStock() {
            System.out.println("此方法的功能是根据 LP 号码删除成品信息\n");        }
}
}
```

（3）定义主界面设计类 StockManagerDemo，实现成品入库操作。

```
import java.util.Scanner;
public class StockManagerDemo {
    StockDaoImp stockdaoImp =new StockDaoImp();

    public void showFunction() {//主界面设计
        System.out.println("==============欢迎使用成品入库管理系统===============");
        System.out.println("\t\t1.查看成品导入所有信息\n\t\t2.修改成品信息\n\t\t3.删除成
品信息");
        System.out.println("\t\t4.根据 LP 号码查询\n\t\t5.根据批次号码查询");
        System.out.println("=============================================");
    }

    public void chooseAction() {//主界面操作
        Scanner sc=new Scanner(System.in);
        quit:
        while(true) {
            System.out.print("请选择功能：");
            int action=sc.nextInt();
            switch(action) {
                case 1: stockdaoImp.showAll();break;
                case 2: stockdaoImp.updateStock();break;
                case 3: stockdaoImp.deleteStock();break;
```

```
            case 4: stockdaoImp.searchlPNumber();break;
            case 5: stockdaoImp.searchBatchNumber();break;
            default: break;
        }
        System.out.println("请选择下一步操作: k: 继续    q:退出");
        String nextAction=sc.next();
        if(nextAction.equals("k")){
            System.out.println("请继续入库管理功能操作。");
            continue;
        }else {
            break  quit;
        }
    }
}

public static void main(String[] args) {
  StockManagerDemo  stockmanager=new StockManagerDemo();
  stockmanager.showFunction();
  stockmanager.chooseAction();
  }
}
```

程序运行结果如图 5-6 所示。

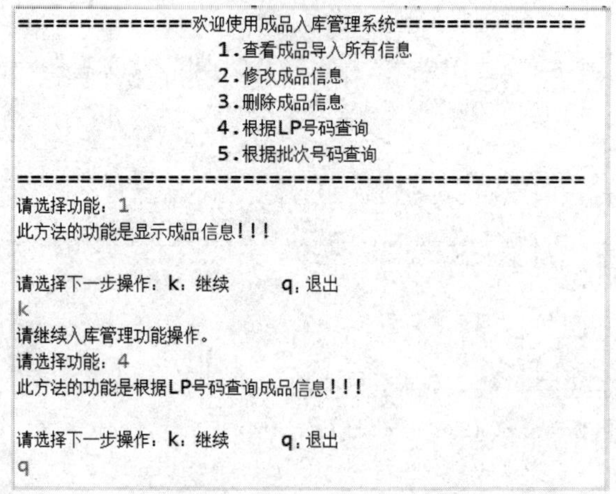

图 5-6 任务 5.1 程序运行结果

任务 5.2 更新成品入库数据

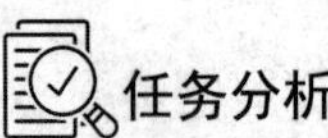

任务分析

在实际项目中，成品入库清单数据由 MES 系统文件导出，并以文件模板的形式导入出货系统中，仓库管理员可以对导入的成品数据进行查询、修改与删除等操作。在任务 5.1 基础上，针对成品信息类 Stock 的操作，重新编写 StockDao 接口中的 5 个方法。关于成品导入文件模板数据操作，此处定义了一个数据类 MESDataSet，使用 ArrayList 集合存放多个成品信息。

相关知识

5.2.1　集合框架

集合框架中的接口和类都位于 java.util 包中。集合类就像一个装有多个对象的容器。说到容器就会想到数组。数组与集合的不同之处在于：数组的长度是固定的，而集合的长度是可变的；数组既可以存储基本数据类型，也可以存储对象，而集合只能存储对象。

集合类包括 List 集合、Set 集合和 Map 集合。List 集合、Set 集合继承 Collection 接口。Collection 和 Map 是最基本的接口，它们又有子接口，这些接口的层次关系如图 5-7 所示。

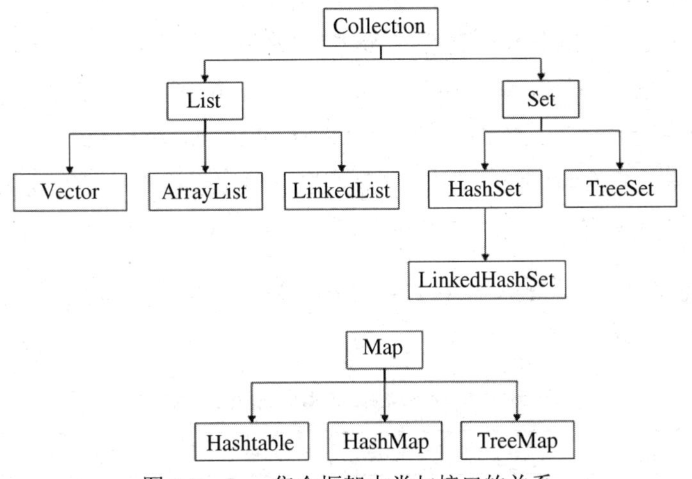

图 5-7　Java 集合框架中类与接口的关系

类与接口实现了各种方式的数据存储，这一组类和接口的设计结构被统称为集合框架。Collection 接口的常用方法及其说明如表 5-2 所示。

表 5-2　Collection 接口的常用方法及其说明

方　法	说　明
add(Object o)	将指定的对象添加到当前集合
remove(Object o)	将指定的对象从当前集合内移除
isEmpty()	返回 boolean 的值，用于判断当前集合是否为空
iterator()	用于返回遍历集合内元素的迭代器

5.2.2　List 集合

List 集合包括 List 接口与 List 接口的所有实现类。List 集合中的元素允许重复，且各元素的顺序是添加元素的顺序。用户可以通过索引访问集合中的元素。

1. List 接口

List 接口继承了 Collection 接口，因此可以使用 Collection 接口中的所有方法。此外，List 接口的常用方法及其说明如表 5-3 所示。

表 5-3　List 接口的常用方法及其说明

方　法	说　明
get(int index)	获取指定索引位置上的元素
set(int index,Object obj)	将集合中索引位置的对象修改为指定对象

2. List 接口的实现类

因为 List 接口不能直接实例化，所以 Java 提供了 List 接口的实现类，其中常用的实现类是 ArrayList 类与 LinkedList 类。

ArrayList 类以数组的形式保存集合中的元素，能够根据索引位置随机且快速地访问集合中的元素。使用 ArrayList 类实例化集合的关键代码如下。

```
List<E> list=new ArrayList<>();     //E 表示数据类型
```

LinkedList 以链表结构保存集合中的元素，随机访问集合中的元素的性能比较低，但向集合中插入元素和删除集合中的元素的性能好。使用 LinkedList 类实例化集合的关键代码如下。

```
List<E> list2=new LinkedList <>(); //E 表示数据类型
```

3. Iterator 迭代器

java.util 包还提供了一个 Iterator 接口，该接口是一个专门对集合进行迭代的迭代器，常用方法及其说明如表 5-4 所示。

表 5-4　Iterator 接口的常用方法及其说明

方　法	说　明
hasNext()	如果仍有元素可以迭代，则返回 true
next()	返回迭代的下一个元素
remove()	从迭代器指向的 Collection 接口中移除迭代器返回的最后一个元素

【注意】Iterator 接口中 next()方法的返回值类型是 Object。当使用 Iterator 迭代器时，需要利用 Collection 接口中的 iterator()方法创建一个 Iterator 对象。

【例 5-6】模拟银行账户存取款。

```
import java.util.ArrayList;
import java.util.Iterator;
class Account {              //创建一个 Account（账户）类
      String time;           //声明一个 String 型的变量 time（存、取款时间）
      int in;                //声明一个 int 型的变量 in（存入）
      int out;               //声明一个 int 型的变量 out（支出）
      static int left;  //声明一个静态的 int 型的变量 left（余额）
      public Account(String time, int in, int out) {
          this.time = time;
```

```java
            this.in = in;
            this.out = out;
        }
        public String toString() {            //重写 toString()方法
            left += in - out;                 //替换变量 left
            return time + "\t" + in + "\t" + out + "\t" + left;
        }
}

public class Money {                          //创建一个 Money 类
    public static void main(String[] args) {
        System.out.println("存、取款时间\t 存入\t 支出\t 余额");
        //创建 ArrayList 对象
        ArrayList<Account> list = new ArrayList<>();
        //使用 add()方法向 List 集合中添加元素(对象)
        list.add(new Account("2023-05-06", 2000, 0));
        list.add(new Account("2023-05-18", 0, 1000));
        list.add(new Account("2023-06-08", 5000, 0));
        list.add(new Account("2023-06-23", 0, 1500));
        list.add(new Account("2023-07-03", 3000, 0));
        list.add(new Account("2023-07-19", 0, 1000));
        list.add(new Account("2023-08-01", 1000, 0));
        list.add(new Account("2023-08-10", 0, 1500));
        Iterator<Account> it = list.iterator(); //创建迭代器
        while (it.hasNext()) {                  //判断 List 集合中是否还有元素
            Object message = it.next();         //接收 List 集合中的元素
            System.out.println(message + "\t"); //输出 List 集合中的元素
        }
    }
}
```

程序运行结果如图 5-8 所示。

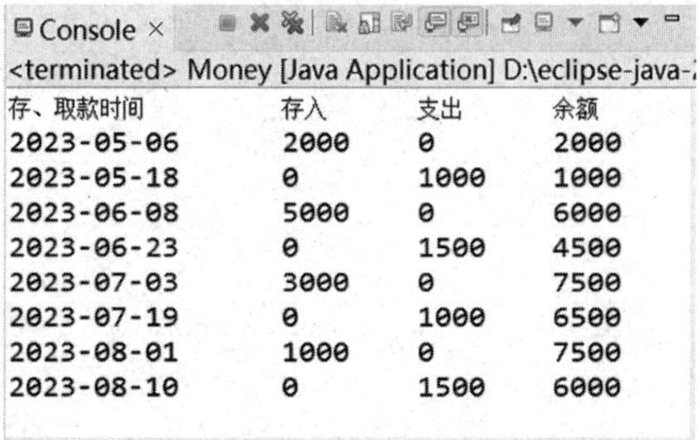

```
Console ×
<terminated> Money [Java Application] D:\eclipse-java-
存、取款时间      存入    支出    余额
2023-05-06      2000    0       2000
2023-05-18      0       1000    1000
2023-06-08      5000    0       6000
2023-06-23      0       1500    4500
2023-07-03      3000    0       7500
2023-07-19      0       1000    6500
2023-08-01      1000    0       7500
2023-08-10      0       1500    6000
```

图 5-8　例 5-6 程序运行结果

5.2.3 Set 集合

Set 集合由 Set 接口和 Set 接口的实现类组成。Set 集合中的元素不按特定的方式排序，只是简单地存放在集合中，但 Set 集合中的元素不能重复。

1. Set 接口

Set 接口继承了 Collection 接口，可以使用 Collection 接口中的所有方法。由于 Set 集合中的元素不能重复，因此在向 Set 集合中添加元素时，需要先判断新增元素是否已经存在集合中，再确定是否执行添加操作。

2. Set 接口的实现类

Set 接口常用的实现类有 HashSet 类和 TreeSet 类。HashSet 类作为 Set 接口的一个实现类，不允许有重复元素。

TreeSet 类不仅实现了 Set 接口，还实现了 java.until.sortedSet 接口，因此在遍历使用 TreeSet 类实现 Set 集合中的元素时，默认将元素按升序排列。TreeSet 类可以使用 Collection 接口中的所有方法，它还提供了一些操作集合中元素的方法，如表 5-5 所示。

表 5-5　TreeSet 类的常用方法及其说明

方　法	说　明
first()	返回此 Set 集合中当前第一个元素
last()	返回此 Set 集合中当前最后一个元素
comparator()	返回对此 Set 集合中的元素进行排序的比较器。如果此 Set 集合使用自然顺序，则返回 null
headSet(E toElement)	返回一个新的 Set 集合，新集合是由 toElement（不包含）之前的所有对象组成的
subSet(E fromElement, E toElement)	返回的一个新的 Set 集合，新集合是由 fromElement（包含）与 toElement（不包含）对象之间的所有对象组成的
tailSet(E fromElement)	返回一个新的 Set 集合，新集合是由 fromElement（包含）之后的所有对象组成的

【例 5-7】模拟京东网上商城购物车，使用封装和 HashSet 类实现购物信息的输出，计算所购书籍价格的总和。

```
import java.text.DecimalFormat;
import java.util.HashSet;
import java.util.Iterator;
class Book {
    private String bookName; //书名
    private String author;   //作者
    private double price;    //价格
    public Book(String bookName, String author, double price) {
        this.bookName = bookName;
        this.author = author;
        this.price = price;
```

```
    }
    //获取价格
    public double getPrice() {
        return price;
    }
      @Override
    public String toString() {                //重写 toString()方法
        return bookName + "\t" + author + "\t" + price + "元";
    }
}

public class BookInfo {
    public static void main(String[] args) {
       //创建 HashSet 对象，用来表示购物车
       HashSet<Book> shoppingCart = new HashSet<>();
        //创建 Book 数组，表示要购买的商品
        Book[] books = { new Book("《Java 核心技术（卷 1）》", "机械工业出版社", 119.0),
new Book("《Java 语言程序设计（基础篇）》", "机械工业出版社", 85.0), new Book("《Java 从入
门到精通》  ", "人民邮电出版社",59.8) };

        //使用 add()方法向购物车中添加 Book 对象
        shoppingCart.add(books[0]);
        shoppingCart.add(books[1]);
        shoppingCart.add(books[2]);
        Iterator<Book> it = shoppingCart.iterator(); //创建迭代器
        System.out.println("您的购物车中的商品信息：\n 书名\t\t\t 作者（团队）\t 价格");
        System.out.println("————————————————————————————————————————————");
        while (it.hasNext()) {                    //判断购物车中是否有元素
              System.out.println(it.next()); //输出购物车中的商品
        }
        System.out.println("————————————————————————————————————————————");
        double sumMoney = books[0].getPrice() + books[1].getPrice() +
books[2].getPrice();
       DecimalFormat pattern = new DecimalFormat("##.##");
        String result = pattern.format(sumMoney);
        System.out.println("合计：\t\t\t\t\t\t" + result + "元\n\t\t\t\t\t------→单
击去结账");
 }
 }
```

程序运行结果如图 5-9 所示。

```
Console ×
<terminated> BookInfo [Java Application] D:\eclipse-java-2022-03-R-win32-x86
您的购物车中的商品信息：
书名                              作者（团队）        价格
------------------------------------------------------------
《Java 从入门到精通》              人民邮电出版社      59.8元
《Java核心技术（卷1）》            机械工业出版社      119.0元
《Java语言程序设计（基础篇）》      机械工业出版社      85.0元
------------------------------------------------------------
合计：                                               263.8元
                                              ------→单击去结账
```

图 5-9　例 5-7 程序运行结果

5.2.4　Map 集合

在程序中如果想存储映射关系的数据，就需要使用 Map 集合。Map 集合由 Map 接口和 Map 接口的实现类组成。

1. Map 接口

虽然 Map 接口没有继承 Collection 接口，但是提供了 key 到 value 的映射关系。Map 接口中不能包含相同的 key，并且每个 key 只能映射一个 value。Map 接口的常用方法及其说明如表 5-6 所示。

表 5-6　Map 接口的常用方法及其说明

方　法	说　明
put(Object key, Object value)	向集合中添加指定的 key 与 value 的映射关系
congtainsKey(Object key)	如果此映射包含指定 key 的映射关系，则返回 true
containsValue (Object value)	如果此映射将一个或多个 key 映射到指定值，则返回 true
get(Object key)	如果存在指定的 key 对象，则返回此对象对应的值，否则返回 null
keySet()	返回此集合中的所有 key 对象形成的 Sct 集合
values()	返回此集合中的所有值对象形成的 Collection 集合

2. Map 接口的实现类

Map 接口常用的实现类有 HashMap 类和 TreeMap 类。HashMap 类是 Map 接口的实现类，它虽然能够通过哈希表快速查找迭代器内部的映射关系，但不能保证映射的顺序。在 key-value 对（“键-值”对）中，由于 key 不能重复，因此最多只有一个 key 为 null，但可以有无数多个 value 为 null。

TreeMap 类不仅实现了 Map 接口，还实现了 java.until.sortedSet 接口。由于使用 TreeMap 类实现的 Map 集合存储“键-值”对时，需要根据 key 进行排序，因此 key 不能为 null。

【例 5-8】使用 HashMap 类输出 Map 集合中的书号（键）和书名（值）。

```
import java.util.*;
public class HashMapTest {
    public static void main(String[] args) {
        Map<String, String> map = new HashMap<>(); //创建 Map 集合对象
        map.put("ISBN 978-7-5677-8742-1", "Android 项目开发实战入门");
        map.put("ISBN 978-7-5677-8741-4", "C 语言项目开发实战入门");
        map.put("ISBN 978-7-5677-9097-1", "PHP 项目开发实战入门");
```

```
        map.put("ISBN 978-7-5677-8740-7", "Java 项目开发实战入门");
        Set<String> set = map.keySet();          //构建 Map 集合中所有 key 的 Set 集合
        Iterator<String> it = set.iterator(); //创建 Iterator 迭代器
        System.out.println("key 值: ");
        while (it.hasNext()) {                   //遍历并输出 Map 集合中的 key 值
            System.out.print(it.next() + " ");
        }
                                                 //构建 Map 集合中所有 value 值的集合
        Collection<String> coll = map.values();
        it = coll.iterator();
        System.out.println("\nvalue 值: ");
        while (it.hasNext()) {                   //遍历并输出 Map 集合中的 value 值
            System.out.print(it.next() + "");
        }
    }
}
```

程序运行结果如图 5-10 所示。

```
Console ×
<terminated> HashMapTest [Java Application] D:\eclipse-java-2022-03-R-win32-x86_64\eclipse\plugins\org.eclipse.justj.openjdk.
key值:
ISBN 978-7-5677-9097-1 ISBN 978-7-5677-8742-1 ISBN 978-7-5677-8741-4 ISBN 978-7-5677-8740-7
value值:
PHP项目开发实战入门   Android项目开发实战入门   C语言项目开发实战入门   Java项目开发实战入门
```

图 5-10 例 5-8 程序运行结果

【例 5-9】使用 TreeMap 类输出 Map 集合中的书号（键）和书名（值）。

```
import java.util.*;
public class TreeMapTest {
    public static void main(String[] args) {
        Map<String, String> map = new HashMap<>(); //创建 Map 集合对象
        map.put("ISBN 978-7-5677-8742-1", "Android 项目开发实战入门");
        map.put("ISBN 978-7-5677-8741-4", "C 语言项目开发实战入门");
        map.put("ISBN 978-7-5677-9097-1", "PHP 项目开发实战入门");
        map.put("ISBN 978-7-5677-8740-7", "Java 项目开发实战入门");
        TreeMap<String,String> treemap=new TreeMap<>();
        treemap.putAll(map);                        //向 TreeMap 集合中添加元素
        Iterator<String> iter = treemap.keySet().iterator();
        System.out.println("使用 TreeMap 类实现 Map 集合中的元素排序输出: ");
        while(iter.hasNext()) {
            String str=(String)iter.next();         //获取集合中的所有 key 对象
            String name=(String)treemap.get(str);
            System.out.println(str + "" + name );
        }
```

```
    }
}
```

程序运行结果如图 5-11 所示。

```
Console ×
<terminated> TreeMapTest [Java Application] D:\eclipse-java
使用TreeMap类实现 Map集合中的元素排序输出：
ISBN 978-7-5677-8740-7Java项目开发实战入门
ISBN 978-7-5677-8741-4C语言项目开发实战入门
ISBN 978-7-5677-8742-1Android项目开发实战入门
ISBN 978-7-5677-9097-1PHP项目开发实战入门
```

图 5-11　例 5-9 程序运行结果

任务实施

本任务是针对成品信息数据的操作。首先定义成品信息类，导入成品数据；然后通过接口实现类中的方法对成品对象数据进行增加、删除、修改、查询的操作。任务实现步骤如下。

（1）定义成品信息类 Stock。

（2）定义并初始化成品导入数据 MESDataSet 类。

（3）实现成品入库数据管理功能，重新定义 StockDao 接口中的方法，在接口实现类 StockDaoImp 中具体实现对 Stock 对象的更新操作。

（4）编写主界面程序，具体实现各功能的方法操作。

功能分解及程序代码如下。

（1）任务 4.1 中已定义成品信息类 Stock，此时可以直接使用。

（2）定义并初始化成品导入数据 MESDataSet 类。

使用 ArrayList 集合存储多个成品信息。由于数组的大小空间是固定的，ArrayList 是可变数组，空间大小可以动态增长。

```
import java.util.ArrayList;
import java.util.List;
public class MESDataSet {
  private List<Stock> list=new  ArrayList<>();
  public MESDataSet() {
     list.add(new Stock("8184309","NS329492","33121069535",56000,"2022/12/10"));
     list.add(new Stock("8184309","NS329492","33121069540",56000,"2022/12/10"));
     list.add(new Stock("8184309","NS329492","33121069564",56000,"2022/12/10"));
     list.add(new Stock("8184309","NS329492","33121069529",56000,"2022/12/10"));
     list.add(new Stock("8184310","NS329496","33121069530",56000,"2022/12/11"));
     list.add(new Stock("8184310","NS329496","33121069558",56000,"2022/12/11"));
     list.add(new Stock("8184310","NS329496","33121069538",56000,"2022/12/11"));
     list.add(new Stock("8184310","NS329496","33121069509",56000,"2022/12/11"));
 }

   public MESDataSet(List<Stock> list) {
```

```
        super();
        this.list = list;
    }

    public List<Stock> getList() {
        return list;
    }
}
```

（3）实现成品入库数据管理功能，重新定义 StockDao 接口中的方法，在接口实现类 StockDaoImp 中具体实现对 Stock 对象的更新操作。

先定义 StockDao 接口，再定义 5 个对入库数据的操作方法。

```
import java.util.ArrayList;
import java.util.List;
public interface StockDao {
    public void showAll();                                    //显示成品表数据
    public boolean updateStock(Stock s,String lPNumber);//根据 LP 号码修改
    public boolean deleteStock(String lPNumber);          //根据 LP 号码删除成品信息
    public Stock searchlPNumber(String lPNumber);         //根据 LP 号码查询
    public List searchBatchNumber(String BatchNumber);   //根据批次号码查询
}
```

先定义接口实现类 StockDaoImp，再逐一定义 5 个方法的具体实现。

① 定义显示成品表数据的 showAll()方法，创建一个 List 集合，存储成品导入数据。先使用 Iterator 获取一个迭代对象，再使用 Iterator 对该对象进行集合遍历，输出成品表的所有信息数据。

```
import java.util.ArrayList;
import java.util.Iterator;
import java.util.List;
public class StockDaoImp implements StockDao{
    private List<Stock> stocklist=new MESDataSet().getList();//初始化成品表数据
    @Override
    public void showAll() {                                  //显示成品表信息
        Iterator<Stock>  it = stocklist.iterator();          //获取一个迭代对象 it
        System.out.println("=====================成品表数据=====================");
        System.out.println(" 批次号码 \t\t 料号\t\t LP 号码\t  数量 \t 入库时间 ");
        while(it.hasNext()) {                                //遍历
            Stock s=it.next();
            System.out.println(s);
        }
```

```
ystem.out.println("================================================================");
    }
}
```

② 定义修改成品数据的 updateStock ()方法。在成品入库信息管理接口类 StockDaoImp 中添加根据 LP 号码修改成品信息的方法。调用 searchlPNumber()方法根据 lPNumber 找到原有成品对象，如果存在，则根据原有成品对象的索引号码进行修改，并返回 true；否则返回 false。

```
@Override
public boolean updateStock(Stock st,String lPNumber) {
    boolean flag=false;
    Stock oldstock=this.searchlPNumber(lPNumber);//根据 lPNumber 找到原有成品对象
    if(oldstock!=null) {
        System.out.println("可以修改");
        int index=stocklist.indexOf(oldstock);
        stocklist.set(index, st);
        flag=true;
    }else {
        System.out.println("不存在，不能修改");
    }
    return flag;
}
```

③ 定义删除成品数据的 deleteStock()方法。在成品入库信息管理接口类 StockDaoImp 中添加根据 LP 号码删除成品信息的方法。调用 searchlPNumber()方法根据 lPNumber 找到原有成品对象，如果存在，则删除原有成品对象，并返回 true；否则返回 false。

```
@Override
public boolean deleteStock(String lPNumber) {
    boolean flag=false;
    Stock oldstock=this.searchlPNumber(lPNumber);//根据 lPNumber 找到原有成品对象
    if(oldstock!=null) {
        stocklist.remove(oldstock);
        flag=true;
    }
    return flag;
}
```

④ 定义根据 LP 号码查询的 searchlPNumber()方法。在成品入库信息管理接口类 StockDaoImp 中添加根据 LP 号码查询成品信息的方法。先使用 Iterator 获取一个迭代对象，再使用 Iterator 对该对象进行集合遍历，找到与 LP 号码匹配的成品对象并返回，如果找不到，则返回空对象。

```
@Override
```

```
public Stock searchlPNumber(String lPNumber) {
    Iterator<Stock> it = stocklist.iterator(); //获取迭代对象 it
    Stock stock=null;
    while(it.hasNext()) {                          //判断是否存在可访问元素
        Stock s=it.next();
        if(s.getLPNumber().equals(lPNumber)) {
            stock=s;
        }
    }
    return stock;
}
```

⑤ 定义根据批次号码查询的 searchBatchNumber()方法。在成品入库信息管理接口类 StockDaoImp 中添加根据批次号码查询成品信息的方法。先使用 Iterator 获取一个迭代对象，再使用 Iterator 对该对象进行集合遍历，找到与批次号码匹配的成品对象并添加到 List 列表中，返回一个 List 列表，如果找不到，则返回空列表。

```
@Override
public List searchBatchNumber(String BatchNumber) {
    Iterator<Stock> it = stocklist.iterator(); //获取迭代对象 it
    List list1=new ArrayList();
    while(it.hasNext()) {                          //判断是否存在可访问元素
        Stock s=it.next();
        if(s.getBatchNumber().equals(BatchNumber)) {
            list1.add(s);
        }
    }
    return list1;
}
```

（4）主界面提供了功能操作的入口，并使用 while(true)循环来实现。在主界面中，用户可以选择继续操作或退出。用户根据输入的功能选项进行相应的操作，同时这种操作可以连续，直到用户退出为止。

```
import java.util.List;
import java.util.Scanner;
public class StockManagerDemo {
    StockDaoImp stockdaoImp =new StockDaoImp();
    public void showFunction() {功能略}                          //显示界面设计

    public void chooseAction() {                                //主界面功能操作
        Scanner sc=new Scanner(System.in);
        quit:
```

```
        while(true) {
            System.out.print("请选择功能: ");
            int action=sc.nextInt();
            switch(action) {
                case 1: stockdaoImp.showAll();break;                 //调用显示成品信息的操作
                case 2: this.updateStockInfo();break;                //调用修改成品信息的操作
                case 3: this.deleteStockInfo();break;                //调用删除成品信息的操作
                case 4: this.getStockBysearchlPNumber();break;       //调用 LP 号码查询的操作
                case 5: this.getStockBysearchBatchNumber();break;    //调用批次号码查询的操作
                default: break;
            }
            System.out.println("请选择下一步操作: k: 继续    q: 退出");
            String nextAction=sc.next();
            if(nextAction.equals("k")){
                System.out.println("请继续选择操作类型: ");
                continue;
            }else {
                break  quit;
            }
        }
    }

    public static void main(String[] args) {
        StockManagerDemo  stockmanager=new StockManagerDemo();
        stockmanager.showFunction();                          //主界面设计
        stockmanager.chooseAction();                          //主界面功能选择操作
    }
}
```

界面中的各选择功能类型的操作是通过方法的调用来实现的。下面逐一介绍各功能方法的实现。

实现修改成品信息功能需要在 StockManagerDemo 类中添加 updateStockInfo()方法。

```
//修改成品信息功能调用
public void updateStockInfo() {
    Scanner sc=new Scanner(System.in);
    System.out.print("请输入 LP 号码查询成品信息:");
    String lpNumber=sc.next();
    Stock stock=stockdaoImp.searchlPNumber(lpNumber); //调用业务方法
    if(stock==null) {
        System.out.println("该 LP 号码成品信息不存在!");
```

```
    }else {
        System.out.println("=====================成品表数据=====================");
        System.out.println("  批次号码 \t\t 料号\t\t LP 号码\t  数量 \t 入库时间 ");
        System.out.println(stock);
        System.out.println("请输入要修改的成品信息:");
        System.out.print("请输入批次号码:");
        String batchNumber=sc.next();
        System.out.print("请输入料号:");
        String code=sc.next();
        System.out.print("请输入数量:");
        int qty=sc.nextInt();
        stock.setBatchNumber(batchNumber);
        stock.setCode(code);
        stock.setQty(qty);
    }
}
```

实现删除成品信息功能需要在 StockManagerDemo 类中添加 deleteStockInfo()方法。

```
                                                     //删除成品信息功能调用
public void  deleteStockInfo() {
    Scanner sc=new Scanner(System.in);
    System.out.print("请输入 LP 号码查询成品信息:");
    String lpNumber=sc.next();

    boolean result=stockdaoImp.deleteStock(lpNumber);//调用业务方法
    if(result) {
        System.out.println("删除成功");
    }else {
        System.out.println("删除失败");
    }
}
```

实现 LP 号码查询操作功能需要在 StockManagerDemo 类中添加 getStockBysearchlPNumber()方法。

```
                                                     //根据 LP 号码查询成品信息
public void getStockBysearchlPNumber() {
    Scanner sc=new Scanner(System.in);
    System.out.print("请输入 LP 号码查询成品信息:");
    String lpNumber=sc.next();
    Stock stock=stockdaoImp.searchlPNumber(lpNumber);//调用业务方法
    System.out.println("  批次号码 \t\t 料号\t\t LP 号码\t  数量 \t 入库时间 ");
```

```
    System.out.println(stock);
}
```

实现批次号码查询操作功能需要在 StockManagerDemo 类中添加 getStockBysearchBatchNumber()方法。

```
//根据批次号码查询成品信息
public void getStockBysearchBatchNumber() {
    Scanner sc=new Scanner(System.in);
    System.out.print("请输入批次号码查询成品信息:");
    String batchNumber=sc.next();
    List list=(List) stockdaoImp.searchBatchNumber(batchNumber);//调用业务方法
    System.out.println("====================同批次号码成品信息====================");
    System.out.println(" 批次号码 \t\t 料号\t\t LP号码\t 数量 \t入库时间 ");
    for(int i=0;i<list.size();i++) {
        Stock stock=(Stock) list.get(i);
        System.out.println(stock);
    }
}
```

程序运行结果如图 5-12 所示。

```
==================欢迎使用成品入库管理系统==================
                  1.查看成品导入所有信息
                  2.修改成品信息
                  3.删除成品信息
                  4.根据LP号码查询
                  5.根据批次号码查询
=========================================================
请选择功能：2
请输入LP号码查询成品信息:33121069535
==============================成品表数据==============================
  批次号码          料号              LP号码         数量     入库时间
8184309        NS329492        33121069535     56000    2022/12/10
请输入要修改的成品信息:
请输入批次号码:8184312
请输入料号:NS329494
请输入数量:4000
请选择下一步操作：k：继续       q：退出
k
请继续选择操作类型：
请选择功能：1
==============================成品表数据==============================
  批次号码          料号              LP号码         数量     入库时间
8184312        NS329494        33121069535     4000     2022/12/10
8184309        NS329492        33121069540     56000    2022/12/10
8184309        NS329492        33121069564     56000    2022/12/10
8184309        NS329492        33121069529     56000    2022/12/10
8184310        NS329496        33121069530     56000    2022/12/11
8184310        NS329496        33121069558     56000    2022/12/11
8184310        NS329496        33121069538     56000    2022/12/11
8184310        NS329496        33121069509     56000    2022/12/11
=====================================================================
请选择下一步操作：k：继续       q：退出
q
```

图 5-12　任务 5.2 程序运行结果

先选择修改操作后，再选择显示所有成品信息的功能操作，可以看到成品的数据发生变化，如图 5-12 所示。

拓展训练

使用 List 列表实现部门信息管理。

- 设计部门信息实体类，属性包括部门编号、组员姓名、部门负责人、部门总人数，方法包括显示部门信息。
- 添加部门信息。
- 修改部门信息。
- 查询部门信息。
- 删除部门信息。

单元小结

本单元通过学习抽象类，以及接口的声明与使用，对继承与多态的认识有了更深入的了解。应用面向接口编程模式编写程序，使整个程序的架构既可以变得非常有弹性，又可以减少代码冗余。学生通过学习本单元的内容，能够掌握使用 List、Set、Map 集合容器的定义和使用方法，并选择合适的集合容器解决实际问题。

单元练习

一、选择题

1. 下面关于接口的叙述错误的是（　　）。

A. 接口实际上是由常量和抽象方法构成的特殊类

B. 一个类只允许继承一个接口

C. 定义接口使用的关键字是 interface

D. 在继承接口的类中，通常要给出接口中定义的抽象方法的具体实现

2. 下面关于继承性的叙述错误的是（　　）。

A. 一个类可以同时生成多个子类

B. 子类继承父类除 privat 修饰之外的所有成员

C. Java 支持单重继承和多重继承

D. Java 通过接口实现多重继承

3. 下面说法正确的是（　　）。

A. 不能和 abstract 一起使用的修饰符有 static 与 final

B. 抽象类之间是继承关系，接口之间也是

C. 接口不能存在普通方法和常量

D. 接口不可以直接实例化，但抽象类可以

4. 下面关于抽象方法的叙述正确的是（　　）。

A. 抽象方法和普通方法一样，只是前面多加一个修饰符 asbtract

B. 抽象方法没有方法体

C. 抽象方法可以存于任何类中

D. 包含抽象方法的类的具体子类必须提供具体的方法重写

5. 下面关于接口的定义正确的是（　　）。

A. interface C{ int a；}

B. public interface A implements B　{ }

C. public interface A　{int a()；}

D. abstract interface D　{ }

6. 下面关于抽象类的叙述正确的是（　　）。

A. 抽象类中一定含有抽象方法

B. 抽象类的声明必须包含 abstract 关键字

C. 抽象类既能被实例化，又能被继承

D. 抽象类中不能有构造方法

7. ArrayList 的初始化内容如下。

```
ArrayList list = new ArrayList();
list.add("java");
list.add("aaa");
list.add("java");
list.add("java");
list.add("bbb");
```

下面可以删除 list 中所有的“java”的选项是（　　）。

A.
```
for (int i = list.size() - 1; i >= 0; i--) {
    if ("java".equals(list.get(i))) {
        ist.remove(i);
    }
}
```

B.
```
for (int i = 0; i < list.size(); i++) {
    if ("java".equals(list.get(i))) {
        list.remove(i);
    }
}
```

C. list.remove("java");

D. list.removeAll("java");

8. 下面叙述中正确的是（　　）。

A. HashMap 中的元素无序可重复

B. HashMap 中的元素有序不可重复

C. HashMap 中的元素“键-值”对成对出现

D. HashSet 中的元素“键-值”对成对出现

9. 假设构造 ArrayList 类的一个实例，该类继承了 List 接口，下列正确的选项是（　　）。

A. ArrayList myList=new Object();

B. List myList=new ArrayList();

C. ArrayList myList=new List();

D. List myList=new List();

二、操作题

1. 利用接口与抽象类设计实现。

- 定义圆形接口 CircleShape，其中定义常量 PI，默认使用 area()方法计算圆的面积。
- 定义圆形类 Circle 实现接口 CircleShape，包含构造方法和求圆周长方法。
- 定义圆柱形继承 Circle 实现接口 CircleShape，包含构造方法、求圆柱形表面积与体积方法。
- 从控制台上输入圆的半径，输出圆的面积及周长。

2. 先创建一个员工类 Employee，其属性有员工编号 id，姓名 name，性别 sex，薪水 salary；再声明 3 个员工对象并赋值，依次使用 List 集合、Set 集合、Map 集合来实现对员工对象数据的存储、添加、修改、删除、查询等操作。

单元 6

输入/输出流与异常处理

单元介绍

本单元的学习目标是使用输入/输出各种流类、对象序列化与异常处理机制，对应用程序与外部设备的数据进行读取、保持操作。

大多数的应用程序都能与外部设备进行数据交换，常见的外部设备包含磁盘。在 Java 中，输入/输出机制是基于数据“流”的方式，把数据保存到多种类型的文件或读取到内存中。在程序设计和运行过程中，我们尽可能规避错误，但是有时使程序被迫停止的错误仍然不可避免。为了能够在程序中处理异常情况，必须研究程序中可能会出现的错误和问题，以及哪类问题需要关注。

本单元的任务应用文件输入/输出流的读/写操作，使用文件模板读取 MES 系统文件，实现成品数据的读取，以及出货清单的保存。

本单元分为两个子单元任务。

- 使用文件模板读取成品数据。
- 使用对象序列化保存出货清单。

学习目标

知识目标

- 了解输入/输出流的定义与常用方法。
- 理解 File 类的常用方法及其说明。
- 熟悉文件输入/输出流的概念。
- 熟悉缓冲输入/输出流的概念。
- 熟悉数据输入/输出流的概念。
- 理解异常处理机制。

能力目标

- 能够使用 File 类。
- 能够使用字节流和字符流。
- 能够使用文件输入/输出流。

- 能够使用缓冲输入/输出流。
- 能够使用数据输入/输出流。
- 能够在程序设计中使用捕获异常。
- 能够使用输入/输出流与捕获异常读/写文件，实现成品数据的导入。
- 能够使用对象序列化，实现出货清单的存储。

素质目标

- 培养严于律己、宽以待人的处事原则。
- 培养规范编程习惯，做事细心、严谨的工匠精神。

任务 6.1 使用文件模板读取成品数据

任务分析

入库管理就是仓库管理员将生产管理系统（MES）中的成品数据写入 RFID 自动出货管理系统的操作。本单元的任务是使用输入/输出流读取/写入成品数据，成品数据以文件模板形式从 MES 系统中导出，此处的文件模板以文本文件为例，将该数据写入 RFID 自动出货管理系统。在成品实物进入仓库时使用 RFID 读/写器读取 LP 号码信息，根据读取的 LP 号码信息与文件模板中的 LP 号码信息是否一致，来确定该数据是否可以写入 RFID 自动出货管理系统。此处 RFID 读/写器读取 LP 号码信息的功能可以通过键盘来完成。

相关知识

使用变量、对象和数组存储的数据都是暂时的，程序结束后就会丢失。为了能够长时间地保存程序中的数据，可以将数据存储在磁盘文件中。Java 提供的 I/O 技术可以把数据存储到多种类型的文件（如文本文件、二进制文件）中，或者读取到内存中。

6.1.1 输入/输出流的概述

输入/输出是应用程序与外部设备及其计算机进行数据交流的操作，如读/写硬盘数据、在显示器中输出数据、通过网络读取其他节点的数据等。在程序开发过程中，将输入/输出设备之间传递的数据抽象为流（Stream），流是按一定顺序排列的数据集合。也就是说，流是同一台计算机或网络中不同计算机之间有序运动的数据序列。例如，键盘可以输入数据，显示器可以显示从键盘上输入的数据等。根据流的流向，可以将流分为输入流与输出流。从内存的角度出发，输入流是指将数据从数据源（如文件、压缩包或者视频等）流入内存的过程；输出流是指数据从内存流出到数据源的过程。

根据操作流的数据单元，将流分为字节流（操作的数据单元是一个字节）和字符流（操作的数据单元是两个字节或一个字符）。

Java 中的数据输入/输出是以使用流的形式执行，并借助输入/输出类库 java.io 包中的类与接口实现的。其中，所有与输入流有关的类都是抽象类 InputStream（字节输入流）或抽象类 Reader（字符输入流）的子类；而所有与输出流有关的类都是抽象类 OutputStream（字节输出流）或抽象类 Writer（字符输出流）的子类。

1. 输入流

输入流抽象类有两种，分别是 InputStream（字节输入流）和 Reader（字符输入流）。输出流抽象类有两种，分别是 OutputStream（字节输出流）和 Writer（字符输出流）。

（1）InputStream 类。

InputStream 类是字节输入流的抽象类，是所有字节输入流的父类。当 InputStream 类中的所有方法遇到错误时都会抛出 IOException 异常。

定义 InputStream 类的语法格式如下。

```
public abstract class InputStream extends Object implements Closeable
```

InputStream 类的常用方法及其说明如表 6-1 所示。

表 6-1　InputStream 类的常用方法及其说明

方　法	说　明
abstract int read()	从输入流中读取数据的下一个字节。返回 0～255 范围内的 int 型字节值。如果已经到达流末尾而没有可用的字节，则返回-1
int read(byte[] b)	从输入流读入一定长度的字节，并以整数的形式返回字节数
void mark(int　readlimit)	从输入流的当前位置放置一个标记，readlimit 参数表示该输入流在标记位置失效之前允许读取的字节数
void reset()	将输入指针返回当前所做的标记处
long skip(long n)	跳过输入流上的 n 个字节，并返回实际跳过的字节数
boolean markSupported()	如果当前流支持 mark()/reset()操作，则返回 True
void close()	关闭输入流，并释放与该流关联的所有系统资源

（2）Reader 类。

Java 中的字符是 Unicode 编码，而且是双字节。InputStream 类是用来处理单字节的，并不适合处理字符。因此，Java 提供了专门用来处理字符的 Reader 类。Reader 类是字符输入流的抽象类，也是所有字符输入流的父类。

定义 Reader 类的语法格式如下。

```
public abstract class Reader extends Object implements Readable,Closeable
```

Reader 类的方法与 InputStream 类的方法类似，但是需注意一点， Reader 类的 read()方法的参数为 char 型的数组，语法格式如下。

```
public int read(char[] buf)  throws  IOException
public abstract int read(char[] cbuf, int off, int length)
```

Reader 类还提供了一个 ready()方法，用来判断是否准备读取流，其返回值为 boolean 型，语法格式如下。

```
public boolean  ready()  throws IOException
```

2. 输出流

（1）OutputStream 类。

OutputStream 类是字节输出流的抽象类，是所有字节输出流的父类，实现字节数据写到目标设备中，该类所有方法都返回 void，并且在错误情况下会抛出 IOException 异常。

定义 OutputStream 类的语法格式如下。

```
public abstract class OutputStream extends Object implements Closeable, Flushable
```

OutputStream 类中的所有方法均没有返回值，在遇到错误时会抛出 IOException 异常，该类的常用方法及其说明如表 6-2 所示。

表 6-2　OutputStream 类的常用方法及其说明

方　法	说　明
void write(int b)	将指定的字节写入该输出流
void write(byte[] b)	将 b 个字节从指定的 byte 数组写入该输出流
void　write(byte[] b，int off，int len)	将指定的 byte 数组中从偏移量 off 开始的 len 个字节写入该输出流
void　flush()	彻底完成输出，并清空缓冲区
void close()	关闭输出流

（2）Writer 类。

Writer 类是字符输出流的抽象类，也是所有字符输出流的父类，实现字符流数据的输出处理，可以将字符数据写入磁盘设备中。该类的所有方法在错误条件下都会抛出 IOException 异常。

定义 Writer 类的语法格式如下。

```
public abstract class Writer extends Object implements Appendable Readable
loseable
```

Writer 类的常用方法及其说明如表 6-3 所示。

表 6-3　Writer 类的常用方法及其说明

方　法	说　明
void write(char[] cbuf)	写入字符数组
void write(char[] cbuf，int off，int len)	写入字符数组的某一部分
void write(char c)	写入单个字符
void write(String str)	写入字符串
void write(String str,int off,int len)	写入字符串的某一部分
Writer append(CharSequence csq)	将指定字符序列添加到该输出流
Writer append(CharSequence csq,int start,int end)	将指定字符序列的子序列添加到该写入器
void flush()	刷新该输出流的缓冲
void　close()	先刷新输出流，再关闭输出流

6.1.2　File 类

File 类是 java.io 包中用来操作文件的类。它既可以表示文件，也可以表示目录。创建一个 File 类对象的构造方法如下。

- File (String path)：创建一个 File 对象，指向 path 所表示的文件或目录。例如。

```
File dir= new File("E:\\java");
```

- File (File parent, String child)：创建一个 File 对象，指向 parent 指定的目录下文件名为 child。例如。

```
File dir = new File("D:/doc/") ;
    File file = new File(dir, "Hello.java") ;
```

- File (String parent，String child)：创建一个 File 对象指向 path 目录下的 name 文件。例如。

```
File file1 = new File("E:\\java", "Hello.java") ;
```

或者

```
File file1 = new File("E:/java", "Hello.java");
```

File 类提供了操作文件或目录的方法，可以实现文件的读/写、创建、删除、重命名等操作。使用 File 对象可以获取文件的基本信息，如文件所在目录、文件名、文件大小等。File 类的常用方法及其说明如表 6-4 所示。

表 6-4　File 类的常用方法及其说明

方法	说明
public boolean canRead()	判断 File 对象对应的路径是否可读
public boolean canWrite()	判断 File 对象对应的路径是否可写
public boolean exists()	判断 File 对象对应的路径是否存在
public String getAbsolutePath()	获取 File 对象对应路径的绝对路径
public String getParent()	获取 File 对象对应路径的目录
public String getPath()	获取 File 对象对应的路径
public boolean isAbsolute()	判断 File 对象对应的路径是否为绝对路径
public String getName()	获取 File 对象对应路径的文件名
public boolean isDirectory()	判断 File 对象对应的路径是否为目录
public boolean isFile()	判断 File 对象对应的路径是否为文件
public boolean mkdir()	创建该抽象路径名指定的目录
public boolean mkdirs()	创建该抽象路径名指定的目录，包括所有必需但不存在的父目录

【例 6-1】File 类中方法的使用。

```
import java.io.File;
public class FileDemo {
    public static void main(String[] args) {
        File f=new File("src/text.txt");
        System.out.println("文件是否存在: "+f.exists());
        File file=new File("src/com/mr");           //在该类路径下创建 com/mr/文件夹
      System.out.println("文件夹是否存在: "+file.exists());//输出结果
      file.mkdirs();                                 //创建文件夹
      System.out.println("创建之后文件夹是否存在: "+file.exists());
    }
}
```

程序运行结果如图 6-1 所示。

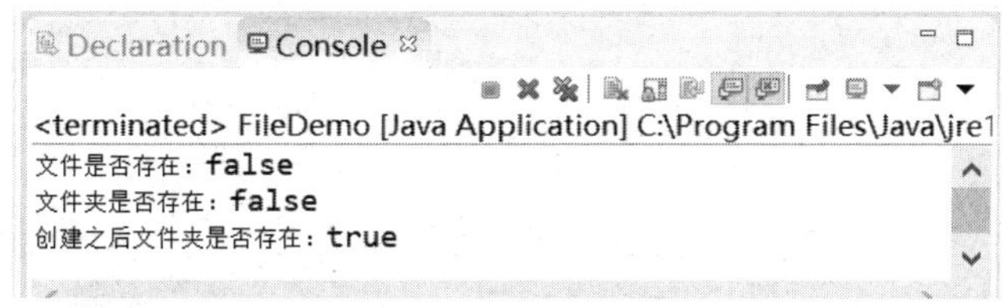

图 6-1　例 6-1 程序运行结果

6.1.3　文件读/写操作

在程序运行过程中，经常需要从文件中读取数据或将运行结果存入文件中。Java 提供的 FileInputStream 类与 FileOutputStream 类、FileReader 类与 FileWriter 类分别以字节形式或字符形式从文件中读取数据、向文件中写入数据。

Java 中对文件的读/写操作的主要步骤如下。

（1）创建文件输入/输出流对象，此时文件自动打开或创建。

（2）用文件读/写方法实现读/写数据。

（3）关闭输入/输出流，同时关闭文件。

1. FileInputStream 类与 FileOutputStream 类

（1）FileInputStream 类。

文件字节输入流 FileInputStream 类是从文件系统的某个文件中获取输入字节，即以字节为单位从文件中读取数据。FileInputStream 类提供的常用构造方法如下。

- public FileInputStream(File file)：创建一个从指定 File 对象表示的文件中读取数据的文件字节输入流。
- public FileInputStream(String name)：创建用于读取给定的文件系统中路径名 name 所指定文件的文件字节输入流。

（2）FileOutputStream 类。

文件字节输出流 FileOutputStream 类是以字节为单位将数据写入文件。FileOutputStream 类提供的常用构造方法如下。

- public FileOutputStream(File file)；创建一个向指定 File 对象表示的文件中写入数据的文件字节输出流。
- public FileOutputStream(File file,boolean append)：创建一个向指定 File 对象表示的文件中写入数据的文件字节输出流。如果第二个参数为 true，将字节写入文件末尾，而不是写入文件开始。
- public FileOutputStream(String name)：创建一个向具有指定名称的文件中写入数据的文件字节输出流。
- public FileOutputStream(String name,boolean append)：创建一个向具有指定 name 的文件中写入数据的文件字节输出流。如果第二个参数为 true，将字节写入文件末尾，而不是写入文件开始。

【例 6-2】首先使用文件字节输入/输出流类将一首唐诗写入文件 poetry.txt，然后将其从文件中读取出来。

```
import java.io.File;
import java.io.FileInputStream;
import java.io.FileOutputStream;
import java.io.IOException;
public class FileStreamTest {
    public static void main(String[] args) {
        File file = new File("D:\\ poetry.txt"); //创建文件对象
        try {                                   //捕获异常
            //创建 FileOutputStream 对象，用来向文件中写入数据
            FileOutputStream out = new FileOutputStream(file);
            //定义字符串，用来存储要写入文件的内容
            String content = "九月九日忆山东兄弟\r\n"+
                        "独在异乡为异客，每逢佳节倍思亲。\r\n" +
                        "遥知兄弟登高处，遍插茱萸少一人。";
            //创建 byte 型数组，将要写入文件的内容转换为字节数组
            byte buy[] = content.getBytes();
            out.write(buy);                //将数组中的信息写入文件中
            out.close();                   //关闭流
         }catch (IOException e) {          //使用 catch 语句处理异常信息
                e.printStackTrace();       //输出异常信息
         }

        try {
             // 创建 FileInputStream 对象，用来读取文件信息
            FileInputStream in = new FileInputStream(file);
            byte byt[] = new byte[1024]; //创建 byte 数组，用来存储读取到的文件信息
            int len = in.read(byt);        //从文件中读取信息，并存入字节数组中
                                           //将文件中的信息输出
            System.out.println("文件中的信息是: \n" + new String(byt, 0, len));
            in.close(); //关闭流
            }catch (IOException e) {
            e.printStackTrace();
        }
    }
}
```

程序运行结果如图 6-2 所示。

```
Declaration  Console
<terminated> FileStreamTest [Java Application] C:\Program F
文件中的信息是:
九月九日忆山东兄弟
独在异乡为异客，每逢佳节倍思亲。
遥知兄弟登高处，遍插茱萸少一人。
```

图 6-2 例 6-2 程序运行结果

由于输入/输出流的程序都会抛出非运行时的异常 IOException。因此，必须在方法的声明处抛出，或者使用 try…catch 语句进行捕获。例如，在例 6-2 程序中，FileInputStream 类与 FileOutputStream 类继承了 InputStream 类与 OutputStream 类的 read()方法、write()方法，它们可以对打开的文件进行读/写操作。

2. FileReader 类与 FileWriter 类

（1）FileReader 类。

字符输入流 FileReader 类是从文件中读取字符数据。FileReader 类的构造方法如下。

- public FileReader(File file)：使用要读取的指定 file 对象创建一个新的字符输入流对象。
- public FileReader(String fileName)：使用要读取的文件的指定名称创建一个新的字符输入流对象。如果指定的文件不存在，不是目录而是常规文件，或者由于某些其他原因而无法打开进行读取，则会抛出 FileNotFoundException 异常。

（2）FileWriter 类。

字符输出流 FileWriter 类是将数据以字符形式写入文件。FileWriter 类的构造方法如下。

- public FileWriter(File file)：根据给定的 File 对象创建一个字符输出流对象。
- public FileWriter(String fileName)：根据给定的文件名创建一个字符输出流对象。
- public FileWriter(String fileName,boolean append)：根据给定的文件名及指示是否附加写入数据的 boolean 值来创建字符输出流对象。

【例 6-3】首先使用字符输入/输出流类将内容写入文件 poetry1.txt，然后将其从文件中读取出来。

```
import java.io.File;
import java.io.FileReader;
import java.io.FileWriter;
import java.io.IOException;
import java.util.InputMismatchException;
import java.util.Scanner;

public class ReaderWriteDemo {
    public static void main(String[] args) {
      while (true) {
        try {
            //在当前目录下创建名为 poetry1.txt 文本文件
```

```
File file = new File("poetry1.txt");
if (!file.exists()) {            //如果文件不存在，则创建新的文件
      file.createNewFile();
}
System.out.println("请输入要执行的操作序号：(1.写入文件；2.读取文件)");
Scanner sc = new Scanner(System.in);
int choice = sc.nextInt();
switch (choice) {
   case 1:
       System.out.println("请输入要写入文件的内容：");
       String tempStr = sc.next();
       FileWriter fw = null;   //声明字符输出流
       try{
            //创建可扩展的字符输出流，向文件中写入新数据时不覆盖已存在的数据
            fw = new FileWriter(file, true);
            //把控制台上的文本内容写入 poetry1.txt 文本文件中
            fw.write(tempStr + "\r\n");
        }catch (IOException e) {
             e.printStackTrace();
        }finally {
                 fw.close();  //关闭字符输出流
       }
        System.out.println("\n 上述内容已写入文本文件中！");
        break;
    case 2:
        FileReader fr = null;    //声明字符输入流
       //如果 poetry1.txt 文本文件中的字符数为 0,则控制台输出“文本中的字符数为 0!!!”
        if (file.length() == 0) {
                 System.out.println("文本中的字符数为 0！！！");
        } else {                  //如果 poetry1.txt 文本文件中的字符数不为 0
           try {
             //创建用来读取 poetry1.txt 文本文件中的字符输入流
             fr = new FileReader(file);
              //创建可容纳 1024 个字符的数组，用来储存读取的字符数的缓冲区
              char[] cbuf = new char[1024];
               int hasread = -1;       //初始化已读取的字符数
               //循环读取 poetry1.txt 文本文件中的数据
               while ((hasread = fr.read(cbuf)) != -1) {
               //把 char 数组中的内容转换为 String 类型输出
                 System.out.println("poetry1.txt 文本文件中的内容：\n"
```

```
                        + new String(cbuf, 0, hasread));
                    }
                }catch (IOException e) {
                    e.printStackTrace();
                }finally {
                    fr.close();     // 关闭字符输入流
                }
            }
            break;
        default:
            System.out.println("请输入符合要求的有效数字! ");
            break;
        }
    }catch (InputMismatchException imexc) {
        System.out.println("输入的文本格式不正确! 请重新输入……");
    } catch (IOException e) {
        e.printStackTrace();
    }
   }
  }
}
```

程序运行结果如图 6-3 所示。

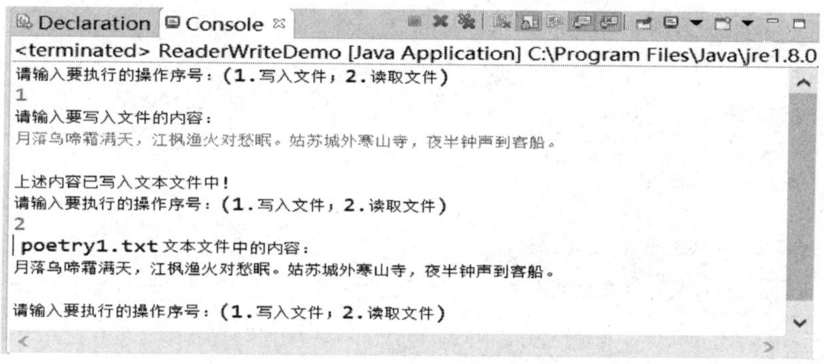

图 6-3　例 6-3 程序运行结果

6.1.4　带缓冲的输入/输出流

缓冲是输入/输出（I/O）的一种性能优化。没有缓冲区，就好像逛超市没有推车一样，你只能一次拿一样物品去结账，但是使用了缓冲区就可以减少往返次数，节省时间。缓冲区的奥秘之处在于，使用缓冲区比不使用缓冲区的做事效率更高，为输入/输出流增加了内存缓冲区。相比操作内存来说，直接操作磁盘的速度要慢很多。例如，我们先把文件从硬盘读取到内存中，再使用一个缓冲流对内存中的数据进行操作，这样可以提高文件的读/写速度。

1. BufferedReader 类与 BufferedWriter 类

BufferedReader 类与 BufferedWriter 类分别继承 Reader 类和 Writer 类，同样具有内部缓冲机制，并以行为单位进行输入/输出。

（1）BufferedReader 类。

BufferedReader 类是带有缓冲区的字符输入流。它与 FileReader 类和 InputStreamReader 类配合使用，用于从缓冲区读取数据。BufferedReader 类的构造方法如下。

- public BufferedReader(Reader in)：创建一个使用默认大小输入缓冲区的缓冲字符输入流。
- public BufferedReader(Reader in，int size)：创建一个使用指定大小输入缓冲区的缓冲字符输入流。小 size 输入缓冲区的 Reader 流对象。

（2）BufferedWriter 类。

BufferedWriter 类是带有缓冲区的字符输出流。它与 FileWriter 类配合使用，可以将数据写入文件中。FileWriter 类是 BufferedWriter 类的底层流，利用 BufferedWriter 类先把数据写入缓冲区，底层流再把数据写入文本文件中。BufferedWriter 类的构造方法如下。

- public BufferedWriter(Writer out)：创建一个缓冲字符输出流。
- public BufferedWriter(Writer out，int size)；创建一个指定缓冲区大小的缓冲字符输出流。

【例 6-4】以行为单位进行输入/输出，首先将字符串 content 写入 poetry.txt 文本文件中，然后读取并输出到控制台上。

```
import java.io.BufferedReader;
import java.io.BufferedWriter;
import java.io.File;
import java.io.FileReader;
import java.io.FileWriter;
import java.io.IOException;

public class BufferedReaderWriter {
    public static void main(String[] args) {
    String content[] = { "床前明月光，", "疑是地上霜。", "举头望明月，", "低头思故乡。" };
        File file = new File("poetry.txt"); // 创建文件对象
        try{
            FileWriter fw = new FileWriter(file); //创建 FileWriter 类对象

            BufferedWriter bufw = new BufferedWriter(fw); //创建 BufferedWriter 类对象
            for (int i=0; i<content.length; i++) { //循环遍历数组
                bufw.write(content[i]); //将字符串数组中的元素写入磁盘文件中
                bufw.newLine();         //将数组中的单个元素以单行的形式写入文件中
            }
            bufw.close();                       //关闭 BufferedWriter 流
```

```
            fw.close();                              //关闭 FileWriter 流
        }catch(IOException e){                       //处理异常
            e.printStackTrace();
        }

        try{
            FileReader fr = new FileReader(file);            //创建 FileReader 类对象
            BufferedReader bufr = new BufferedReader(fr); //创建 BufferedReader 类对象
            String s = null;                          //创建字符串对象
            int j = 0;                                //声明 int 型变量
            //如果文件的文本行数不为 null,则进入循环
            while ((s = bufr.readLine()) != null) {
                j++;                                  //将变量做自增运算
                System.out.println("第" + j + "行:" + s); // 输出文件数据
            }
            bufr.close();                             //关闭 BufferedReader 流
            fr.close();                               //关闭 FileReader 流
        }catch(IOException e) {                       //处理异常
            e.printStackTrace();
        }
    }
}
```

程序运行结果如图 6-4 所示。

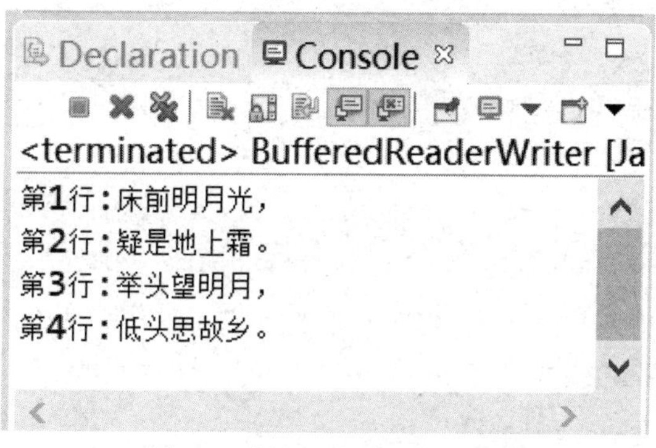

图 6-4　例 6-4 程序运行结果

2. BufferedInputStream 类与 BufferedOutputStream 类

（1）BufferedInputStream 类。

BufferedInputStream 类是带有缓冲区的字节输入流，可以对所有 InputStream 类的子类进行带缓冲区的包装，这样能够减少访问磁盘的次数，提高文件读取性能，以达到性能的优化。

BufferedInputStream 类的构造方法如下。

- public BufferedInputStream(InputStream in)：创建一个带有 32 字节的缓冲区输入流。

- public BufferedInputStream(InputStream in, int size)：创建一个指定 size 字节大小的缓冲区输入流。

（2）BufferedOutputStream 类。

BufferedOutputStream 类是带有缓冲区的字节输出流，能够提高文件的写入效率。

BufferedOutputStream 类的构造方法如下。

- public BufferedOutputStream（OutputStream in）：创建一个带有 32 字节的缓冲区输出流。
- public BufferedOutputStream（OutputStream in, int size）：创建一个指定 size 字节大小的缓冲区输出流。

【例 6-5】以字节为单位进行输入/输出，首先将字符串 content 写入到 poetry.txt 文本文件中，然后读取并输出到控制台上。

```
import java.io.BufferedInputStream;
import java.io.BufferedOutputStream;
import java.io.File;
import java.io.FileInputStream;
import java.io.FileOutputStream;
import java.io.IOException;
public class BufferedStreamIO {
  public static void main(String[] args) {
    //定义字符串数组
    String content[] = { "床前明月光，", "疑是地上霜。", "举头望明月，", "低头思故乡。" };
    File file = new File("poetry.txt");                 //创建文件对象
    FileOutputStream fos = null;                        //创建 FileOutputStream 对象
    BufferedOutputStream bos = null;                    //创建 BufferedOutputStream 对象
    FileInputStream fis = null;                         //创建 FileInputStream 对象
    BufferedInputStream bis = null;                     //创建 BufferedInputStream 对象
     try{
       fos = new FileOutputStream(file);                //实例化 FileOutputStream 对象
          bos = new BufferedOutputStream(fos);          //实例化 BufferedOutputStream 对象
          byte[] bContent = new byte[1024];             //创建可以容纳 1024 字节的缓冲区
       for(int i=0; i<content.length; i++) {            //循环遍历数组
         bContent = content[i].getBytes();              //将遍历到的数组内容转换为字节数组
         bos.write(bContent);                           //将字节数组内容写入文件
       }
       System.out.println("写入成功! \n");
     }catch(IOException e){                             //处理异常
       e.printStackTrace();
    }finally{
       try{
          bos.close();                                  //关闭 BufferedOutputStream 流
```

```
            fos.close();                                  //关闭 FileOutputStream 流
        }catch(IOException e){
            e.printStackTrace();
        }
    }
    try{
        fis = new FileInputStream(file);                  //实例化 FileInputStream 对象
        bis = new BufferedInputStream(fis);               //实例化 BufferedInputStream 对象
        byte[] bContent = new byte[1024];                 //创建 byte 数组，用来存储读取到的信息
        int len = bis.read(bContent);                     //从文件中读取信息，并存入字节数组中
        //输出文件数据
        System.out.println("文件中的信息是: " + new String(bContent, 0, len));
    }catch(IOException e){                                //处理异常
        e.printStackTrace();
    }finally{
        try{
            bis.close();                                  //关闭 BufferedInputStream 流
            fis.close();                                  //关闭 FileInputStream 流
        }catch (IOException e){
            e.printStackTrace();
        }
    }
  }
}
```

程序运行结果如图 6-5 所示。

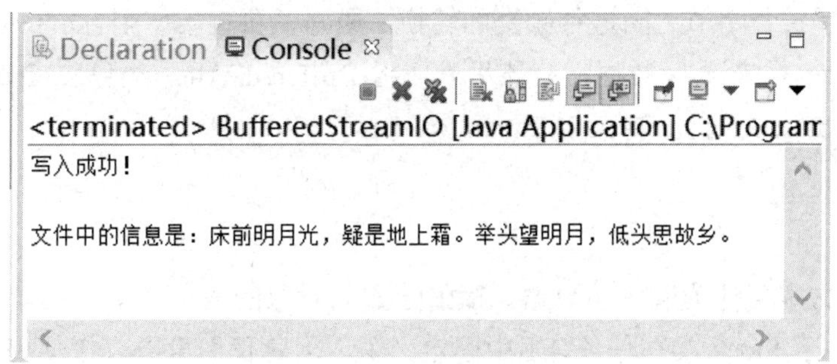

图 6-5 例 6-5 程序运行结果

6.1.5 字节流—字符流转换类

在 java.io 包中，实际上数据流分为字节流和字符流，但是还存在一组字节流—字符流的转换类。一般在操作使用字节流或字符流时，需要将字符流转换为字节流，或者将字节流转换为字符流，这时需要使用 InputStreamReader 类与 OutputStreamWriter 类转换流。

1. InputStreamReader 类

InputStreamReader 类是 Reader 类的子类，用于将输入的字节流变为字符流，即将一个字节流的输入对象转换为字符流的输入对象。它一次读取一个字符，以文本格式输入/输出，可以指定编码格式。如果不指定字符集编码，则该解码过程将使用平台默认的字符集编码，如 GBK。

InputStreamReader 类的构造方法如下。

- public InputStreamReader(InputStream in)：创建一个默认字符集编码的 InputStream Reader 类。
- public InputStreamReader(InputStream in, String charsetName)：创建一个指定字符集编码 charsetName 的 InputStreamReader 类。

2. OutputStreamWriter 类

OutputStreamWriter 类是 Writer 类的子类，用于将输出的字符流转换为字节流，即将一个字符流的输出对象转换为字节流的输出对象。如果不指定字符集编码，则该解码过程将使用平台默认的字符集编码，如 GBK。

OutputStreamWriter 类的构造方法如下。

- public OutputStreamWriter(OutputStream out)：创建一个默认字符集编码的 OutputStream Writer 类。
- public OutputStreamWriter(OutputStream out, String charsetName)：创建一个指定字符集编码 charsetName 的 OutputStreamWriter 类。

InputStreamReader 类用于将一个字节流中的字节解码成字符后读取；OutputStreamWriter 类用于将字符集编码成字节后写入一个字节流中。如果以文件操作为例，则在内存中的字符数据需要通过 OutputStreamWriter 类转换为字节流才能保存在文件中，读取时需要将读入的字节流通过 InputStreamReader 类转换变为字符流。

为了避免在字符与字节之间进行频繁的转换，最好不要直接使用 InputStreamReader 类和 OutputStreamWriter 类来读/写数据，应该尽量使用 BufferedWriter 类包装 OutputStreamWriter 类，使用 BufferedReader 类包装 InputStreamReader。

任务实施

由于需要从文本文件读取成品数据，赋值给成品对象的成员变量，因此要定义一个成品信息类 Stock。由于 Stock 类在任务 4.1 中已定义了，因此我们可以直接使用。任务实现步骤如下。

（1）定义成品信息类 Stock，可以直接使用任务 4.1 中的 Stock 类，此处 Stock 类代码省略。

（2）定义 StockFromFile 类，并在该类中定义一个静态方法，用于从文本文件中读取所有成品表信息，返回所有成品组成的对象数组。

（3）定义测试类 MainClass，根据指定路径的文本文件，调用 StockFromFile 类的静态方法获取所有成品组成的对象数组。判断成品对象数组中的元素是否与通过键盘输入的 LP 号码匹配，确定该数据可以入库。

程序代码如下。

（1）定义成品信息类 Stock，可以直接使用任务 4.1 中的 Stock 类，此处 Stock 类代码省略。

（2）定义 StockFromFile 类，并在该类中定义一个静态方法，用于从文本文件中读取所有成品表信息，返回所有成品组成的对象数组。

```
import java.io.BufferedReader;
import java.io.File;
import java.io.FileInputStream;
import java.io.IOException;
import java.io.InputStream;
import java.io.InputStreamReader;
import java.util.ArrayList;

public class StockFromFile {
    /**
     * 从文本文件中读取所有成品表信息
     * @return
     * @return 返回所有成品组成的对象数组
     */
  public static ArrayList<Stock>  getStockFromFile(String filePath)  {
    File file =new File(filePath);
    ArrayList<Stock> stocks= new ArrayList<Stock>();//创建 ArrayList 集合对象
    InputStream in=null;
    InputStreamReader reader=null;
    String lineTxt=null;
    if(file.isFile() && file.exists()){
      try{
         in = new FileInputStream(new File(filePath));
         //由于保存的文件格式为 UTF-8，因此要用 UTF-8 格式将字节流转换为字符流
         reader = new InputStreamReader(in, "utf-8");
         BufferedReader buffered = new BufferedReader(reader);
         //调用字符缓冲输入流对象的方法读取数据
         while((lineTxt=buffered.readLine()) != null) {
               //使用 split()方法对读取到的字符串数据进行分割，得到一个字符串数组
               String[]  strArray=lineTxt.split("\\,");
             //创建成品表对象
             Stock stock=new Stock();
            //将字符串数组中的每一个元素取出来，对应地赋值给成品对象的成员变量
            stock.setBatchNumber(strArray[0]);
            stock.setCode(strArray[1]);
```

```
            stock.setLPNumber(strArray[2]);
            stock.setQty(Integer.parseInt(strArray[3]));
            stock.setInStockTime(strArray[4]);
            //将成品对象添加到集合
            stocks.add(stock);
             }
           //关闭流
         in.close();
        } catch (IOException e) {
             e.printStackTrace();
        }
     }
   return stocks;
  }
}
```

（3）定义测试类 MainClass。

```
import java.io.IOException;
import java.util.ArrayList;
import java.util.Scanner;
public class MainClass {
   public static void main(String[] args) throws IOException {
   String FilePath = "resource/MESStock.txt";
   ArrayList<Stock> inStocks= new ArrayList<Stock>();//创建 ArrayList 集合对象
   Scanner input =new Scanner(System.in);

   ArrayList<Stock> stockinfo=StockFromFile.getStockFromFile(FilePath);
   System.out.println("导入 MES 成品表信息如下：");
   for(Stock s:stockinfo) {
       System.out.println(s);
   }
   //扫描成品货物包装的 LP 号码
   System.out.println("请输入扫描成品货物包装的 LP 号码");
   String inLPnumber=input.next();
   for(int i=0;i<stockinfo.size();i++) {
       Stock s=stockinfo.get(i);
       if(s.getLPNumber().equals(inLPnumber)) {
           System.out.println("匹配，可以入库");
           inStocks.add(s);
```

```
            }
        }
        System.out.println("入库信息如下：");
        for(Stock s1:inStocks) {
            System.out.println(s1);
        }
    }
}
```

程序运行结果如图 6-6 所示。

```
导入MES成品表信息如下：
8184309         NS329392        33121069535     56000    2022/12/11
8184309         NS329392        33121069540     56000    2022/12/11
8184309         NS329392        33121069564     56000    2022/12/11
8184309         NS329392        33121069529     56000    2022/12/11
8184309         NS329392        33121069530     56000    2022/12/11
8184310         NS329396        33121069558     56000    2022/12/12
8184310         NS329396        33121069138     56000    2022/12/12
8184310         NS329396        33121069009     56000    2022/12/13
8184310         NS329396        33121069260     56000    2022/12/13
8184310         NS329396        33121069341     56000    2022/12/14
请输入扫描成品货物包装的LP号码
33121069530
匹配，可以入库
入库信息如下：
8184309         NS329392        33121069530     56000    2022/12/11
```

图 6-6 任务 6.1 程序运行结果

在上面程序中，使用 split()方法对读取到的字符串数据进行分割，得到一个字符串数组。使用 split()方法可以根据给定的分隔符对字符串进行拆分，它的参数可以是一个正则表达式。

任务 6.2 使用对象序列保存出货清单

任务分析

对象的序列化主要有两种用途：一种是把对象的字节序列永久地保存到硬盘上，通常存放在一个文件中；另一种是在网络上传送对象的字节序列。出库管理就是成品从仓库发货到提货车辆的管理。根据计划出货需求，仓库管理员从 RFID 自动出货管理系统中选择需要出货的信息，生成出货清单，该出货清单要保留完整记录并且可追溯。

相关知识

6.2.1 数据输入/输出流

DataInputStream 类是数据输入流，而 DataOutputStream 类是数据输出流，它们提供了与平台无关的操作数据流。DataInputStream 类允许应用程序从底层输入流中读取基本 Java 数据类型。DataOutputStream 类允许应用程序写入由 DataInputStream 类读取的数据。

DataInputStream 类的构造方法如下。

- public DataInputStream(InputStream in)：创建一个使用指定的底层 InputStream 的数据输入流。in 参数表示指定的输入流。

DataOutputStream 类的构造方法如下。

- public DataOutputStream(OutputStream out)：创建一个新的数据输出流，用来将数据写入指定的输出流。

【例 6-6】将员工信息按照以下格式存储在 employee.txt 文本文件中。

工号	姓名	性别	薪水
00232	汪馨	女	5800.0

```
public class EmployeeDataStream {
  public static void main(String[] args) {
     String outJobNumber="00232",inJobNumber;
     String outName="汪馨", inName;
     String outSsex="女",inSsex;
     double outSalary=5800, inSalary;
      File dirfile=new File("c:\\data");
     try{
         if(!dirfile.exists()){
              dirfile.mkdir();
          }
         File f1=new File(dirfile," employee.dat");
         FileOutputStream fos = new FileOutputStream(f1);
         BufferedOutputStream bos = new BufferedOutputStream(fos);

        //创建数据输出流对象，提供了读/写 Java 中的基本数据类型的功能
          DataOutputStream dos = new DataOutputStream(bos);
         System.out.println("开始写文件:");
           dos.writeUTF(outJobNumber);
         dos.writeUTF(outName);
         dos.writeUTF(outSsex);
         dos.writeDouble(outSalary);
         dos.flush();
         dos.close();
         bos.close();
         System.out.println("写文件结束");
         FileInputStream fis = new FileInputStream(f1);
         BufferedInputStream bis = new BufferedInputStream(fis);
        //创建数据输入流对象
         DataInputStream dis = new DataInputStream(bis);
          System.out.println("读取文件:");
```

```
        inJobNumber=dis.readUTF();
        inName=dis.readUTF();
        inSsex=dis.readUTF();
        inSalary=dis.readDouble();
        System.out.println("从文件中读取的内容是: ");
        System.out.println("工号 "+"\t 姓名\t"+"性别\t"+"薪水");
         System.out.println(inJobNumber+"\t"+inName+"\t"+inSsex+"\t"+inSalary);
        dis.close();
        bis.close();
    }catch(FileNotFoundException e){
      e.printStackTrace();
    }catch(IOException e){
      e.printStackTrace();
    }
  }
}
```

程序运行结果如图 6-7 所示。

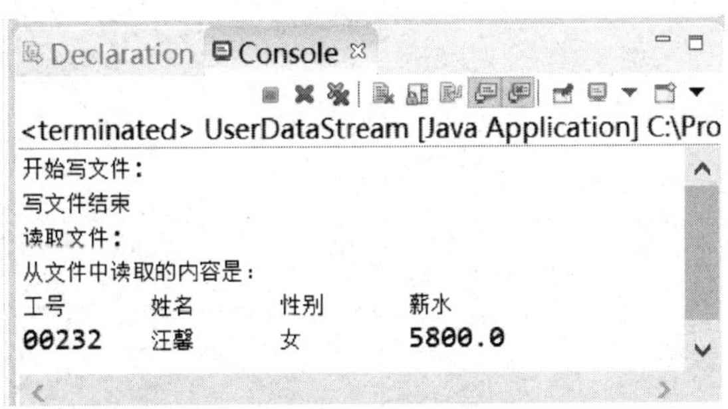

图 6-7 例 6-6 程序运行结果

6.2.2 对象序列化与对象输入/输出

一个复杂的应用程序需要使用很多对象，由于虚拟机内存有限，有时不能将所有有用的对象都放在内存中，因此，需要将不常用的对象暂时持久化到文件中，这一过程就称为对象序列化。当需要使用这些对象时，再从文件反序列化到对象，这个过程称为对象反序列化。

对象序列化具体是指在内存中把保存对象转化为二进制数据流形式的一种操作。通过对象序列化可以实现对象的传输与保存。Java 提供的 ObjectInputStream 类与 ObjectOutputStream 类可用于序列化对象的操作，其主要作用是用于写入对象信息与读取对象信息，对象信息一旦被写入文件中，那么对象信息就可以做到持久化了。

什么情况下需要序列化呢？在 Java 中，并不是所有类的对象都可以被序列化，只有在考虑要将内存中的对象状态保存到一个文件或数据库中，或者想用套接字在网络上传送对象时，才会考虑序列化。如果一个类的对象需要序列化，则该类一定要实现 Java.io. Serializable 接口。这个接口中没有定义任何方法，该接口只属于标识接口，表示一种能力。

1. ObjectInputStream 类

ObjectInputStream 类用于将指定序列化好的文件读出来，此过程就是对象反序列化的过程；它能够从输入流中读取 Java 对象，而不需要每次读取一个字节。

ObjectInputStream 类的构造方法如下。

- public ObjectInputStream(InputStream in)：从指定流中读取数据。

2. ObjectOutputStream 类

ObjectOutputStream 类用于将指定的对象写入文件，此过程就是将对象序列化的过程；它能够把对象写入输出流中，而不需要每次写入一个字节。

ObjectOutputStream 类的构造方法如下。

public ObjectOutputStream(OutputStream out)：将对象二进制流写入指定的 OutputStream 类。

【例 6-7】定义序列化的用户类 User，先将若干个用户对象写入文件中，再从该文件中读取出来并显示在控制台上。定义序列化的 User 类，实现了序列化接口。

```
import java.io.Serializable;
public class User implements Serializable {
    private String Account;   //账号
    private String Password;  //密码
    private String Name;      //姓名
    private String Gender;    //性别
    //默认构造方法
    public User() {
        super();
    }

    //有参数构造方法
    public User(String account, String password, String name, String gender) {
        super();
        this.Account = account;
        this.Password = password;
        this.Name = name;
        this.Gender = gender;
    }

    public String getAccount() {
        return Account;
    }
    public void setAccount(String account) {
        this.Account = account;
```

```
        }
        public String getPassword() {
            return Password;
        }
        public void setPassword(String password) {
            this.Password = password;
        }
        public String getName() {
            return Name;
        }
        public void setName(String name) {
             this.Name = name;
        }
        public String getGender() {
             return Gender;
        }
        public void setGender(String gender) {
            this.Gender = gender;
        }
       //重写 toString()方法
       public String toString(){
        return
this.getAccount()+"\t"+this.getPassword()+"\t"+this.getName()+"\t"+this.getGender(
);
        }
}
```

User 类的对象可以经过二进制数据传输，完成对象的输入/输出，此时可以使用对象输出流（ObjectOutputStream）和对象输入流（ObjectInputStream）来完成。

```
import java.io.File;
import java.io.FileInputStream;
import java.io.FileNotFoundException;
import java.io.FileOutputStream;
import java.io.IOException;
import java.io.ObjectInputStream;
import java.io.ObjectOutputStream;

public class UserObjectStream {
public static void main(String[] args) {
     File dirfile=new File("c:\\temp");
      try{
```

```
if(!dirfile.exists()){
   dirfile.mkdir();
}
File file=new File(dirfile,"user.dat");
if(!file.exists()){
   file.createNewFile();
}
//创建对象输出流
FileOutputStream fos = new FileOutputStream(file);
ObjectOutputStream oos = new ObjectOutputStream(fos);
//创建序列化对象
User u1=new  User();
u1.setAccount("2012001");
u1.setPassword("123456");
u1.setName("海雅");
u1.setGender("女");

User u2=new  User();
u2.setAccount("2012002");
u2.setPassword("123456");
u2.setName("王飞");
u2.setGender("男");

User u3=new  User();
u3.setAccount("2012003");
u3.setPassword("123456");
u3.setName("张亮");
u3.setGender("男");

System.out.println("开始写文件:");
 oos.writeObject(u1);
 oos.writeObject(u2);
 oos.writeObject(u3);
System.out.println("写文件结束。");

//创建对象输入流
FileInputStream fis = new FileInputStream(file);
ObjectInputStream ois = new ObjectInputStream(fis);
System.out.println("从文件中读取的内容是: ");
System.out.println("账号\t"+"密码\t"+"姓名\t"+"性别");
```

```
            User us1=(User) ois.readObject();
            System.out.println(us1);
            User us2=(User) ois.readObject();
            System.out.println(us2);
            User us3=(User) ois.readObject();
            System.out.println(us3);
            ois.close();
        }catch(FileNotFoundException e){
            e.printStackTrace();
        }catch(ClassNotFoundException e){
            e.printStackTrace();
        }catch(IOException e)  {
            e.printStackTrace();
        }
    }
}
```

程序运行结果如图 6-8 所示。

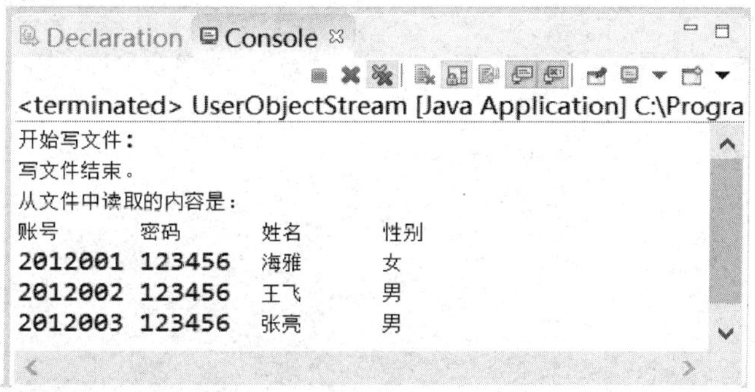

图 6-8　例 6-7 程序运行结果

对于例 6-7 中多个 User 类对象的添加，还可以使用 ArrayList 集合实现，对于多个数据的遍历，使用集合处理效率会更高些。对于例 6-7 中已经序列化的 User 对象，如果使用 ArrayList 集合添加多个用户信息，则程序运行结果与图 6-8 一样，修改代码如下。

```
import java.io.File;
import java.util.ArrayList;
import java.io.FileInputStream;
import java.io.FileNotFoundException;
import java.io.FileOutputStream;
import java.io.IOException;
import java.io.ObjectInputStream;
import java.io.ObjectOutputStream;

public class UserObjectStreamArray {
```

```
    public static void main(String[] args) {
        File dirfile=new File("c:\\temp");
        try{
            if(!dirfile.exists()){
                dirfile.mkdir();
            }
            File f1=new File(dirfile,"user.dat");
            if(!f1.exists()){
                f1.createNewFile();
            }
            //创建对象输出流
             FileOutputStream fos = new FileOutputStream(f1);
             ObjectOutputStream oos = new ObjectOutputStream(fos);

            ArrayList<User> a1=new ArrayList<User>();
            //创建序列化对象
             a1.add(new User("2012001","123456","海雅","女"));
            a1.add(new User("2012002","123456","王飞","男"));
            a1.add(new User("2012003","123456","张亮","男"));

            System.out.println("开始写文件:");
            for(User u1:a1){                  //遍历
                   oos.writeObjcct(u1);
            }
              System.out.println("写文件结束。");

            //创建对象输入流
              FileInputStream fis = new FileInputStream(f1);
              ObjectInputStream ois = new ObjectInputStream(fis);

            System.out.println("从文件中读取的内容是: ");
             System.out.println("账号\t"+"密码\t"+"姓名\t"+"性别");
            for(int i=0;i<a1.size();i++){
               ArrayList<User> all = (ArrayList<User>)ois.readObject();
System.out.println(all.get(i));
            }
            ois.close();
        }catch(FileNotFoundException e){
            e.printStackTrace();
        }catch(ClassNotFoundException e){
```

```
            e.printStackTrace();
        }catch(IOException e)  {
            e.printStackTrace();
        }
    }
}
```

6.2.3 异常概述

1. 认识异常

在日常生活中，无论你有多强的第六感，也没有办法保证不会有异常情况出现。在正常情况下，小王每日开车去上班，耗时大约 30 分钟。但是异常情况发生了，由于其他车辆发生撞车，造成交通堵塞，小王上班迟到了 1 小时。面对这种异常该怎么办呢？我们会这样处理，如图 6-9 所示。

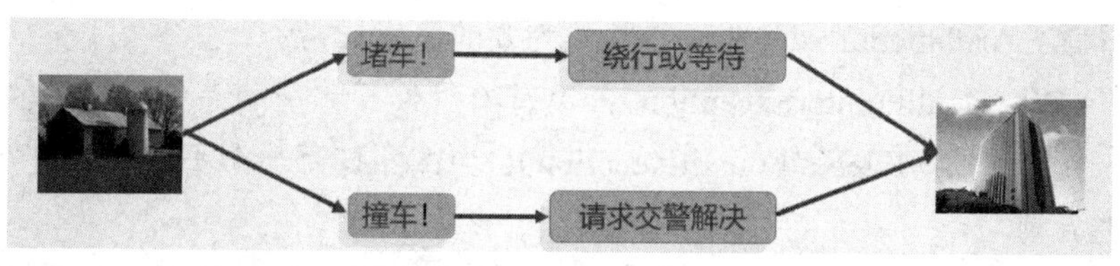

图 6-9 生活中异常处理方式

但是在程序设计中，不管使用哪种语言都会产生各种各样的错误。在 Java 程序中也会出现一些异常，如下面程序运行产生的输入异常，如图 6-10 所示。

```
import java.util.Scanner;
public class ChoseCourse {
    public static void main(String[] args) {
        System.out.print("请输入课程代号(1 至 3 之间的数字):");
        Scanner in = new Scanner(System.in);
        int courseCode = in.nextInt();        //从键盘上输入整数
        switch (courseCode) {
            case 1:
                System.out.println("Python 编程"); break;
            case 2:
                System.out.println("Java 编程"); break;
            case 3:
                System.out.println("MySQL 基础");
        }
    }
}
```

程序运行结果如图 6-10 所示。

```
Javadoc  Declaration  Console
<terminated> ChoseCourse [Java Application] C:\Program Files\Java\jre1.8.0_241\bin\javaw.e
请输入课程代号(1至3之间的数字):b
Exception in thread "main" java.util.InputMismatchException
	at java.util.Scanner.throwFor(Unknown Source)
	at java.util.Scanner.next(Unknown Source)
	at java.util.Scanner.nextInt(Unknown Source)
	at java.util.Scanner.nextInt(Unknown Source)
	at unit050.exercise0501.ChoseCourse.main(ChoseCourse.java:10)
```

图 6-10　程序运行结果

异常就是在程序的运行过程中，所发生的不正常或无法处理的事件，它会中断正在运行的程序。Java 中的异常也被称为意外，是一个程序在运行过程中发生的事件，它中断正在运行的程序的正常指令流。

为了保证程序能正常运行，可以在程序中预先想好应对异常的处理办法。当程序运行过程中产生异常时，对异常进行处理，处理完之后，程序继续正常运行。

2. Java 中常见的几种异常

- 算术异常（ArithmeticException）：除数为 0 的算术异常。
- 空指针异常（NullPointerException）：没有给对象开辟空间而使用产生的空指针异常。
- 文件未找到异常（FileNotFoundException）：当试图打开一个不存在的文件进行读/写时引发的异常。
- 数组下标越界异常（ArrayIndexOutOfBoundsException）：对于给定长度的数组，如果数组索引位置超过上限或低于下限造成的越界异常。
- 内存不足异常（OutOfMemoryException）：当可用内存不足以让 Java 虚拟机分配给一个对象时抛出的异常。

6.2.4　异常的处理

Java 的异常处理是通过 try、catch、finally、throw、throws 5 个关键字来实现的。Java 通过面向对象的方法来处理异常。在一个方法的运行过程中，如果产生了异常，这个方法就会生成代表该异常的一个对象，并把它交给运行系统，由运行系统寻找一段合适的代码来处理这一异常。

1. 捕获并处理异常

try…catch 语句用于捕获并处理异常，其中，catch 语句可以有多个，用于匹配多个异常。在实际应用时，还有一个可选的 finally 语句，语法格式如下。

```
try{
逻辑程序块
}catch(ExceptionType1 e){
处理代码 1
}catch(ExceptionType2 e){
处理代码 2
Throw(e);                                    //抛出异常
```

```
}finally{
代码块
}
```

其中，try 中的“逻辑程序块”是指可能产生异常的代码；catch 中的“处理代码”是指捕获并处理与已产生的异常类型相匹配的异常对象 e；finally 中的代码块是指异常处理过程中最后被执行的部分。无论程序是否产生异常，finally 中的代码块都将被执行。在实际应用时，finally 中的代码块通常是一些释放资源、关闭对象的代码。

（1）使用 try…catch 捕获并处理异常。

把可能产生异常的代码块放在 try 中，把处理异常对象 e 的代码放在 catch 中。

【例 6-8】使用 try…catch 捕获并处理异常的应用。

```
public class ArrayDemo {
public static void main(String[] args) {
    int a[] = { 1, 2, 3, 4 };                          //定义一个 int 型的数组
    for (int i = 0; i < 5; i++){
      try {// try 代码块
        System.out.print("当 i = " + i + ", " + i + " < 5 时, a[" + i + "] = " +
a[i] + "; ");
      }catch (ArrayIndexOutOfBoundsException e) {//catch 代码块
        System.out.println("当 i = " + i + ", " + i + " < 5 时, a[" + i + "]不存在, 会
产生" e.toString().substring(10, e.toString().indexOf(":"))+ "异常, \n 该异常为数组越界
异常, 主要是由索引超出了数组的长度范围引起的");
      }
        if (i != 4) {                                  //当 i 不等于 4 时
            System.out.println("执行 i++, " + "i = " + (i + 1) + "。");
        }
    }
}
}
```

程序运行结果如图 6-11 所示。

```
@ Javadoc  Declaration  Console ☒
<terminated> Array (1) [Java Application] C:\Program Files\Java\jre1.8.0_241\bin\java
当i = 0，0 < 5 时，a[0] = 1；执行i++，i = 1。
当i = 1，1 < 5 时，a[1] = 2；执行i++，i = 2。
当i = 2，2 < 5 时，a[2] = 3；执行i++，i = 3。
当i = 3，3 < 5 时，a[3] = 4；执行i++，i = 4。
当i = 4，4 < 5 时，a[4]不存在，会产生ArrayIndexOutOfBoundsException异常，
该异常为数组越界异常，主要是由索引超出了数组的长度范围引起的
```

图 6-11　例 6-8 程序运行结果

从上面实例中可以看出，try 代码块中产生了数组越界的异常，与 catch 捕获到数组越界异常及异常类型对象 e 相匹配，因此执行 catch 中的处理代码，输出提示信息。

（2）使用多重 catch 代码块捕获异常。

一段代码可能会引发多种类型的异常。当引发异常时，会按顺序来查看每个 catch 代码块，并执行第一个与异常类型匹配的 catch 代码块，执行其中的一条 catch 代码块后，其后的 catch 代码块将被忽略。

【例 6-9】使用多重 catch 代码块捕获异常的应用。

```
public class ArrayException {
    public static void main(String[] args) {
        System.out.println("-----A、计算开始之前。") ;
        try{
            int arr[] = new int[5];;
            arr[0] = 3;
            arr[1] = 6;
            // arr[1] = 0;                    //除数为 0，有异常
            //arr[10] = 7;                    //数组下标越界，有异常
            int result = arr[0] / arr[1] ;
            System.out.println("-----B、除法计算结果: " + result) ;
        }catch (ArithmeticException ex){
            ex.printStackTrace() ;
        }catch (ArrayIndexOutOfBoundsException ex) {
            ex.printStackTrace() ;
        }finally {
            System.out.println("-----此处不管是否出错，都会执行！！！") ;
        }
        System.out.println("-----C、计算结束之后。") ;
    }
}
```

程序运行结果如图 6-12 所示。

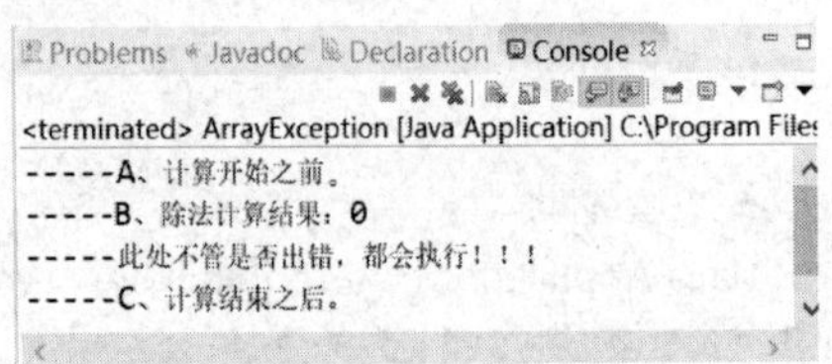

图 6-12　例 6-9 程序运行结果（1）

上面的程序使用了两个 catch 代码块捕获算术运算异常和数组越界异常，并使用异常对象的 printStackTrace()方法将对异常的堆栈跟踪信息全部显示出来，这对调试程序非常有帮助，也是集成开发环境（如 Eclipse）的常用手段。

程序一开始，我们将异常的两行语句注释起来，这样程序就没有任何错误，在安排多重 catch 代码块的顺序时，首先应该捕获最特殊的异常，然后逐渐一般化，即先子类后父类。从图 6-12 运行结果可以看出，即使没有任何异常，finally { }代码块内的语句还是正常运行了，

这就告诉我们，要有取舍地决定是否使用 finally { }代码块。

如果取消//arr[1]＝0 语句处的注释符号“//”，重新运行程序，则运行结果如图 6-13 所示。

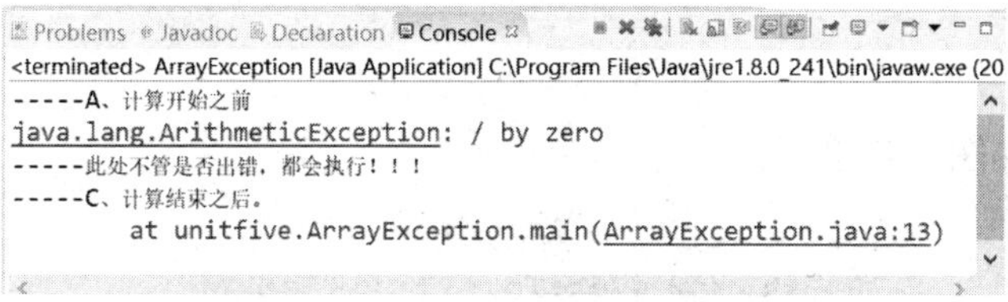

```
Problems  Javadoc  Declaration  Console
<terminated> ArrayException [Java Application] C:\Program Files\Java\jre1.8.0_241\bin\javaw.exe (20
-----A、计算开始之前
java.lang.ArithmeticException: / by zero
-----此处不管是否出错，都会执行！！！
-----C、计算结束之后。
	at unitfive.ArrayException.main(ArrayException.java:13)
```

图 6-13　例 6-9 程序运行结果（2）

图 6-13 运行结果表明，如果 arr[1] = 0，则 int result = arr[0] / arr[1]；这条语句就会产生“除数为 0”的异常。虽然程序能正常运行，只是程序运行到这里就会终止，之前的运行的中间结果就不得不全部抛弃。由此，我们可以看出例 6-9 使用了多个 catch 代码块，根据不同的异常分类，有的放矢地处理它们。

2. 在方法中抛出异常

Java 程序在运行时，如果发生了一个可识别的错误，则系统产生一个与该错误相对应的异常类的对象，这个过程称为抛出异常。

如果某个方法可能会产生异常，但不想在当前方法中处理这个异常，则可以使用 throws 关键字和 throw 关键字在方法中抛出异常。throws 关键字常应用于方法上，表示一个方法可能抛出的所有异常信息，当方法抛出多个异常时，可用逗号（,）分隔异常类型名。

使用 throws 关键字抛出异常的语法格式如下。

```
修饰符 返回类型 方法名 ( 参数列表 )  throws 异常类名列表
{          ……
        方法体
        ……
}
```

使用 throws 关键字将方法产生的异常抛给上一级后，如果上一级不想处理该异常，则继续向上抛出，直到最终有能够捕获并处理这个异常的代码。

【例 6-10】有位车主在想打开车门时，发现未带车钥匙，引发空指针异常。

```
public class StartEngine {
    public static void start() throws NullPointerException {
        Object key = null;
        key.toString();
    }
    public static void main(String[] args) {
        try {
            start();
        } catch (Exception e) {
            System.out.println("车钥匙忘带了！车暂时是启动不了了……");
        } finally {
```

```
            System.out.println("去取车钥匙吧~_~");
        }
    }
}
```

程序运行结果如图 6-14 所示。

```
@ Javadoc  Declaration  Console
<terminated> StartEngine (1) [Java Applicati
车钥匙忘带了！车暂时是启动不了了……
去取车钥匙吧~_~
```

图 6-14　例 6-10 程序运行结果

3．使用 throw 关键字抛出异常

使用 throw 关键字可以处理 Exception 类中的子类异常，更重要的用途是抛出用户自定义的异常。在创建自定义异常时，需要继承 RuntimeException 类或 Exception 类。

使用 throw 关键字抛出异常对象的语法格式如下。

```
……
throw  new 异常类名(异常信息)
……
```

例如，抛出异常的实例化对象。

```
try{
    throw new ArrayIndexOutOfBoundsException( "\n 我是个性化的异常信息: \n 数组下标越界
" );
} catch( ArrayIndexOutOfBoundsException ex ){
    System.out.println( ex );
}
```

【例 6-11】在 RFID 自动出货管理系统中，要求管理员的用户名由 8 位以上的字母或数字组成，不能含有其他字符，当长度在 8 位以下时抛出异常，并且显示异常信息，当用户名中含有非字母或非数字时，同样抛出异常。

```
import java.util.Scanner;
public class PasswordException {
  public boolean validateUserName(String username) {
    boolean con=false;
    if(username.length()>8) {                    //判断用户名长度是否大于 8
      for(int i=0;i<username.length();i++) {
        char ch=username.charAt(i);              //截取每一位字符
        if((ch>='0'&& ch<='9')||(ch>='a'&&ch<='z')||(ch>='A'&& ch<='Z')) {
            con =true;
          }else {
            con=false;
```

```
                throw new IllegalArgumentException("用户名只能由字母或数字组成！");
              }
            }
        }else {
            throw new IllegalArgumentException("用户名长度必须大于 8 位");
        }
        return con;
    }

public static void main(String[] args) {
    PasswordException pe=new PasswordException();
    Scanner sc=new Scanner(System.in);
    System.out.println("请输入用户名：");
    String username=sc.next();
    try {
        boolean con =pe.validateUserName(username);
        if(con) {
            System.out.println("用户名输入正确！");
        }
    }catch(IllegalArgumentException e) {
        System.out.println(e);
    }
  }
}
```

程序运行结果如图 6-15 所示。

```
Javadoc  Declaration  Console
<terminated> PasswordException [Java Application] C:\Program Files\Jav
请输入用户名：
huefs123
java.lang.IllegalArgumentException: 用户名长度必须大于8位
```

```
Javadoc  Declaration  Console
<terminated> PasswordException [Java Application] C:\Program Files\Java\jr
请输入用户名：
ddfdf*#$@
java.lang.IllegalArgumentException: 用户名只能由字母或数字组成！
```

图 6-15 例 6-11 程序运行结果

6.2.5 自定义异常类

由于 Java 提供的内置异常类不能满足程序设计的要求，因此我们可以自定义异常类。自定义异常类必须继承现有的 Exception 类或 Exception 类的子类来创建，其语法格式如下。

```
public class MyException extends Exception{
......
}
```

Exception 类被继承的常用方法如下。

（1）printStackTrace()方法：指出异常的类型、性质、栈层次及出现的程序位置。

（2）getMessage()方法：输出异常性质。

（3）toString()方法：给出异常的类型与性质。

【例 6-12】编写程序，对会员注册时的年龄进行验证，即检测是否在 0～100 岁。

```
import java.util.InputMismatchException;
import java.util.Scanner;
class MyExceptionDemo extends Exception {
    public MyExceptionDemo() {
        super();
    }
    public MyExceptionDemo(String str) {
        super(str);
    }
}

public class MyException{
    public static void main(String []args) {
      int age;
      Scanner sc=new Scanner(System.in);
      System.out.println("请输入年龄：");
      try {
         age=sc.nextInt();
         if(age<0) {
             throw new MyExceptionDemo("您输入的年龄为负数，输入有误！");
        }else if(age>100) {
             throw new MyExceptionDemo("您输入的年龄大于 100，输入有误！");
        }else {
           System.out.println("您的年龄是："+age);
        }
     }catch(InputMismatchException e1) {
        System.out.println("输入的年龄不是数字！");
     }catch(MyExceptionDemo e2) {
        System.out.println(e2.getMessage());
     }
   }
```

```
}
```

程序运行结果如图 6-16 所示。

```
Javadoc  Declaration  Console
<terminated> MyException (1) [Java Application] C
请输入年龄：
101
您输入的年龄大于100,输入有误!
```

```
Javadoc  Declaration  Console
<terminated> MyException (1) [Java Application] C
请输入年龄：
-12
您输入的年龄为负数,输入有误!
```

图 6-16　例 6-12 程序运行结果

Java 异常强制用户考虑程序的强健性和安全性。异常处理不应该用来控制程序的流程，其主要作用是捕获程序在运行过程时产生的异常并进行相应的处理。因此，当编写代码处理某个方法可能出现的异常时，可以遵循以下原则。

- 在当前方法声明中使用 try…catch 语句捕获异常。
- 当一个方法被覆盖时，覆盖它的方法必须抛出相同的异常或异常的子类。
- 如果父类抛出多个异常，则覆盖方法必须抛出这些异常的一个子集，不能抛出新异常。

任务实施

序列化（Serialization）是将对象以一连串的字节描述的过程，也就是将程序中的对象放入文件中保存就是序列化。反序列化（Deserialization）是将这些字节重建成一个对象的过程，也就是将文件中的字节码重新转成对象就是反序列化。本任务就是将出货清单的内容进行完整的保存，便于追溯，实现步骤如下。

（1）定义 OutStockDetail 类实现 Serializable 接口，只有实现了 Serializable 接口的类对象才能被序列化，否则抛出异常。

（2）定义 OutStockDetailObjectStream 类，实现序列化与反序列化。把出货清单 OutStockDetail 类的对象序列化到 D:\\Backup\\OutStockDetail.txt 中，并以文件形式保存在磁盘上。同样可以从 D:\\Backup\\OutStockDetail.txt 文件中反序列化，在控制台上输出结果。

（3）定义测试类 TestObjectStream。

程序代码如下。

（1）定义 OutStockDetail 类。

```
import java.io.Serializable;
public class OutStockDetail implements Serializable {
    private static final long serialVersionUID = 1L;
    private String outStockNumber;     //出货单号
    private String batchNumber;        //批次号码
    private String LPNumbe;            //LP 号码
```

```
    private String code;                //料号
    private int cost;                   //数量
    private String truckID;             //车牌号码
    private String driverName;          //司机姓名
    private String companyName;         //运输公司名称
    private String PassagewayID;        //出货通道
    private String status;              //状态
    private String outStockTime;        //出货日期
    public OutStockDetail() {
        super();
    }
    public OutStockDetail(String outStockNumber, String batchNumber, String
lPNumbe, String code, int cost, String truckID, String driverName, String
companyName, String passagewayID, String status, String outStockTime) {
        super();
        this.outStockNumber = outStockNumber;
        this.batchNumber = batchNumber;
        this.LPNumbe = lPNumbe;
        this.code = code;
        this.cost = cost;
        this.truckID = truckID;
        this.driverName = driverName;
        this.companyName = companyName;
        this.PassagewayID = passagewayID;
        this.status = status;
        this.outStockTime = outStockTime;
    }
    public String getOutStockNumber() {
        return outStockNumber;
    }
    public void setOutStockNumber(String outStockNumber) {
        this.outStockNumber = outStockNumber;
    }
    public String getBatchNumber() {
        return batchNumber;
    }
    public void setBatchNumber(String batchNumber) {
        this.batchNumber = batchNumber;
    }
    public String getLPNumbe() {
```

```
        return LPNumbe;
    }
    public void setLPNumbe(String lPNumbe) {
        LPNumbe = lPNumbe;
    }
    public String getCode() {
        return code;
    }
    public void setCode(String code) {
        this.code = code;
    }
    public int getCost() {
        return cost;
    }
    public void setCost(int cost) {
        this.cost = cost;
    }
    public String getTruckID() {
        return truckID;
    }
    public void setTruckID(String truckID) {
        this.truckID = truckID;
    }
    public String getDriverName() {
        return driverName;
    }
    public void setDriverName(String driverName) {
        this.driverName = driverName;
    }
    public String getCompanyName() {
        return companyName;
    }
    public void setCompanyName(String companyName) {
        this.companyName = companyName;
    }
    public String getPassagewayID() {
        return PassagewayID;
    }
    public void setPassagewayID(String passagewayID) {
        PassagewayID = passagewayID;
```

```
    }
    public String getStatus() {
        return status;
    }
    public void setStatus(String status) {
        this.status = status;
    }
    public String getOutStockTime() {
        return outStockTime;
    }
    public void setOutStockTime(String outStockTime) {
        this.outStockTime = outStockTime;
    }
}
```

（2）OutStockDetailObjectStream 类。

```
import java.io.FileInputStream;
import java.io.FileNotFoundException;
import java.io.FileOutputStream;
import java.io.IOException;
import java.io.ObjectInputStream;
import java.io.ObjectOutputStream;
public class OutStockDetailObjectStream {
    /*
     * 定义对象序列化操作方法 serializeOutStock(),
     * 使用 ObjectOutputStream 对象输出流。
     * 创建一个对象输出流，封装一个其他类型的目标输出流，如文件输出流，
     * 通过对象输出流的 writeObject()方法写入对象。
     * */
     static void serializeOutStock() throws
FileNotFoundException,IOException{                    OutStockDetail os1 = new
OutStockDetail();
        os1.setOutStockNumber("O18121009");
        os1.setBatchNumber("8184309");
        os1.setLPNumbe("33121069535");
        os1.setCode("NS329492");
        os1.setCost(50);
        os1.setTruckID("苏 E23002");
        os1.setDriverName("张海峰");
        os1.setCompanyName("新风物流");
        os1.setPassagewayID("出货通道 2");
```

```
        os1.setStatus("全部出库");
        os1.setOutStockTime("2022/12/12");

        FileOutputStream fos = new
FileOutputStream("D:\\Backup\\OutStockDetail.txt");
        ObjectOutputStream oos = new ObjectOutputStream(fos);
            oos.writeObject(os1);
            System.out.println("os1 对象序列化成功存盘");
            oos.close();
    }

    /*
     * 定义对象反序列化操作方法 deserializeOutStock(),
     * 使用 ObjectInputStream 对象输入流。
     * 创建一个对象输入流，封装一个其他类型的源输入流，如文件输入流，
     * 通过对象输入流的 readObject()方法读取对象。
     * */
     static OutStockDetail deserializeOutStock() throws
FileNotFoundException,IOException, ClassNotFoundException {
        FileInputStream fis = new
FileInputStream("D:\\Backup\\OutStockDetail.txt");
        ObjectInputStream ois = new ObjectInputStream(fis);
        OutStockDetail allos  = (OutStockDetail)ois.readObject();
        System.out.println("allos 对象序列化成功存盘");
        return allos ;
    }
 }
```

（3）定义 TestObjectStream 类。

```
import java.io.IOException;
public class TestObjectStream {
   public static void main(String[] args) {
      try {
         OutStockDetailObjectStream.serializeOutStock();//调用
         OutStockDetail
osAlllist=OutStockDetailObjectStream.deserializeOutStock();
         System.out.println("\n\t 出货清单:");
         System.out.println("=======================");
         System.out.println("出货单号： " + osAlllist.getOutStockNumber());
         System.out.println("批次号码： " + osAlllist.getBatchNumber());
         System.out.println("LP 号码： " + osAlllist.getLPNumbe());
```

```
            System.out.println("料    号: " + osAlllist.getCode());
            System.out.println("出货数量: " + osAlllist.getCost());
            System.out.println("车牌号码: " + osAlllist.getTruckID());
            System.out.println("司机名字: " + osAlllist.getDriverName());
            System.out.println("运输公司名称: " + osAlllist.getCompanyName());
            System.out.println("出货通道: " + osAlllist.getPassagewayID());
            System.out.println("出货通道: " + osAlllist.getPassagewayID());
            System.out.println("状   态: " + osAlllist.getStatus());
            System.out.println("出货时间: "+ osAlllist.getOutStockTime());
            System.out.println("======================");
        } catch (ClassNotFoundException e) {
            e.printStackTrace();
        } catch (IOException e) {
            e.printStackTrace();
        }
    }
}
```

程序运行结果如图 6-17 所示。

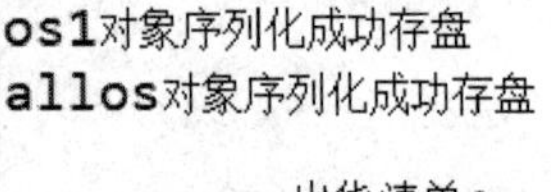

```
os1对象序列化成功存盘
allos对象序列化成功存盘

            出货清单:
========================
出货单号: O18121009
批次号码:  8184309
LP 号码 :  33121069535
料    号: NS329492
出货数量: 50
车牌号码: 苏E23002
司机名字: 张海峰
运输公司名称: 新风物流
出货通道: 出货通道2
出货通道: 出货通道2
状    态: 全部出库
出货时间:  2022/12/12
========================
```

图 6-17　任务 6.2 程序运行结果

在上面程序中，由于在创建文件输入/输出流、对象输入/输出流时，会抛出不同异常。因此，需要使用 throws 关键字来声明定义的静态方法，一个方法可以声明抛出多个异常，多个异常之间用逗号（,）分隔。

在程序中还需要注意的是，在进行对象序列化时，对象按照 writeObject()方法的调用顺序存储在文件中，先被序列化的对象在文件的前面，后被序列化的对象在文件的后面。因此，在进行对象反序列化时，先读到的对象就是先被序列化的对象。

拓展训练

1. 先使用数据输出流将员工信息存储到文件，再使用数据输入流从文件中读取员工的基本信息。

2. 先使用对象流设计员工的工资信息，并将员工的工资信息存储到文件中，再从文件中查询指定员工的工资信息。

单元小结

本单元首先介绍的输入/输出机制提供了一套全面的 API，以方便从不同的数据源读取/写入字符或字节。然后介绍了字节流与字符流的相关子类，通过这些子类所实现的数据流或对象流可以把数据或对象输出到指定的设备终端，也可以使用指定的设备终端输入数据。在数据读取/写入时会产生异常，学习异常处理的方法，以及创建、捕获并处理自定义异常。Java 中的异常处理既可以使用 try…catch 代码块，也可以使用 throws 关键字。因此，建议不要随意抛出异常，在程序开发的过程中培养工匠精神，凡是程序中产生的异常，都要积极处理，养成规范的编程习惯。

单元练习

一、选择题

1. 如果一个类对象能被整体写入文件，则定义该类时必须实现的接口是（　　）。

A. Runnable　　B. ActionListener

C. WindowsAdapter　　D. Serializable

2. 如果需要从文件中读取数据，则可以在程序中创建的类对象是（　　）。

A. FileInputStream　　B. FileOutputStream

C. DataOutputStream　　D. FileWriter

3. 下面能够直接把简单数据类型写入文件的类方法是（　　）。

A. OutputStream　　B. BufferedWriter

C. ObjectOutputStream　　D. FileWriter

4. 下面不能直接创建对象的类是（　　）。

A. InputStream　　B. FileInputStream

C. BufferedInputStream　　D. DataInputStream

5. Java 中用于创建文件对象的类是（　　）。

A. File　　B. Object

C. Thread　　D. Frame

6. 如果数组下标越界，则产生异常提示为（　　）。

A. IOException　　B. ArithmeticException

C. SQLException　　D. ArrayIndexOutOfBoundsException

7. 下面关于异常的叙述错误的是（　　）。（多选）

A. printStackTrace()方法用于跟踪异常事件发生时执行堆栈的内容

B. catch 代码块中可以出现同类型异常

C. 一个 try 代码块可以包含多个 catch 代码块

D. 捕获到异常后，将输出所有 catch 代码块的内容

8. 假设有自定义异常类 MyException，抛出该异常的语句正确的是（　　）。

A. throw new Exception()　　B. throw new MyException()

C. throw MyException　　D. throws Exception

9. （　　）类及其子类所表示的异常是用户程序无法处理的。

A. NumberFormatException　　B. Exception

C. Error　　D. RuntimeException

10. 对于 try 和 catch 子句的排列方式，下面说法正确的是（　　）。

A. 子类异常在前，父类异常在其后

B. 父类异常在前，子类异常在其后

C. 只能有子类异常

D. 父类异常和子类异常不能同时出现在同一个 try 程序段内

二、操作题

1. 使用 File 类创建一个一级目录和一个文本文件。该文本文件的内容包含自我介绍。

2. 将键盘输入的内容保存到 ConsoleInput.txt 文件中。

3. 银行账号中现有余额 2367.56 元。模拟取款，当在控制台上输入的取款金额不是整数时，会引起数字格式转换异常。

4. 超市经常会对定价比市场价格低的产品实施限购，如鸡蛋每 500 克 3.98 元，每人限购 1500 克。现将超过 1500 克的部分作为异常抛出，而对于满足条件的部分，计算应付金额。

单元 7
网络联机与多线程

单元介绍

本单元的学习目标是使用套接字 Socket 进行服务器与客户端之间数据的通信，运用多线程可以服务多个客户。

Java 中提供的套接字 Socket 用于实现网络程序间数据的交换，因此，用户使用输入/输出流的服务器套接字和客户端套接字，可以进行客户端与服务器间程序数据通信。由于服务器的所有操作都是在一个主线程中完成的，服务器与客户端实行一对一通信，因此，用户很难让它同时并发执行多个任务，服务多个客户端。多线程是实现并发机制的一种有效手段。

本单元的任务是服务器通过多线程可以为多个客户端提供服务，处理不同用户发送的信息，即多用户可以同时登录。

本单元分为两个子单元任务。

- 单用户登录。
- 多用户登录。

学习目标

知识目标

- 了解 IP 地址和 TCP 协议。
- 理解 InetAddress 类。
- 熟悉 Socket 类。
- 熟悉实现多线程的方法。
- 熟悉线程同步的方法。

能力目标

- 能接收和发送 Socket 信息。
- 能通过继承 Thread 类实现多线程。
- 能通过 Runnable 接口实现多线程。
- 能使用方法或代码块实现线程同步。
- 能使用 I/O 流套接字进行数据传输。

- 能使用多线程和套接字实现服务器服务多个客户端的操作。

素质目标

- 培养良好的职业道德。
- 培养严谨的工作作风和创新精神。

任务 7.1 单用户登录

任务分析

用户登录 RFID 自动出货管理系统，需要在服务器与客户端之间进行通信。当第一个用户登录系统时，从客户端发起登录请求，客户端将数据传递到服务器，由服务器显示用户登录信息，并响应给客户端登录信息的情况；当第一个客户端与服务器进行通信时，其他客户必须等待，只有第一个客户端退出，服务器才能与下一个客户端进行通信，以此类推。

相关知识

7.1.1 网络基础

1. IP 地址

当一台计算机与另一台计算机通信时，需要知道另一台计算机的地址。互联网协议（Internet Protocol，简称 IP）地址可以用来标识互联网上的计算机。IP 地址就好像门牌号码，可以指定特定的地方。

IP 地址有两种分类方式：IPv4 和 IPv6。IPv4 由 4 字节组成，也就是分为 4 个 8 位的二进制数，每 8 位之间用圆点（.）分隔，每个 8 位整数可以转换成一个 0～255 的十进制整数，如 198.168.56.2。由于不容易记住这么多数字，因此，经常将它们映射为具有含义的域名（Domain Name），如 www.jwc.edu。

在通常情况下，域名中不同的字母组合可以表示不同的含义，如 com 表示商业组织，edu 表示教育组织等。因此，根据 IP 地址获取域名大致可以判断网站的用途。

IPv6 是由 16 字节（128 位）组成，写成 8 个无符号整数，每个整数用 4 个十六进制数表示，整数之间用冒号（:）分隔，如 3ffe:3201:1401:1280:c8ff:fe4d:db39:1984。

2. TCP 协议

在互联网中，互联网协议是从一台计算机向另一台计算机以包的形式传输数据的一种低层协议。与 IP 地址一起使用的较高层的协议是传输协议（Transmission Control Protocol，简称 TCP）和用户数据报协议（User Datagram Protocol，简称 UDP）。TCP 协议能够让两台主机建立连接并交换数据流；既能确保数据的传送，也能确保数据包以发送的顺序传送。UDP 是一种用在 IP 协议之上的标准的、无连接的、主机对主机的协议，并允许一台计算机上的应用程序向另一台计算机上的应用程序发送数据。

Java 支持基于流的通信和基于包的通信。基于流的通信使用 TCP 协议进行数据传输，而基于包的通信使用 UDP 协议进行数据传输。本单元介绍的内容仅覆盖 TCP 协议。由于 TCP 协议能够发现丢失的传输信息并重新发送，因此传输过程是无损的、可靠的。大多数 Java 程序设计采用基于流的通信。

在网络术语中，端口并不是指物理设备，而是为了便于实现服务器与客户端之间的通信所使用的抽象概念。TCP 端口是一个 16 位的整数，用来指定正在计算机上运行的进程（程序），也就是表示数据信息由哪个程序的服务器处理，它能够让用户连接到服务器上各种不同的应用程序。不同的进程有不同的端口号，端口号可以从 0～65535，从 0～1023 的端口号是留给 HTTP、FTP、SMTP 的，如网页服务器（HTTP）的端口号是 80，Telnet 服务器的端口号是 23，POP3 邮件服务器的端口号是 110。

3. InetAddress 类

有时，我们可能想知道哪些用户正连接在服务器上，这时可以使用 Java 中的 InetAddress 类来获取客户端的主机名和 IP 地址。具体来说，服务器程序可以使用 InetAddress 类来获取客户端的 IP 地址和主机名等信息。InetAddress 类对 IP 地址建模，常用方法及其说明如表 7-1 所示。

表 7-1 InetAddress 类的常用方法及其说明

方　法	说　明
String getHostName()	获取本地主机的主机名
String getHostAddress()	获取本地主机的 IP 地址字符串
String getCanonicalHostName()	获取本地主机的域名
static InetAddress getLocalHost ()	为本地主机创建一个 InetAddress 对象
static InetAddress getByName (String host)	为给定的主机创建一个 InetAddress 对象
static InetAddress[ ] getAllByName (String host)	为给定的主机创建一个包含了该主机名所对应的所有 IP 地址的数组

【例 7-1】使用 InetAddress 类输出指定网址的 IP 地址。

```
import java.io.IOException;
import java.net.InetAddress;
public class InetAddressTest {
   public static void main(String[] args) throws IOException  {
       if (args.length > 0){
       String host = args[0];
       InetAddress[] addresses = InetAddress.getAllByName(host);
          for (InetAddress a : addresses)
             System.out.println(a);
       }else{
       InetAddress localHostAddress = InetAddress.getLocalHost();
       System.out.println(localHostAddress);
     }
   }
}
```

程序运行结果如图 7-1 所示。

```
Console ×
<terminated> InetAddressTest [Java Application] D:\e
DESKTOP-HE2J9VA/192.168.0.102
```

图 7-1　例 7-1 程序运行结果

上述程序代码的作用是：如果不在命令行中设置任何参数，则输出该本地主机的 IP 地址。反之，如果在命令行中指定了主机名，则输出该本地主机的所有 IP 地址。程序在使用 InetAddress 类的方法时会抛出 UnknownHostException 异常，如果还有其问题，则抛出 IOException 异常，因为 UnknownHostException 是 IOException 的一个子类，因此在这里仅捕获父类。

7.1.2　套接字

套接字（Socket）是两台主机之间逻辑连接的端点，可以用来发送和接收数据。要创建 Socket 连接必须要知道关于服务器的信息：它在哪里及应用哪个端口来发送和接收数据，也就是指 IP 地址与端口号。换句话说，Socket 连接的建立代表两台计算机之间存有对方的信息，包括网络 IP 地址和 TCP 的端口号。要使客户端能够正常工作，我们必须掌握以下 3 点。

（1）如何建立客户端与服务器之间的初始连接。

（2）如何将信息传送到服务器。

（3）如何接收来自服务器的信息。

1. 服务器套接字

Java 提供的 ServerSocket 类用于创建服务器套接字，该类的方法及其说明如表 7-2 所示。

表 7-2　ServerSocket 类的方法及其说明

方　法	说　明
ServerSocket(int port)	创建一个监听端口的服务器套接字
Socket accept()	等待连接。该方法用于阻塞（即使之空闲）当前线程直到建立连接。当使用该方法返回一个 Socket 对象时，通过这个对象与连接中的客户端进行通信
void close()	关闭服务器连接字

ServerSocket 对象使用 accept()方法监听来自客户端的 Socket 连接，如果收到一个客户端 Socket 的连接请求，则该方法返回一个与客户端 Socket 对应的 Socket 对象。如果试图在已经使用的端口上创建服务器套接字，则抛出 java.net.BindException 异常。

2. 客户端套接字

Java 提供的 Socket 类用于创建客户端套接字，该类的方法及其说明如表 7-3 所示。

表 7-3　Socket 类的方法及其说明

方　法	说　明
Socket(String Host，int port)	创建一个套接字，用于连接给定的主机和端口
InputStream getInputStream()	获取可以从套接字中读取数据的流
OutputStream getOutputStream()	获取可以向套接字写入数据的流

【注意】程序可以使用主机名 localhost 或 IP 地址 127.0.0.1 来引用客户端所运行的计算机。但是当程序使用主机名创建套接字时，Java 虚拟机要求 DSN 将主机名转译成 IP 地址。

如果创建套接字时不能找到主机，Socket 的构造方法就会抛出一个 java.net. UnknownHost Exception 异常。

7.1.3　基于 TCP 的网络编程

如果想要连接到其他的计算机上，则需要 Socket 连接。Socket 是代表两台计算机之间网络连接的对象。连接是指两台计算机之间的一种关系，让两个软件相互认识对方。也就是说，两台计算机之间能相互识别，并与对象产生通信的一种关系。

实现步骤：第一步，建立 Socket 连接，连接服务器；第二步，客户端把信息发送给服务器；第三步，客户端从服务器接收信息。当客户端尝试连接服务器时，服务器必须正在运行。创建服务器和客户端所需的语句如图 7-2 所示。

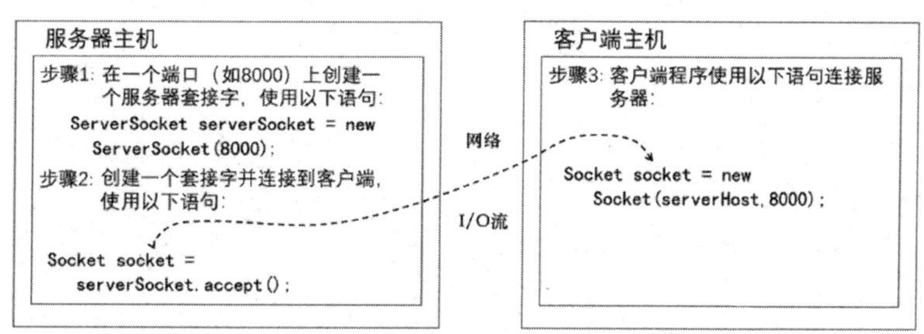

图 7-2　使用 Socket 进行通信

从客户端尝试建立与服务器的连接开始，服务器就有可能接收或拒绝这个连接。一旦建立连接，客户端和服务器就可以通过 Socket 进行通信。

在创建 Socket 连接时，必须要知道服务器的 IP 地址和端口号。IP 地址像门牌号码，端口就是该地址的不同窗口。如果要编写服务器程序，就需要知道使用哪个端口，如果打算在公司的网络上运行自己编写的服务器程序，还需要跟网络管理员确定可以使用的端口。

当客户端尝试连接服务器时，服务器必须正在运行。服务器等待来自客户端的连接请求。Java 对套接字通信的处理类似于输入/输出（I/O）流的处理，因此，程序对套接字读/写就像对文件读/写一样容易。

【例 7-2】使用 Socket 进行通信，当客户端启动发出请求时，服务器只向客户端输出“我的华为手机正在使用鸿蒙系统！”。

服务器 ServerTest.java 程序代码如下。

```
import java.io.IOException;
import java.io.PrintWriter;
import java.net.ServerSocket;
import java.net.Socket;
public class ServerTest {
   public static void main(String[] args) {
         ServerSocket serversocket=null;
```

```
        Socket clientsocket =null;
         PrintWriter out=null;
         try {
             serversocket =new ServerSocket(8000);    //实例化 ServerSocket 对象
             clientsocket = serversocket.accept();    //实例化 Socket 对象
                  out=new  PrintWriter(clientsocket. getOutputStream(),true);
                  out.println("我的华为手机正在使用鸿蒙系统! ");
                  clientsocket.close();
                  serversocket.close();
           }catch (IOException e) {
                  e.printStackTrace();
        }
    }
}
```

客户端 ClientTest.java 程序代码如下。

```
import java.io.BufferedReader;
import java.io.IOException;
import java.io.InputStreamReader;
import java.net.Socket;
import java.net.UnknownHostException;
public class ClientTest {
    public static void main(String[] args){
        Socket infosocket =null;
        BufferedReader  in=null;
        try {
            infosocket =new  Socket("localhost",8000);
            in=new BufferedReader(new InputStreamReader(infosocket.
getInputStream()));
            System.out.println(in.readLine());
        }catch (UnknownHostException e) {
              e.printStackTrace();
          }catch (IOException e) {
                  e.printStackTrace();
          }finally {
                try {
                        if(in!=null) {
                              in.close();
                           }
                        if(infosocket!=null){
                              infosocket.close();
```

```
                    }
            }catch (IOException e) {
                    e.printStackTrace();
            }
        }
    }
}
```

程序运行结果如图 7-3 所示。

```
Console ×
&lt;terminated&gt; ClientTest [Java Application] D:\eclipse-ja
我的华为手机正在使用鸿蒙系统!
```

图 7-3　例 7-2 程序运行结果

在上面的程序中，使用 BufferedReader 从 Socket 上读取数据，使用 PrintWriter 将数据写到 Socket 上。PrintWriter 是字符数据和字节数据之间的转换桥梁。如果每次写入一个 String，则使用 PrintWriter 是最标准的做法。

【例 7-3】编写一个“每日名言一句”的程序，在运行该程序时，能从服务器上读取名言来激励自己。

服务器 DailyServer.java 程序代码如下。

```
import java.io.IOException;
import java.io.PrintWriter;
import java.net.ServerSocket;
import java.net.Socket;
public class DailyServer {
    String[] advicelist={"一日之计在于晨。","一年之计在于春。","一生之计在于勤。","收获金秋，收获快乐，莫让青春一笑而过。","不求与人相比，只求超越自己。","书是人类进步的阶梯。"};

    public void receive() {
        try {
            ServerSocket serversocket=new ServerSocket(8000);
            while(true) {
                Socket socket=serversocket.accept();
                PrintWriter writer=new PrintWriter(socket.getOutputStream());
                String advice=getAdvice();
                writer.println(advice);
                writer.close();
                System.out.println(advice);
            }
        }catch(IOException e) {
            e.printStackTrace();
```

```
        }
    }
    private String getAdvice() {
        int random=   (int) (Math.random()*advicelist.length);
        return advicelist[random];
    }

    public static void main(String[] args) {
        DailyServer dailyserver =new DailyServer();
        dailyserver.receive();
    }
}
```

客户端 DailyClient.java 程序代码如下。

```
import java.io.BufferedReader;
import java.io.IOException;
import java.io.InputStreamReader;
import java.net.Socket;
public class DailyClient {
    //从服务器应用程序上读取一行信息
    public void receive() {
        try {
            Socket socket=new Socket("127.0.0.1",8000);
    InputStreamReader streamReader=new InputStreamReader(socket.getInputStream());
            BufferedReader buff=new BufferedReader(streamReader);
            String advice=buff.readLine();
            System.out.println("今日嘉言: "+advice);
            buff.close();
        }catch(IOException e) {
            e.printStackTrace();
        }
    }
    public static void main(String[] args) {
        DailyClient dailyclient = new DailyClient();
        dailyclient.receive();
    }
}
```

程序运行结果如图 7-4 所示。

Console ×
<terminated> DailyClient [Java Application] D:\eclipse
今日嘉言：收获金秋，收获快乐，莫让青春一笑而过。

图 7-4　例 7-3 程序运行结果

我们从例 7-3 中可以看到，服务器程序有很严格的限制，每次只能服务一个用户。在当前用户的响应程序循环没有结束之前，它无法返回循环的开始位置，处理下一个要求，也就是客户端的新用户。如何才能让服务器同时处理多个用户的请求呢？其实很简单，就是使用多线程让新客户端获取新的线程。

任务实施

本任务使用 TCP 协议的 Socket 编程，模拟单用户登录的功能。客户端向服务器发送用户登录信息，服务器显示登录信息并向客户端给予响应信息，如登录成功、登录失败。任务实现步骤如下。

（1）定义用户信息类 User，实例化传送对象。

（2）服务器程序的实现。首先建立连接并监听端口，使用 accept()方法等待客户端发送消息；打开 Socket 关联的输入/输出流，向输出流写入信息，从输入流中读取响应信息；关闭所有数据流和 Socket。

（3）客户端程序的实现。建立连接，指向服务器及端口；打开 Socket 关联的输入/输出流，向输出流中写入信息，从输入流中读取响应信息；关闭所有数据流和 Socket。

程序代码如下。

（1）User.java。

```
import java.io.Serializable;
public class User implements Serializable {
   /*
    * 随机序列号 :用来表明实现序列化类的不同版本间的兼容性
    * */
   private static final long serialVersionUID = 1L;
   private String Account;   //账号
   private String Password;  //密码

   //默认构造方法
   public User() {
            super();
   }

   public User(String account, String password) {
         super();
         Account = account;
```

```
        Password = password;
    }

    public String getAccount() {
            return Account;
    }

    public void setAccount(String account) {
            this.Account = account;
    }

    public String getPassword() {
            return Password;
    }

    public void setPassword(String password) {
            this.Password = password;
    }

    @Override
    public String toString() {
        return "User[账号:" + Account + ",密码:" + Password+"]";
    }
}
```

（2）服务器 LoginServer.java。

```
import java.io.IOException;
import java.io.InputStream;
import java.io.ObjectInputStream;
import java.io.OutputStream;
import java.net.ServerSocket;
import java.net.Socket;
public class LoginServer {
    public static void main(String[] args) {
        ServerSocket serverSocket = null;
        Socket socket = null;
        InputStream is = null;
        ObjectInputStream ois = null;
        OutputStream os = null;
        try {
```

```
            //建立一个服务器 Socket（ServerSocket），指定端口号 8000 开始监听
            serverSocket = new ServerSocket(8000);
            //使用 accept()方法等待客户端发起通信
            System.out.println("服务器已经启动");
            socket = serverSocket.accept();
            //从客户端读取数据，转换为字符流
            is = socket.getInputStream();
            ois = new ObjectInputStream(is);
            User user = (User) ois.readObject();
            System.out.println("我是服务器，客户端发送的消息为： " +user);
            socket.shutdownInput();
            String reply = "登录失败";

if("abc".equals(user.getAccount())&&"123456".equals(user.getPassword())) {
                reply = "登录成功";
            }
            //向客户端发送信息
            os = socket.getOutputStream();
            os.write(reply.getBytes());
            socket.shutdownOutput();
        } catch (IOException e) {
            e.printStackTrace();
        } catch (ClassNotFoundException e) {
            e.printStackTrace();
        } finally {
            //关闭资源
            try {
                os.close();
                ois.close();
                is.close();
                socket.close();
                serverSocket.close();
            } catch (IOException e) {
                e.printStackTrace();
            }
        }
    }
}
```

（3）客户端 LoginClient.java。

```
import java.io.BufferedReader;
```

```
import java.io.IOException;
import java.io.InputStream;
import java.io.InputStreamReader;
import java.io.ObjectOutputStream;
import java.io.OutputStream;
import java.net.Socket;
import java.util.Scanner;
public class LoginClient {
    public static void main(String[] args) {
        Socket socket = null;
        OutputStream os = null;
        ObjectOutputStream oos = null;
        InputStream is = null;
        BufferedReader br = null;
        try {
            //建立客户端 Socket 连接，指定服务器的位置为本机、端口号为 8000
            socket = new Socket("localhost", 8000);
            os = socket.getOutputStream();
            oos = new ObjectOutputStream(os);

            //向服务器发送消息，需要先转换为字节流
            Scanner sc=new Scanner(System.in);
            System.out.println("输入登录账号: ");
            String account=sc.next();
            System.out.println("输入登录密码: ");
            String password=sc.next();
            User user = new User(account, password);
            oos.writeObject(user);
            socket.shutdownOutput();
            //接收服务器的响应，需要先将字节流转换为字符流
            is = socket.getInputStream();
            br = new BufferedReader(new InputStreamReader(is));
            String reply;
            while ((reply = br.readLine()) != null) {
                    System.out.println("客户端输出:服务器回应==" + reply);
            }
        } catch (UnknownHostException e) {
                e.printStackTrace();
        } catch (IOException e) {
                e.printStackTrace();
```

```
        } finally {
            try {
                //关闭遵循先开后关，后开先关的原则
                br.close();
                is.close();
                oos.close();
                os.close();
                socket.close();
            } catch (IOException e) {
                e.printStackTrace();
            }
        }
    }
}
```

先运行服务器程序，再运行客户端程序。服务器程序运行结果如图 7-5 所示。

```
服务器已经启动
我是服务器，客户端发送的消息为：User[账号:abc,密码:123456]
```

图 7-5　服务器程序运行结果

客户端程序运行结果如图 7-6 所示。

```
输入登录账号：
abc
输入登录密码：
123456
客户端输出:服务器回应==登录成功
```

图 7-6　客户端程序运行结果

本任务使用了服务器与客户端一对一的通信原理，服务器启动后对客户端进行监听，如果有客户端连接服务器，就可以与其进行通信。在该客户端没有退出时，打开其他客户端程序，只有第一个连接到服务器的客户端能接收服务器的信息，同样服务器也只能接收第一个客户端发送的信息。只有第一个客户端退出后，服务器才能与下一个客户端进行通信，以此类推。这主要是由于服务器的所有操作都是在一个主线程中完成的。

但是在实际问题中，使用服务器与客户端进行一对一通信存在不足。我们需要服务器与客户端进行一对多通信，服务器可以向多个客户端发送信息，同样每个客户端都可以向服务器发送信息，并且与客户端程序连接的顺序无关。要想实现这种通信，只需要在服务器为每个客户端建立一个线程，就可以解决服务器与客户端进行一对多通信的问题。

任务 7.2　多用户登录

任务分析

多线程是 Java 的一个重要特性。在服务器启用多线程模式时，可以通过线程来处理不同用户发送的信息。当每个用户登录时，从客户端发起登录请求，将用户数据传递到服务器，由服务器显示用户登录信息，并将信息响应给客户端（登录成功或登录失败）。当有多个客户端连接到服务器时，服务器会为每个客户端建立一个线程来处理接收到的信息，而不会产生阻塞，实现一个服务器与多个客户端的通信。

相关知识

当服务器与客户端进行一对一通信时，服务端的所有操作都是在一个主线程中完成的，连接到服务器的第一个客户端只有退出后，另一个连接到服务器的客户端才可以与服务器通信。如何实现有多个客户端连接到服务器时，服务器可以服务多个客户端呢？Java 具有内置多线程的功能，通过建立新的线程对象，启动新的线程并行读取写入服务器的信息。

7.2.1 线程

在学习 Java 的线程概念之前，我们先从现实生活中体会一下“多线程”。例如，一个人在家里做家务，首先把米饭放到电饭锅，然后把衣服放到洗衣机，最后开始洗菜、切菜、炒菜，等饭好了，衣服洗好了，菜也炒好了，这就是多线程。

在其他程序设计语言中，要实现在一个程序中允许同时运行多个任务，一般通过调用依赖系统的过程或函数来实现。Java 的多线程打破了这个束缚。线程是指程序的运行流程。多线程是指一个程序可以同时运行多个任务。通常，每一个任务称为一个线程（Thread）。可以同时运行一个以上线程的程序称为多线程程序（Multithreading）。

Windows 中的多任务是指在同一时刻运行多个程序。每个进程就是程序的一次执行过程。例如，正在运行的企业微信是一个进程、正在播放音乐的酷我音乐是一个进程、正在运行的 QQ 浏览器也是一个进程等。Windows 将 CPU 的时间片分配给每一个进程，由于 CPU 转换较快，给人并行处理的感觉。

任何一个程序的执行都需要获得 CPU 的执行权，多线程的存在其实就是“最大限度利用 CPU 资源”，当某一个线程的处理不需要占用 CPU 转而与 I/O 打交道（如文件的读/写）时，让需要占用 CPU 资源的其他线程有机会获得 CPU 资源。

简单来说，使用多线程，可以帮助用户编写出 CPU 最大利用率的高效程序，使得空闲时间降到最低。

那么，多线程与多进程有哪些区别呢？本质的区别在于每个进程都拥有自己独立的一块内存空间、一组系统资源。而线程则可以共享数据、共享内存单元。共享变量使线程之间的通信比进程之间的通信更有效、更容易。在实际应用中，多线程非常有用。下面介绍如何为 Java 应用程序添加多线程。

7.2.2 实现线程的方式

Java 提供了实现线程的方式，分别是继承 Thread 类与实现 Runnable 接口。

1. 继承 Thread 类

如果在类中要激活线程，则必须要做好两个准备：第一，线程必须继承 Thread 类，使其成为它的子类；第二，线程的处理必须编写在 run()方法内。

Thread 类是 java.lang 包中的一个类，Thread 类的对象用来代表线程，通过继承 Thread 类创建、启动并执行一个线程的步骤如下。

（1）创建继承 Thread 类的子类。

通过继承 Thread 类创建一个新线程的语法格式如下。

```
class 线程类名 extends Thread {   //继承自 Thread 类
属性…
方法…
修饰符 run(){                      //重写 Thread 类的 run()方法
程序代码;                          //激活的线程将从 run()方法开始执行
}
}
```

（2）重写 Thread 类的 run()方法。

当一个类继承 Thread 类后，重写 Thread 类的 run()方法。Thread 类对象需要一个任务来执行，该任务是指线程在启动之后执行的任何操作，并将实现该线程功能的代码写入 run()方法中。创建一个新线程后，如果要操作创建好的新线程，就需要使用 Thread 类提供的方法。Thread 类的常用方法及其说明如表 7-4 所示。

表 7-4　Thread 类的常用方法及其说明

方　法	说　明
interrupt()	向线程发送中断请求。线程的中断状态将被设置为 true
join()	等待线程终止
join(long millis)	等待线程终止的时间最长为 millis（毫秒）
run()	如果线程是使用独立的 Runnable 对象构造的，则调用 Runnable 对象的 run()方法；否则，该方法不执行任何操作并返回
setPriority(int newPriority)	更改线程的优先级
sleep(long millis)	在指定的毫秒数内使当前正在执行的线程休眠（暂停执行）
start()	如果想要使线程开始执行，则 Java 虚拟机调用该线程的 run()方法
yield()	暂停当前正在执行的线程对象，执行其他线程

（3）实例化线程。

启动一个新线程需要创建 Thread 实例对象。Thread 类常用的两个构造方法如下。

- public thread()：创建一个新的线程对象。
- public thread(String threadName)：创建一个名称为 threadName 的线程对象。

（4）启动线程。

当 Java 虚拟机调用 main()主方法时，就启动了主线程。如果想要启动其他线程，则需要通过线程类的实例对象调用 start()方法启动线程，线程启动之后会自动调用重写的 run()方法执行线程。

如果 start()方法调用一个已经启动的线程，则系统将抛出 IllegalThreadStateException 异常。

【例 7-4】使用继承 Thread 类的方式同时激活多个线程。

```
class TestThread extends Thread{
```

```
    public void run(){
      for( int i = 0; i<3; i++ ){
         System.out.println( "TestThread 在运行" );
         try {
                  Thread.sleep(1000);    //休眠 1 秒
          }catch( InterruptedException e ) {
                  e.printStackTrace();
          }
       }
   }
}
public class ThreadDemo {
     public static void main( String args[]) {
      new TestThread().start();          //创建匿名对象后，调用 start()方法创建一个新的线程
                                         //循环输出
      for( int i=0; i<3; i++) {
          System.out.println( "main 线程在运行" );
          try {
             Thread.sleep(1000);         //休眠 1 秒
          } catch( InterruptedException e ) {
             e.printStackTrace();
          }
       }
     }
}
```

程序运行结果如图 7-7 所示。

```
Console ×
<terminated> ThreadDemo (2) [Java Application] D:\ec
main 线程在运行
TestThread 在运行
main 线程在运行
TestThread 在运行
main 线程在运行
TestThread 在运行
```

图 7-7　例 7-4 程序运行结果

定义 TestThread 类，它继承自 Thread 类，并重写了父类 Thread 类的 run()方法。在该方法中使用 try…catch 捕获异常。在 main()主方法中创建了一个匿名对象，并调用 start()方法创建了一个新的线程。利用 Thread.sleep(1000)方法使两个线程休眠 1 秒，以模拟其他的耗时操作。

需要注意的是，上面程序的运行结果有时与书中提供的运行结果不一样，这是因为多线程的执行顺序存在不确定性。

如果当前不仅要继承其他类（非 Thread 类），还要实现多线程，则该如何处理呢？继承 Thread 类肯定不行，因为 Java 不支持多继承。在这种情况下，只能通过当前类实现 Runnable 接口来创建 Thread 类对象。

2. 实现 Runnable 接口

从 Java API 中可以发现，Thread 类已经实现了 Runnable 接口，Thread 类中的 run()方法正是 Runnable 接口中的 run()方法的具体实现。

实现 Runnable 接口的程序会创建一个 Thread 对象，并将 Runnable 对象与 Thread 对象相关联。Thread 类中有以下两个构造方法。

- public Thread(Runnable target)：创建新的 Thread 对象，以便将实现 Runnable 接口的对象 target 作为其运行对象。
- public Thread(Runnable target,String name)：创建新的 Thread 对象，以便将被指定名称、实现 Runnable 接口的对象 target 作为其运行对象。

使用 Runnable 接口启动新线程的步骤如下。

（1）创建 Runnable 对象。

（2）使用参数为 Runnable 对象的构造方法创建 Thread 对象。

（3）调用 start()方法启动线程。

当通过 Runnable 接口创建线程时，首先需要创建一个实现 Runnable 接口的类，其次创建该类的对象，再次使用 Thread 类中相应的构造方法创建 Thread 对象，最后使用 Thread 对象调用 Thread 类中的 start()方法启动线程。

【例 7-5】使用实现 Runnable 接口的方式同时激活多个线程。

```
class TestThread implements Runnable{
    public void run(){
        for( int i = 0; i<3; i++ ){
            System.out.println( "TestThread 在运行" );
            try {
             Thread.sleep(1000);        //休眠 1 秒
            }catch( InterruptedException e ) {
             e.printStackTrace();
            }
        }
    }
}

public class RunnableDemo {
    public static void main( String args[]) {
        //实例化一个 TestThread 类的对象 t
        TestThread t=new TestThread();
        //先使用参数为 t 的构造方法实例化 Thread 类的对象，再调用 start()方法启动线程
```

```
        new Thread(t).start();
        for( int i=0; i<3; i++) {
       System.out.println( "main 线程在运行" );
       try{
            Thread.sleep(1000);        //休眠 1 秒
          }catch( InterruptedException e ) {
            e.printStackTrace();
          }
      }
   }
}
```

程序运行结果如图 7-8 所示。

```
Console ×
<terminated> RunnableDemo [Java Application] D:\eclip
main 线程在运行
TestThread 在运行
main 线程在运行
TestThread 在运行
main 线程在运行
TestThread 在运行
```

图 7-8　例 7-5 程序运行结果

不管继承 Thread 类，还是实现 Runnable 接口的方式都可以实现多线程。下面通过例 7-6 模拟铁路售票系统应用程序来分析比较两种多线程实现机制的区别，理解 Runnable 接口相对于继承 Thread 类的优势。

【例 7-6】模拟铁路售票系统，实现 4 个售票点发售某日某次列车的 5 张车票，一个售票点用一个线程来模拟，每出售一张车票，总车票数减 1。

（1）使用 Thread 类实现多线程模拟铁路售票系统，程序代码如下。

```
class TestThread extends Thread {
    static int tickets = 5;//使用静态变量实现资源共享
    public void run(){
        while (tickets > 0){
           System.out.println(Thread.currentThread().getName() + " 出售车票 " +
tickets);
           tickets= tickets- 1;
        }
    }
}

public class ThreadDemo {
    public static void main(String[] args) {
       //启动 4 个线程，分别执行各自的操作
```

```
        new TestThread().start();
        new TestThread().start();
        new TestThread().start();
        new TestThread().start();
    }
}
```

程序运行结果如图 7-9 所示。

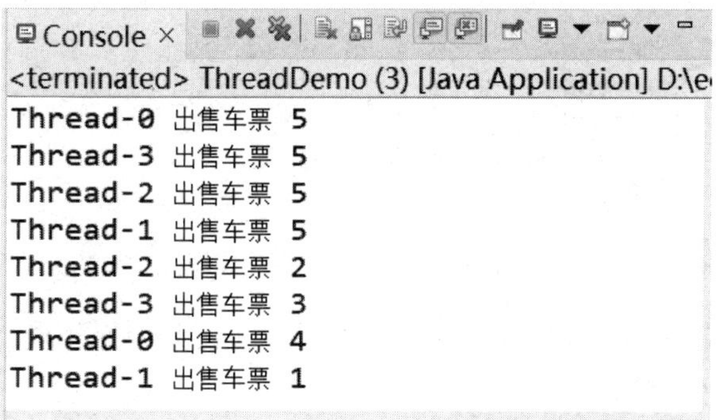

图 7-9 使用 Thread 类实现多线程模拟铁路售票系统

在上面程序中，如果 tickets 是私有变量，就表示每个线程里都有一个 tickets 变量，这样一共可以出售 4×5=20 张车票，这不符合实际情况，所以车票数变量 tickets 要定义为静态成员变量，这样就可以实现资源共享。线程中的 Thread.currentThread().getName()表示获取当前线程的名称。

（2）使用 Runnable 接口实现多线程模拟铁路售票系统，程序代码如下。

```
  class TestThread2 implements Runnable {
    private int tickets = 5;
    public void run() {
        while( tickets > 0){
            System.out.println( Thread.currentThread().getName() + " 出售车票 "    +
tickets );
            tickets = tickets - 1;
        }
    }
 }

 public class RunnableDemo {
    public static void main(String[] args) {
         TestThread2  tt= new TestThread2();
          //启动 4 个线程，分别执行各自的操作
        new Thread(tt).start();
        new Thread(tt).start();
        new Thread(tt).start();
```

```
        new Thread(tt).start();
    }
}
```

程序运行结果如图 7-10 所示。

```
Console ×
<terminated> RunnableDemo (1) [Java Application] D:
Thread-0 出售车票 5
Thread-3 出售车票 5
Thread-1 出售车票 5
Thread-2 出售车票 5
Thread-1 出售车票 2
Thread-3 出售车票 3
Thread-0 出售车票 4
Thread-2 出售车票 1
```

图 7-10　使用 Runnable 接口实现多线程模拟铁路售票系统

从例 7-6 的运行结果来看，启动 4 个线程，但结果它们共同操作同一个资源（即 tickets=5），这 4 个线程协同将 5 张车票出售，达到资源共享的目的。可见，实现 Runnable 接口相对于继承 Thread 类来说，具有以下两个优势。

- 避免了 Java 的单继承性带来的局限。
- 可以使多个线程共享相同的资源，以达到资源共享的目的。

如果多运行几次程序，我们就会发现程序运行结果不唯一，事实上，就是产生了与时间有关的错误。这是“共享”付出的代价。例如，第 5 张车票就出现了“一票多卖”的现象。在多线程运行环境中，tickets 属于典型的临界资源（critical resource），线程类 TestThread 中 run()方法之前属于临界区。那么如何解决资源共享带来的附加问题呢？Java 提供了同步机制，可以有效地解决资源共享出现的问题。

7.2.3　线程的状态

线程具有生命周期，其中包含 5 种状态：新建状态、就绪状态、运行状态、暂停状态（包含休眠、等待和阻塞）和死亡状态。

（1）新建状态。

利用 new 关键字和 Thread 类创建一个线程后，该线程就处于新建状态，处于新建状态的线程有自己独立的内存空间，通过 start()方法进入就绪状态。

（2）就绪状态。

处于就绪状态的线程已经具备了运行条件，但还没有被分配到 CPU，处于线程就绪队列，等待系统为其分配 CPU。一旦获取 CPU，线程就进入运行状态并自动调用自己的 run()方法。

（3）运行状态。

一旦线程进入运行状态，就会在就绪状态与运行状态下转换，但也有可能进入暂停状态或死亡状态。

（4）暂停状态。

当处于运行状态下的线程调用 sleep()方法、wait()方法或发生阻塞时，会进入暂停状态；

当在休眠结束、调用 notify()方法或 notifyAll()方法唤醒或阻塞解除时，线程会重新进入就绪状态。

（5）死亡状态。

当线程的 run()方法执行完后，或者线程发生错误、异常时，会进入死亡状态。

在给定时刻，一个线程只能处于一种状态。操作线程有很多方法，这些方法可以使线程从某一种状态过渡到另一种状态。

① Thread.sleep()方法。

sleep()方法属于 Thread 类。它使程序暂停执行指定的时间，给其他线程让出 CPU，但是它的监控状态依然保持着，当指定的时间到了又会自动恢复运行状态。在调用 sleep()方法的过程中，线程不会释放对象锁。

在使用 sleep()方法时可能会抛出 InterruptedException 异常，此时要用 try{}代码块和 catch{}代码块。try{}代码块内包括了可能产生异常的代码；而 catch{}代码块包括了一旦产生异常，捕获并处理这些异常的代码。

② Object.wait()方法。

wait()方法属于 Object 类。wait()方法使一个线程处于等待状态，并且释放所持有的对象锁，进入等待队列。依靠 notify()/notifyAll()方法唤醒或 wait(long timeout)方法超时时间到后自动唤醒。

③ Object.notify()方法。

notify()方法属于 Object 类。它是唤醒一个处于等待状态的线程。需要注意的是，在调用 notify()方法时，并不能确切地唤醒某一个等待状态的线程，而是由 JVM 确定唤醒哪个线程（一般是最先开始等待的线程），而且不是按优先级。

使用 notify()方法能够唤醒在该对象监视器上等待的单个线程，选择是任意性的。使用 notifyAll()方法能够唤醒在该对象监视器上等待的所有线程。

④ Object.join()方法。

join()方法属于 Object 类。当前线程调用线程 1 的 join()方法，且当前线程阻塞时，不会释放对象锁，直到线程 1 执行完后或 millis 时间到，当前线程才能进入运行状态。

⑤ Thread.yield()方法。

使用 yield()方法能够暂停当前正在执行的线程对象，并执行其他线程。也就是说，使用 yield()方法能够让当前运行线程回到可运行状态，以允许具有相同优先级的其他线程获得运行机会。因此，使用 yield()方法的目的是让相同优先级的线程能适当地轮转执行。

7.2.4 线程的同步

Java 提供了线程同步机制来防止多线程编程中抢占资源的问题。基本上，所有解决多线程资源冲突问题的方法都是在给定时间只允许一个线程访问共享资源，这就需要给共享资源上一道锁。下面主要介绍在实际项目中常用的两种线程同步机制，synchronized 关键字和 Lock 接口及其实现类。

1. 使用代码块实现线程同步

同步机制使用 synchronized 关键字来实现，使用该关键字的代码块称为同步块或临界区。其语法格式如下。

```
synchronized(Object)
```

同步块通过锁定一个指定的对象来对同步块中包含的代码进行同步。Object 为任意一个对象，每个对象都存在一个标识位，并具有两个值，分别为 0 和 1。当一个线程运行到同步块时，首先检查该对象的标识位（锁标志），如果为 0 状态，表明该同步块内存在其他线程，这时当前线程处于就绪状态，直到处于同步块中的线程执行完同步块中的代码后，该对象的标识位被设置为 1，当前线程才能执行同步块中的代码，并将 Object 对象的标识位设置为 0，以防止其他线程执行同步块中的代码。

【例 7-7】设置使用同步块模拟铁路售票系统。

```
class TestThread1 implements Runnable{
    int tickets = 5;
    public void run(){
       while(true) {
         synchronized(this){ //this 指的是调用这个方法的对象
            if(tickets > 0) {
                try {
                        Thread.sleep(1000);
                }catch(Exception e) {
                        e.printStackTrace();
                }
             System.out.println( Thread.currentThread().getName() + " 出售车票 "    +
tickets);
            }
         }
       }
    }
}

public class SynchronizedDemo1 {
       public static void main(String[] args) {
                TestThread1 ts=new TestThread1();
                Thread tA=new Thread(ts,"线程 1");
                Thread tB=new Thread(ts,"线程 2");
                Thread tC=new Thread(ts,"线程 3");
                Thread tD=new Thread(ts,"线程 4");
                tA.start();
                tB.start();
```

```
            tC.start();
            tD.start();
        }
}
```

程序运行结果如图 7-11 所示。

```
Console ×
SynchronizedDemo2 [Java Application] D:\eclipse-java-
线程1 出售车票 5
线程1 出售车票 4
线程1 出售车票 3
线程1 出售车票 2
线程1 出售车票 1
```

图 7-11 例 7-7 程序运行结果

通常将共享资源的操作放置在 synchronized 定义的区域内，这样当线程获取这个锁时，就必须等待锁被释放后才可以进入该区域。

2. 使用方法实现线程同步

同步方法就是被 synchronized 关键字修饰的方法。如果该方法用 synchronized 关键字进行声明，内置锁就会保护整个方法。即在调用该方法前，需要获取内置锁，否则程序将会处于阻塞状态。其语法格式如下。

```
synchronized void f() { }
```

当某个对象调用了同步方法时，该对象的其他同步方法必须等待该同步方法执行完后才能被执行。必须将每个能访问共享资源的方法都修饰为 synchronized，否则就会出错。synchronized 关键字也可以用于修饰静态方法，如果调用该静态方法，将会锁住整个类。

【例 7-8】设置使用同步方法模拟铁路售票系统。

```
class TestThread2 implements Runnable{
    int tickets = 5;
    public  synchronized void doit(){ //定义同步方法
        if(tickets > 0) {
          try {
                Thread.sleep(100);        //使当前线程休眠 100 毫秒
          }catch(Exception e) {
              e.printStackTrace();
          }
          System.out.println( Thread.currentThread().getName() + " 出售车票 " +
tickets);
        }
    }
```

```
    public void run(){
        while(true) {
            doit();
        }
    }
}

public  class  SynchronizedDemo2{
    public static void main(String[] args) {
        TestThread2 ts=new TestThread2();
        Thread tA=new Thread(ts,"线程 1");
        Thread tB=new Thread(ts,"线程 2");
        Thread tC=new Thread(ts,"线程 3");
        Thread tD=new Thread(ts,"线程 4");
        tA.start();
        tB.start();
        tC.start();
        tD.start();
    }
}
```

程序运行结果如图 7-12 所示。

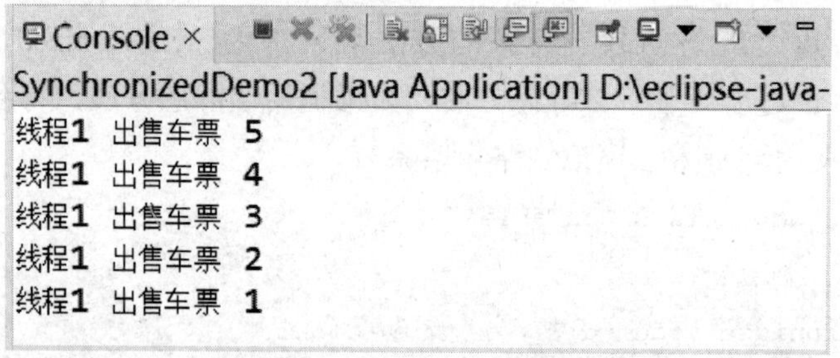

图 7-12　例 7-8 程序运行结果

使用同步方法就是将共享资源的操作放置在同步方法中。同步是一种维护成本较高的操作，因此应该尽量减少同步的内容，通常没有必要同步整个方法，使用 synchronized 代码块同步关键代码即可。

3. 使用重入锁实现线程同步

Java SE 5.0 以后的版本新增了一个 java.util.concurrent 包来支持线程的同步运行。ReentrantLock 类是可重入、互斥、实现 Lock 接口的锁。ReentrantLock 类与 synchronized 类类似，但是 ReentrantLock 类的功能更灵活、强大，增加了公平锁与非公平锁。ReentrantLock 类的方法及其说明如表 7-5 所示。

表 7-5　ReentrantLock 类的方法及其说明

方　法	说　明
ReentrantLock()	创建一个 ReentrantLock 实例
lock()	获得锁
unlock()	释放锁

ReentrantLock 类是 Lock 接口的一个具体实现，用于创建相互排斥的锁。

【例 7-9】使用重入锁实现模拟银行系统，即使用两个不同线程向同一个账户存钱的操作。账户的原始金额是 100 元，两个线程分别存入 50 元。

```
import java.util.concurrent.locks.Lock;
import java.util.concurrent.locks.ReentrantLock;
class Bank {
    private int account = 100;                    //账户的初始金额是 100 元
    private Lock lock = new ReentrantLock(); //创建重入锁对象
    public void deposit(int money) {
        lock.lock();                              //打开锁
        try {
            account =account+ money;
        }finally {
            lock.unlock();                        //关闭锁
        }
    }

    public int getAccount() {                    //查看余额
        return account;
    }
}

public class Transfer implements Runnable {
    private Bank bank;
    public Transfer(Bank bank) {
        super();
        this.bank = bank;
    }

    public void run() {
      for (int i = 0; i<5; i++) {               //向账户中存钱 5 次
        bank.deposit(10);                       //向账户中存入 10 元
        System.out.println(Thread.currentThread().getName() + ":账户的余额是: " +
bank.getAccount());
```

```
            }
        }

        public static void main(String[] args) {
            Bank bank = new Bank();
            Transfer new_thread = new Transfer(bank);
            Thread thread1 = new Thread(new_thread,"线程 1");
            thread1.start();
            Thread thread2 = new Thread(new_thread,"线程 2");
            thread2.start();
        }
}
```

程序运行结果如图 7-13 所示。

```
Console ×
<terminated> Transfer [Java Application] D:\eclipse-ja
线程2:账户的余额是: 120
线程1:账户的余额是: 120
线程2:账户的余额是: 130
线程1:账户的余额是: 140
线程2:账户的余额是: 150
线程1:账户的余额是: 160
线程2:账户的余额是: 170
线程1:账户的余额是: 180
线程2:账户的余额是: 190
线程1:账户的余额是: 200
```

图 7-13　例 7-9 程序运行结果

实现线程同步进行的方法最好使用 java.util.concurrent 包提供的机制，能够帮助用户处理所有与锁有关的代码。如果 synchronized 关键字能满足用户的需求，则直接使用它，因为能简化代码。如果需要更高级的功能，则使用 Lock 接口，在使用 ReentrantLock 类时，要注意及时释放锁，否则程序会出现死锁状态，通常将其放在 finally 代码块中进行释放。

任务实施

本任务是在任务 7.1 的基础上，使用多线程设计服务器程序，可以处理多个客户端的请求，实现多客户端的响应处理。任务实现步骤如下。

（1）定义服务器线程类，利用 run()方法实现一个请求的响应处理。

（2）创建服务器程序，实现一直监听，服务器每监听到一次请求，就创建一个线程对象并启动。

（3）创建客户端程序，建立连接、指向服务器及端口，打开输入/输出流。

程序代码如下。

（1）用户信息类 User，使用任务 7.1 中的 User 类（略）。

（2）服务器线程 ServerThread.java。

```
import java.io.IOException;
import java.io.InputStream;
import java.io.ObjectInputStream;
import java.io.OutputStream;
import java.net.Socket;
public class ServerThread extends Thread {
     Socket socket = null;
     ObjectInputStream ois=null;
     public ServerThread (Socket socket) {
        super();
        this.socket = socket;
     }

      //响应客户端的请求
      public void run () {
          InputStream is = null;
          OutputStream os=null;
          try {
               //从客户端读取数据，获取输入流
               is = socket.getInputStream();
               ois = new ObjectInputStream(is);
               User user = (User)ois.readObject();
               try {
                   Thread.sleep(2000);
               } catch (InterruptedException e1) {
                   e1.printStackTrace();
               }
               System.out.println("我是服务器，客户端发送的消息为：" +user);
               try {
                   Thread.sleep(2000);
                } catch (InterruptedException e1) {
                   e1.printStackTrace();
               }
               String reply = "登录失败";

if("abc".equals(user.getAccount())&&"123456".equals(user.getPassword())) {
                   reply = "登录成功";
               }
                //向客户端发送消息
                os = socket.getOutputStream();
```

```
            os.write(reply.getBytes());
        } catch (IOException e) {
            e.printStackTrace();
        } catch (ClassNotFoundException e) {
            e.printStackTrace();
        } finally {
            //关闭资源
            try {
                if(is!=null) {
                  is.close();
                }
                if(os!=null) {
                  os.close();
                }
                socket.close();
            } catch (IOException e) {
                e.printStackTrace();
            }
        }
    }
}
```

（3）服务器程序 Server.java。

```
import java.io.IOException;
import java.net.ServerSocket;
import java.net.Socket;
public class Server {
    public static void main(String[] args) {
      ServerSocket serverSocket = null;
      Socket socket = null;
      try {
          serverSocket = new ServerSocket(8000);
          System.out.println("服务器已经启动");
          while(true) {
             socket = serverSocket.accept();
             new ServerThread(socket).start();
          }
      } catch (IOException e) {
          e.printStackTrace();
      }
```

```
        }
}
```

客户端程序使用任务 7.1 中的 LoginClient.java（略）。首先运行服务器程序，启动服务器，然后可以多次运行客户端程序。多次运行客户端程序后，服务器程序运行结果如图 7-14 所示。

```
服务器已经启动
我是服务器，客户端发送的消息为：User[账号:abc,密码:123456]
我是服务器，客户端发送的消息为：User[账号:ABC,密码:123]
我是服务器，客户端发送的消息为：User[账号:ABC12,密码:1234]
```

图 7-14　服务器程序运行结果

拓展训练

使用 Socket 进行网络编程，能实现服务器与客户端的一对多通信。服务器启用多线程模式的要求如下。

（1）当每一个用户发送登录请求到服务器后，服务器就分配一个线程去处理这个请求，实现服务器多线程模式下的用户登录。

（2）用户包含管理员和普通用户两个角色并进行测试。假设管理员用户名为 admin，密码为 abc；普通用户名为 user，密码为 123。

（3）用户从客户端发起登录请求，客户端将数据传递到服务器，由服务器进行验证。

（4）服务器保存用户数据。当用户登录成功时，提示“登录成功”并显示功能模块；当用户登录失败时，提示“用户名或密码不正确”。

单元小结

本单元首先对 IP 地址、TCP 协议、线程等术语进行简单的概述，介绍使用 InetAddress 类、Socket 类实现基于 TCP 协议的网络通信，通过继承 Thread 类和实现 Runnable 接口的方式创建线程，运用多线程服务多个用户；然后对线程的状态进行描述，介绍使用 Java 的同步机制解决资源共享的问题。学习网络编程和多线程编程就像进入了一个全新的领域，要逐步养成创新和严谨的工作作风，学会转换编程思维，形成多线程编程的思维方式。

单元练习

一、选择题

1. 下面有关 Internet 地址的操作的类是（　　）。

A. Socket　　B. ServerSocket

C. DatagramSocket　　D. InetAddress

2. InetAddress 类中可以实现正向名称解析的方法是（　　）。

A. isReachable()　　B. getHostAddress()

C. getHosstName()　　D. getByName()

3. 在 Java 程序中，能够编写服务器程序的套接字类是（　　）。

A. Socket　　B. ServerSocket

C. DatagramSocket　　D.DatagramPacket

4. 为了获取远程主机的文件内容，当创建 URL 对象后，能获取信息的方法是（　　）。

A. getPort()　　B. getHost()

C. openStream()　　D. openConnection()

5. ServerSocket 的监听方法 accept()的返回值类型是（　　）。

A. void　　B. Object

C. Socket　　D. DatagramSocket

6. ServerSocket 类中的 getInetAddress()方法的返回值类型是（　　）。

A. Socket　　B. ServerSocket

C. InetAddress　　D. URL

7. 当使用客户端套接字 Socket 创建对象时，需要指定（　　）。

A. 服务器主机名称和端口　　B. 服务器端口和文件

C. 服务器名称和文件　　D. 服务器地址和文件

8. 下面可以用于定义线程的执行体的方法是（　　）。

A. start()　　B. init()

C. run()　　D. main()

9. 下面关于线程的生命周期中不包括的状态有（　　）。

A. 恢复状态　　B. 就绪状态

C. 阻塞状态　　D. 运行状态

10. 下面关于线程的说法错误的是（　　）。

A. 线程就是进程中的一个控制单元，负责程序的执行；一个进程至少有一个线程

B. 当一个类实现了 Runnable 接口与其 run()方法后，就可以直接调用这个类的 start()方法开启线程。

C. 继承 Thread 类或实现 Runnable 接口都可以封装线程要执行的任务

D. Thread 类本身就是一个线程类，可以直接用于创建 Thread 类对象，开启线程

二、操作题

1. 为一个客户端编写一个服务器程序。客户端向服务器发送体重和身高；服务器计算 BMI（体质指数），向客户端发送一个报告 BMI 的字符串。

2. 以获取互联网上有效的网页内容为业务背景，在控制台上输出页面内容（html 格式的内容）。

3. 以某航班在哪里登机的登机问询为背景，通常机场有乘客来问询处，服务人员为乘客提供常规的资讯服务。利用套接字服务器和客户端的交互应用模式，模拟简单问询业务。

4. 在射击游戏中，许多玩家都喜欢狙击步枪与手枪的组合：远距离狙杀，近距离博弈。现使用 Thread 类表示狙击步枪（10 发子弹）、实现 Runnable 接口表示手枪（7 发子弹）。在控制台输出它们射击后的剩余子弹数，直至把所有子弹打光为止。

单元 8

JDBC 与 Swing 程序设计

单元介绍

使用 JDBC 技术可以非常方便地操作各种主流数据库，既可以根据指定条件查询数据库中的数据，还可以对数据库中的数据进行增加、删除、修改等操作。使用 Swing 中的各种常用组件设计图形用户界面，实现用户信息管理系统。

企业软件开发中有一句比较经典的话“不要重复做轮子”，强调了软件复用的作用。复用的关键在于合理地划分模块、组织模块，减少不必要的耦合。因此，在程序设计过程中，可以采用 MVC 设计模式实现业务逻辑、数据与界面显示分离的效果。使用 Swing 组件设计用户信息管理界面，使用数据库存储数据。采用 DAO（Data Access Objects）工作模式，即将所有对数据库访问的操作方法抽象封装在一个接口中。当与数据库进行交互时，只需要使用这个接口，编写相应的业务类来实现所有数据库访问操作方法。使用 DAO 工作模式设计程序，可以减少程序的耦合，提高工作效率。

本单元使用 Swing 中的各种常用组件来设计图形用户界面，使用 JDBC 技术操作 MySQL 数据库，实现用户信息管理系统。

本单元分为两个子单元任务。

- 用户信息更新管理。
- 基于图形界面的用户信息更新管理。

学习目标

知识目标

- 了解关系数据库的相关知识。
- 熟悉 JDBC 中的常用类与接口。
- 熟悉主流数据库的加载与连接方法。
- 理解事务的作用。
- 掌握 Swing 常用组件。

能力目标

- 能够使用 JDBC 的接口对数据表进行查询操作。

- 能够使用 JDBC 的接口对数据表进行增加、修改、删除操作。
- 能够使用面向接口编程模式与 JDBC 技术实现用户信息的管理。
- 能够使用 Swing 设计用户界面，并实现数据更新操作。

素质目标

- 培养全局思考问题的习惯。
- 培养精益求精的工匠精神及团队协作精神。

任务 8.1 用户信息更新管理

任务分析

基于 RFID 自动出货管理系统中的用户管理模块，用户人员管理主要是标准用户的管理，涉及用户的登录与使用权限。标准用户的信息包含账号、密码、权限、真实姓名、性别、邮箱。首先要创建数据库表 user，结构如表 8-1 所示，输入 2～3 条用户信息；然后使用 JDBC 技术访问 outstockManage 数据库中的 user 表，实现用户信息的更新操作。

表 8-1 user 表结构

字段 | 索引 | 外键 | 触发器 | 选项 | 注释 | SQL 预览

名	类型	长度	小数点	不是 null	
id	int	11	0	☑	🔑1
Account	varchar	50	0	☑	
Password	varchar	30	0	☐	
Authorization	varchar	30	0	☐	
Name	varchar	20	0	☐	
Gender	varchar	10	0	☐	
EMail	varchar	100	0	☐	

相关知识

8.1.1 JDBC 概述

JDBC（Java Data Base Connectivity，Java 数据库连接）是一种用于执行 SQL 语句的 Java API（应用程序编程接口）。它由一组用 Java 编写的类和接口组成。JDBC API 定义了一系列 Java 类，用来表示数据库连接、SQL 语句、结果集、数据库元数据等，能够使 Java 编程人员发送 SQL 语句和处理返回结果。JDBC 并不能直接访问数据库，必须要依赖数据库厂商提供的 JDBC 驱动程序。

使用 JDBC 访问数据库的主要步骤如图 8-1 所示。

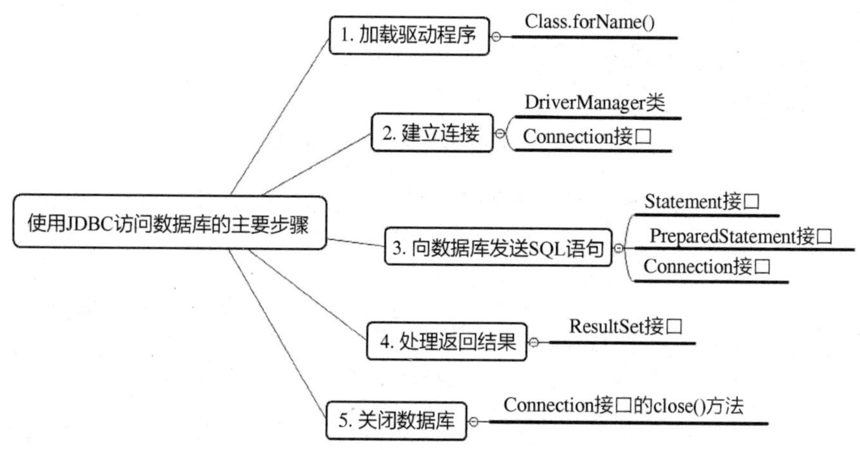

图 8-1　使用 JDBC 访问数据库的主要步骤

1. 加载驱动程序

无论使用哪种 JDBC 驱动程序，数据库的连接方式都是相同的，即加载选定的 JDBC 驱动程序，常用数据库的驱动程序如表 8-2 所示。

表 8-2　常用数据库的驱动程序

数　据　库	驱动程序类	jar 包
Access	sun.jdbc.odbc.JdbcOdbcDriver	已在 JDK 中，直接配置数据源
MySQL	com.mysql.jdbc.Driver	mysql-connector-java-5.1.49.jar
Oracle	oracle.jdbc.driver.OracleDriver	ojdbc6.jar
SQL Server	com.mircosoft.sqlserver.jdbc.SQLServerDriver	sqljdbc4.jar

利用加载驱动创建一个与数据库的连接，建立连接之后，通过相关类和接口访问来操作数据库。在加载驱动程序时，必须使用 Class 类的静态方法 forName(String className)加载能够连接数据库的驱动程序。加载驱动程序的语法格式如下。

```
Class.forName("驱动名称");
```

不同的数据库都有自己的驱动程序，根据要访问的数据库到相应官方网站下载相应的 jar 包，并将其加入环境变量中，根据数据库加载对应的数据库驱动程序。

2. 纯 Java 本地协议驱动

由于 JDBC 驱动程序选用纯 Java 本地协议驱动，需要从 MySQL 官方网站下载与 Java 程序匹配的驱动包 mysql-connector-java-5.1.49，这个 jar 包就是所需要的 JDBC 驱动核心，找到 jar 驱动文件，将驱动程序包加入环境变量中，具体操作步骤如下。

（1）将 jar 驱动包文件复制到工程中。首先，右击需要添加驱动包的项目工程 UserJDBC，在弹出的快捷菜单中选择“New”→“Folder”命令，新建一个 DBdrive 文件夹，将这个驱动包复制到该文件夹中。

（2）构建路径。右击需要添加驱动包的项目工程 UserJDBC，在弹出的快捷菜单中选择“Build Path”→“Configure Build Path”命令，在弹出的“Properties for UserJDBC”对话框中单击“Add JARs”按钮，如图 8-2 所示，选中该项目工程的新建的文件夹中的压缩包，单击

"OK"按钮。

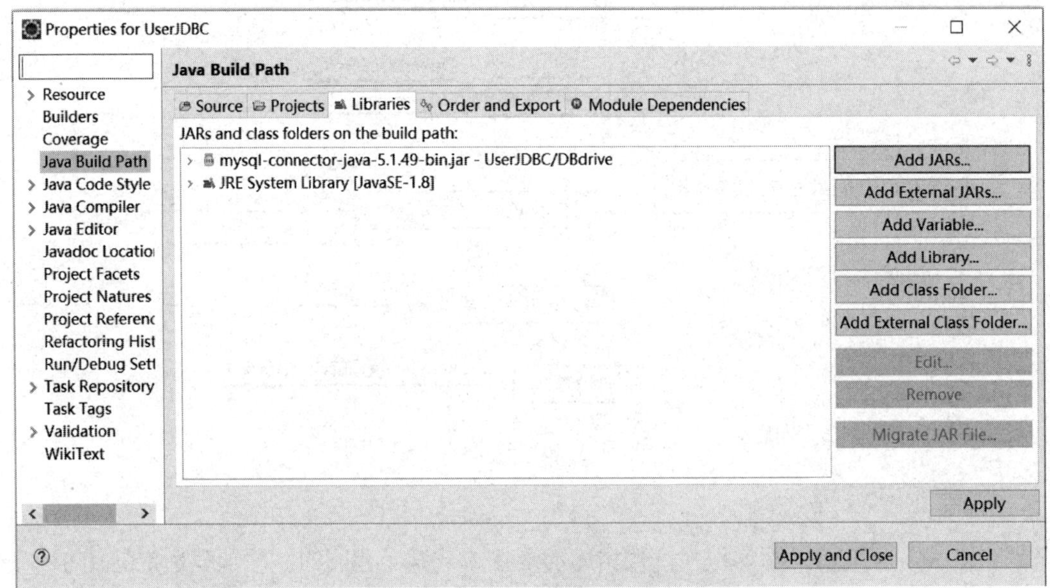

图 8-2　单击"Add JARs"按钮

3. 连接数据库

使用 DriverManager 类的 getConnection()方法建立与数据库的连接，返回一个连接 Connection 对象。

8.1.2　JDBC 中常用的类与接口

1. DriverManager 类

DriverManager 类是 JDBC 的管理层，可以用来管理数据库中的驱动程序，作用于用户和驱动程序之间，跟踪可用的驱动程序，并在数据库的驱动程序之间建立连接。Java 将驱动程序的实例注册到 DriverManager 类中，通过 DriverManager 类的静态方法 getConnection()与指定数据库建立连接。

语法格式如下。

```
Connection con = DriverManager.getConnection(url, sa, pwd);
```

JDBC URL 提供了标识数据库的方法，可以使驱动程序能识别相对应的数据库并与之建立连接，如表 8-3 所示。

表 8-3　JDBC URL

数　据　库	URL 模式
Access	jdbc:odbc:dataSource(数据源名)
MySQL	jdbc:mysql://hostname/dbname
Oracle	jdbc:oracle:thin:@ hostname:port#:oracleDBSID
SQL Server	jdbc:mircosoft:sqlserver:// hostname:1433;DatabaseName=数据库名

说明如下。

- 对于 Access 数据库，数据源可以使用 Windows 下的 ODBC 数据源管理器创建。
- 对于 MySQL 数据库，需要指明定位的数据库主机名（hostname）和数据库名（dbname）。
- 对于 Oracle 数据库，需要指定主机名（hostname）、数据库监听输入连接请求的端口（port）和数据库名（oracleDBSID）。

2. Connection 接口

Connection 接口代表 Java 端与指定数据库的连接。如果想要对数据表中的数据进行操作，则要获取数据库连接。Connection 接口的常用方法及其说明如表 8-4 所示。

表 8-4 Connection 接口的常用方法及其说明

方 法	说 明
createStatement()	创建 Statement 对象
prepareStatement()	创建预处理 prepareStatement 对象
prepareCall(String sql)	创建一个 CallableStatement 对象来调用数据存储过程
isReadOnly()	查看当前 Connection 对象的读/写模式是否是只读模式
setReadOnly()	设置当前 Connection 对象的读/写模式，默认为非只读模式
commit()	使上一次提交/回滚后进行的更改为持久更改，并释放 Connection 对象当前持有的数据库锁
roolback()	取消在当前事务中进行的更改，并释放 Connection 对象当前持有的数据库锁
close()	立即释放 Connection 对象的数据库和 JDBC 资源，而不是等待它们被自动释放

【例 8-1】创建 DBConn 类，实现数据库驱动类的加载与连接。

```
import java.sql.DriverManager;
import java.sql.SQLException;
import com.mysql.jdbc.Connection;
public class DBConn {
    Connection conn;                              //声明 Connection 对象
    public Connection getConnection() {           //定义返回值为 Connection 的方法
        try {                                     //加载数据库驱动类
            Class.forName("com.mysql.jdbc.Driver");
            System.out.println("数据库驱动加载成功");
        } catch (ClassNotFoundException e) {
            e.printStackTrace();
        }
        try {                                     //通过访问数据库的 URL 获取数据库连接对象

conn=(Connection)DriverManager.getConnection("jdbc:mysql://localhost/user",
"root", "root")
            System.out.println("数据库连接成功");
        } catch (SQLException e) {
            e.printStackTrace();
```

```
        }
        return conn;                          //按方法要求返回一个 Connection 对象
    }

    public static void main(String[] args) {  //主方法
        DBConn c = new DBConn ();             //创建本类对象
        c.getConnection();                    //调用连接数据库的方法
    }
}
```

3. Statement 接口

Statement 接口是用来执行静态 SQL 语句的工具接口，用来创建向数据库中传递 SQL 语句的对象，该接口提供了一些方法可以实现对数据库的常用操作。Statement 接口的常用方法及其说明如表 8-5 所示。

表 8-5　Statement 接口的常用方法及其说明

方　法	说　明
execute(String sql)	执行静态的 SQL 语句，该语句可能返回多个结果集
executeQuery(String sql)	执行给定的 SQL 语句，该语句返回单个 ResultSet 对象
clearBatch()	清空 Statement 对象的当前 SQL 命令列表
executeBatch()	将一批命令提交给数据库来执行，如果全部命令执行成功，则返回由更新计数组成的数组。数组元素的排序与 SQL 语句的添加顺序对应
addBatch(String sql)	将给定的 SQL 命令添加到 Statement 对象的当前命令列表中。如果驱动程序不支持批量处理，则抛出异常
close()	释放 Statement 对象占用的数据库和 JDBC 资源

使用连接数据库对象 con 的 createStatement()方法创建 Statement 对象，代码如下。

```
try{
    Statement stmt=con.createStatement();
}catch(ClassNotFoundException e){
    e.printStackTrace();
}
```

由于每次使用 Statement 接口都需要数据库编译器编译，比较费时。另外，使用 Statement 接口会执行 SQL 语句，容易被 SQL 注入式攻击。而 PreparedStatement 接口继承 Statement 接口，它是先将 SQL 语句预编译后再执行，因此使用 PreparedStatement 接口的安全性更好。建议使用 PreparedStatement 接口代替 Statement 接口。

4. PreparedStatement 接口

PreparedStatement 接口继承 Statement 接口，用来执行动态的 SQL 语句，通过 PreparedStatement 实例执行的 SQL 语句将被预编译，并保存到 PreparedStatement 实例中，从而可以反复地执行该 SQL 语句。PreparedStatement 接口的常用方法及其说明如表 8-6 所示。

表 8-6 PreparedStatement 接口的常用方法及其说明

方法	说明
setInt(index,int k)	将指定位置的参数设置为 int 值
setFloat(int index,float f)	将指定位置的参数设置为 float 值
setLong(int index,long l)	将指定位置的参数设置为 long 值
setDouble(int index,double d)	将指定位置的参数设置为 double 值
setBoolean(int index,boolean b)	将指定位置的参数设置为 boolean 值
setDate(int index,date da)	将指定位置的参数设置为 date 值
setString(int index,String s)	将指定位置的参数设置为对应的 String 值
executeQuery()	在 PreparedStatement 对象中执行 SQL 查询语句，并返回该查询生成的 ResultSet 对象
executeUpdate()	在 PreparedStatement 对象中执行 SQL 查询语句，该 SQL 语句必须是一个 INSERT 语句、UPDATE 语句、DELETE 语句或没有返回值的 DDL 语句

5. ResultSet 接口

ResultSet 接口类似于一个临时表，用来暂时存放数据库查询操作所获得的结果集。ResultSet 对象具有指向当前数据行的指针，指针开始的位置在第一条记录的前面，通过 next()方法可以向下移动指针。ResultSet 接口的常用方法及其说明如表 8-7 所示。

表 8-7 ResultSet 接口的常用方法及其说明

方法	说明
getInt()	以 int 形式获取 ResultSet 对象的当前行的指定列值。如果列值是 NULL，则返回值是 0
getFloat()	以 float 形式获取 ResultSet 对象的当前行的指定列值。如果列值是 NULL，则返回值是 0
getDate()	以 date 形式获取 ResultSet 对象的当前行的指定列值。如果列值是 NULL，则返回值是 null
getBoolean()	以 boolean 形式获取 ResultSet 对象的当前行的指定列值。如果列值是 NULL，则返回值是 null
getString()	以 String 形式获取 ResultSet 对象的当前行的指定列值。如果列值是 NULL，则返回值是 null
getObject()	以 Object 形式获取 ResultSet 对象的当前行的指定列值。如果列值是 NULL，则返回值是 null
first()	将指针移动到当前记录的第一行
last()	将指针移动当前记录的最后一行
next()	将指针向下移动一行
beforeFirst()	将指针移动到集合的开头（第一行位置）
afterLast()	将指针移动到集合的末尾（最后一行位置）
absolute(int index)	将指针移动到 ResultSet 给定编号的行
isFisrst()	判断指针是否位于当前 ResultSet 集合的第一行。如果是，返回 true；否则返回 false
isLast()	判断指针是否位于当前 ResultSet 集合的最后一行。如果是，返回 true；否则返回 false
updateInt()	用指定的 int 值更新指定列
updateFloat()	用指定的 float 值更新指定列
updateLong()	用指定的 long 值更新指定列
updateIntString()	用指定的 String 值更新指定列
updateObject()	用指定的 Object 值更新指定列
updateNull()	将指定的列值修改为 NULL
updateDouble()	用指定的 double 值更新指定列
getRow()	检索当前行
updateRow()	将当前行的内容同步到数据表
insertRow()	将插入行的内容插入数据库
deleteRow()	删除当前行，但不同步到数据库中，而是在执行 close()方法后同步到数据库

【说明】当使用 updateXXX()方法更新数据库中的数据时，并没有将数据库中被操作的数据同步到数据库中，需要执行 updateRow()方法或 insertRow()方法才可以更新数据库中的数据。

下面通过 PreparedStatement 对象调用 executeQuery()方法，把数据表 user 中的所有数据存储到 ResultSet 对象中，输出 ResultSet 对象中的数据，代码如下。

```
PreparedStatement ps =con.prepareStatement("select * from user");
ResultSet     res = ps.executeQuery();
while(res.next()){
   int id= res.getInt(1);
   String Account=res.getString("Account");
   String Password=res.getString("Password");
    String Authorization=res.getString("Authorization");
    String Name=res.getString("Name");
    String Gender=res.getString("Gender");
    String EMail=res.getString("EMail");
    System.out.print("序号:"+ id);
    System.out.print("账号:"+ Account);
    System.out.print("密码:"+ Password);
    System.out.print("权限:"+ Authorization);
    System.out.print("姓名:"+ Name);
    System.out.print("性别:"+ Gender);
    System.out.println("邮箱:"+ EMail);
}
```

【注意】获取结果集中指定的列值不仅可以通过列（字段）名来实现，还可以通过列的序号来实现。

8.1.3　数据库基础

SQL 语句是操作数据库的基础。使用 SQL 语句可以很方便地操作数据库中的数据。下面简单介绍添加、修改、删除、查询数据的 SQL 语句的语法。操作的数据表以 stock 为例，stock 表中的数据如图 8-3 所示。

ID	BatchNumber	Code	LPNumber	Qty	InStockTime	Status
1	8184309	NS329496	33121069009	56000	2019-12-14 16:11:09	入库
2	8184309	NS329492	33121069535	56000	2019-12-14 16:11:14	入库
3	8184309	NS329492	33121069540	56000	2019-12-14 16:11:26	入库
4	8184309	NS329492	33121069564	56000	2019-12-14 16:11:30	入库
5	8184309	NS329492	33121069556	56000	2019-12-17 15:31:30	入库
6	8184309	NS329492	33121069558	56000	2019-12-17 16:19:12	入库

图 8-3　stock 表中的数据

1. 插入数据

```
insert  into   数据表名  value (列值)
```

例如，向 stock 表中插入数据，SQL 语句如下。

```
insert into stock valuse("8184310","NS329496","33121069567",56000,"2022/12/18","入库")
```

2. 修改数据

```
update 数据表名 set 列名=值表达式 … [ where 条件表达式]
```

例如，修改 stock 表中的数据，SQL 语句如下。

```
update stock set Status="待出库" where BatchNumber="8184309"
```

3. 删除数据

```
delete from 数据表名 [ where 条件表达式]
```

例如，删除 stock 表中的出库数据，SQL 语句如下。

```
delete from stock where LPNumbe="33121069009"
```

4. 查询数据

```
select * from 数据表名 [ where 条件表达式]
```

例如，查询 stock 表中的同一批次的成品信息，SQL 语句如下。

```
select * from stock where BatchNumber="8184310"
```

8.1.4 JDBC 中的事务

事务（Transaction）是并发控制的单元，是用户定义的一个操作序列。这些操作要么都做，要么都不做，是一个不可分割的工作单位。

我们可以将一组语句构成一个事务。当所有语句都顺利执行后，事务可以被提交（Commit）。如果其中某个语句遇到错误，则事务将被回滚，就好像没有任何语句被执行过一样。将多个语句组合成事务的主要原因是确保数据的完整性。事务有以下 4 个属性。

（1）原子性（Atomic）：表示一个事务内的所有操作是一个整体，要么全部执行，要么全部不执行。

（2）一致性（Consistent）：表示当一个事物内有一个操作失败时，所有更改过的数据都必须回滚到修改前的状态。

（3）隔离性（Isolated）：事务查看数据时数据所处的状态，要么是另一并发事务修改它之前的状态，要么是另一并发事务修改它之后的状态，事务不会查看中间状态的数据。

（4）持续性（Durable）：事务完成之后，它对于系统的影响是永久性的。

在默认情况下，数据库连接处于自动提交模式（Autocommit mode）。每个 SQL 语句一旦执行便被提交数据库。一旦命令被提交，就无法对它进行回滚操作。在使用事务时，需要关闭 connection.setAutoCommit(false)这个默认值。现在可以使用通常的方法创建一个语句对象 Statement stat=conn.createStatement()，接下来任意多次调用 executeUpdate()方法：stat. executeUpdate(command1);stat. executeUpdate(command2)。

如果执行了所有命令之后没有出现错误，则调用 commit()方法，即 conn. commit()。

如果出现错误，则调用 conn.rollback()，此时，程序将对数据库中所有已完成的语句操作自动撤销，回滚到事务开始的状态。

任务实施

本任务使用 JDBC 技术访问 outstockManage 数据库中的 user 数据表，实现用户信息的更新操作。任务实现步骤如下。

（1）加载驱动程序，建立连接数据库。

（2）创建用户实体封装类 User。

（3）定义用户信息管理接口 UserDAO。

（4）定义用户信息管理业务实现类 UserDAOImp。

（5）定义测试主类 MainDemo。

程序代码如下。

（1）加载驱动程序，建立连接数据库。

```
import java.sql.DriverManager;
import java.sql.SQLException;
import com.mysql.jdbc.Connection;
public class DBConn {
     Connection conn;                                    //声明 Connection 对象
    static String driver="com.mysql.jdbc.Driver"; //MySQL 数据库驱动程序
    static String url="jdbc:mysql://localhost/outstockmanage?useSSL=false";
    static String username="root"; //连接数据库的用户名
    static String password="root"; //连接数据库的密码

   public Connection getConnection() {              //建立返回值为 Connection 的方法
      try{
          //加载数据库驱动类
          Class.forName(driver);
          //System.out.println("数据库驱动加载成功");
        //通过访问数据库的 URL 获取数据库连接对象
        conn = (Connection) DriverManager.getConnection(url, username, password);
        //System.out.println("数据库连接成功");
     }catch (ClassNotFoundException e) {
          e.printStackTrace();
     }catch (SQLException e) {
          e.printStackTrace();
     }
     return conn;                                        //返回一个 Connection 对象
   }
}
```

（2）创建用户实体封装类 User。

```
public class User {
```

```
    private  int   id;                //序号
    private String Account;           //账号
    private String Password;          //密码
    private String Authorization;     //权限
    private String Name;              //姓名
    private String Gender;            //性别
    private String EMail;             //邮箱

    //默认构造方法
    public User() {
        super();
    }
    //有参数构造方法
    public User(int id, String account, String password, String authorization,
String name, String gender,String eMail) {
        super();
        this.id = id;
        this.Account = account;
        this.Password = password;
        this.Authorization = authorization;
        this.Name = name;
        this.Gender = gender;
        this.EMail = eMail;
    }

    public User(String account, String password, String authorization, String
name, String gender, String eMail) {
        super();
        this.Account = account;
        this.Password = password;
        this.Authorization = authorization;
        this.Name = name;
        this.Gender = gender;
        this.EMail = eMail;
    }
    //定义一对 setter/getter 方法(省略代码)

    public String toString() {
         return this.id+"\t"+ this.Account + "\t"+ this.Password + "\t" +
this.Authorization + "\t" + this.Name +"\t"+this.Gender + "\t"+this.EMail ;
```

```
    }
}
```

（3）定义用户信息管理接口 UserDAO。

```
import java.util.ArrayList;
public interface UserDAO {
      public User getUserByLoginAccount(String lAccount);//根据账号获取用户信息
      public boolean insert(User user);                     //添加用户信息
      public boolean update(int id, User user);             //修改用户信息
      public boolean delete(int id);                        //删除用户信息
      public void findAll();                                //显示所有用户信息
}
```

（4）定义用户信息管理业务实现类 UserDAOImp。

```
import java.sql.Connection;
import java.sql.ResultSet;
import java.sql.SQLException;
import java.util.ArrayList;
import com.mysql.jdbc.PreparedStatement;
public class UserDAOImp implements UserDAO{
    Connection conn = null;
    PreparedStatement ps=null;                          //创建 PreparedStatement 对象
    ResultSet res=null;                                 //创建 ResultSet 对象
    public UserDAOImp() {
       super();
    }

    public boolean insert(User user)  {
       conn = new DBConn().getConnection();
       boolean flag=false;
       User u=getUserByLoginAccount(user.getAccount());
       if(u!=null) {
          System.out.println("你要添加的用户已经存在！");
          flag=false;
       }else{
         try{
            String sql = "insert into
user(Account,Password,Authorization,Name,Gender,Email) values(?, ?, ?, ?, ?,?);";
            ps = (PreparedStatement) conn.prepareStatement(sql);
             ps.setString(1,user.getAccount());
```

```
            ps.setString(2,user.getPassword());
            ps.setString(3,user.getAuthorization());
            ps.setString(4,user.getName());
            ps.setString(5,user.getGender());
            ps.setString(6,user.getEMail());
            if(ps.executeUpdate()!=0) {
                flag=true;
            }
            ps.close();
            //   conn.commit();
        } catch (SQLException e) {
            System.out.println(e.getMessage());
        }
    }
    return flag;
}

@Override
public void findAll() { //显示用户信息
    conn = new DBConn().getConnection();
    String sql = "select * from user";
    try{
        ps = (PreparedStatement) conn.prepareStatement(sql);
        res = ps.executeQuery();
        while (res.next()) {
            int id= res.getInt(1);
            String Account=res.getString("Account");
            String Password=res.getString("Password");
            String Authorization=res.getString("Authorization");
            String Name=res.getString("Name");
            String Gender=res.getString("Gender");
            String EMail=res.getString("EMail");
            System.out.print("序号:"+ id +"\t");
            System.out.print("账号:"+ Account+"\t");
            System.out.print("密码:"+ Password+"\t");
            System.out.print("权限:"+ Authorization+"\t");
            System.out.print("姓名:"+ Name+"\t");
            System.out.print("性别:"+ Gender+"\t");
            System.out.println("邮箱:"+ EMail+"\t");
        }
```

```
            ps.close();
        }catch (Exception e) {
            System.out.println(e.getMessage());
        }
    }

    @Override
    public boolean update(int id, User user)  { //修改用户信息
        conn = new DBConn().getConnection();
        boolean flag=false;
        String sql = "update user set Account=?, 
Password=?,Authorization= ?,Name=?, Gender= ?, EMail = ? where id = ?";
        try {
            ps = (PreparedStatement) conn.prepareStatement(sql);
            ps.setString(1, user.getAccount());
            ps.setString(2, user.getPassword());
            ps.setString(3, user.getAuthorization());
            ps.setString(4, user.getName());
            ps.setString(5, user.getGender());
            ps.setString(6, user.getEMail());
            ps.setInt(7, id);
            if(ps.executeUpdate()!=0) {
                flag=true;
            }
            ps.close();
        } catch (SQLException e) {
            System.out.println(e.getMessage());
        }
        return flag;
    }

    @Override
    public boolean delete(int id) {              //删除用户信息
        conn = new DBConn().getConnection();
        boolean flag = false;
        String sql = "delete from user where id = ?";
        try {
             ps = (PreparedStatement) conn.prepareStatement(sql);
             ps.setInt(1,id);
                                                 //判断是否删除成功
```

```
            if(ps.executeUpdate()!= 0){
                flag = true;
            }
            ps.close();
        }catch(Exception e) {
            System.out.println(e.getMessage());
        }
        return flag;
    }

    @Override
    public User getUserByLoginAccount(String lAccount) { //根据账号获取用户信息
        conn = new DBConn().getConnection();
        User u=null;
        String sql = "select * from user where Account='"+lAccount+"'";
        try{
            ps = (PreparedStatement) conn.prepareStatement(sql);
            res = ps.executeQuery();
            while (res.next()) {
                int id= res.getInt(1);
                String Account=res.getString("Account");
                String Password=res.getString("Password");
                String Authorization=res.getString("Authorization");
                String Name=res.getString("Name");
                String Gender=res.getString("Gender");
                String EMail=res.getString("EMail");
                u=new User(id, Account, Password, Authorization, Name, Gender,EMail)
            }
            ps.close();
        }catch(Exception e) {
            System.out.println(e.getMessage());
        }
        return u;
    }
}
```

（5）定义测试主类 MainDemo。

```
public static void main(String[] args) {
    boolean flag=false;
    UserDAOImp userdaoimp=new UserDAOImp();
```

```
        User u=new User("abc34","123456","administrator","王玉","女
","abc56@ww.com");

        //插入用户记录
        flag=userdaoimp.insert(u);
        if(flag) {
            System.out.println("数据插入成功! ");
            //显示所有用户信息
            userdaoimp.findAll();
        }
        //根据账号获取用户信息
        User u1=userdaoimp.getUserByLoginAccount("abc34");
        System.out.println("序号\t"+"账号\t"+"密码\t"+"权限\t\t"+"姓名\t"+"性别\t"+"邮
箱\t");
        System.out.println(u1);
        //修改用户信息
        User u2=new User("abc34","111111","administrator","王珏","女
","abc34@ww.com");
        flag=userdaoimp.update(4,u2);
        if(flag) {
          System.out.println("数据修改成功! ");
          userdaoimp.findAll();
        }
        //删除用户信息
        flag=userdaoimp.delete(12);
        if(flag) {
            System.out.println("用户已删除! ");
            userdaoimp.findAll();
         }
 }
```

测试用户插入信息，程序运行结果如图 8-4 所示。如果再插入一次该行信息，则提示“你要添加的用户已经存在!”。

```
数据插入成功!
序号:1    账号:abc12    密码:123456    权限:administrator    姓名:王海  性别:男    邮箱:abc12@ww.com
序号:2    账号:abc23    密码:123456    权限:administrator    姓名:张宇  性别:男    邮箱:abc23@ww.com
序号:3    账号:admin    密码:123456    权限:administrator    姓名:孙军  性别:男    邮箱:admin@ww.com
序号:4    账号:abc34    密码:123456    权限:administrator    姓名:王玉  性别:女    邮箱:abc56@ww.com
```

图 8-4　插入用户信息程序运行结果

测试根据账号“abc34”获取用户信息，程序运行结果如图 8-5 所示。

序号	账号	密码	权限	姓名	性别	邮箱
4	abc34	123456	administrator	王玉	女	abc56@ww.com

图 8-5　根据账号获取用户信息程序运行结果

测试修改已添加的第 4 条用户记录信息的密码，程序运行结果如图 8-6 所示。

```
数据修改成功!
序号:1   账号:abc12   密码:123456   权限:administrator   姓名:王海 性别:男   邮箱:abc12@ww.com
序号:2   账号:abc23   密码:123456   权限:administrator   姓名:张宇 性别:男   邮箱:abc23@ww.com
序号:3   账号:admin   密码:123456   权限:administrator   姓名:孙军 性别:男   邮箱:admin@ww.com
序号:4   账号:abc34   密码:111111   权限:administrator   姓名:王珏 性别:女   邮箱:abc34@ww.com
```

图 8-6　修改数据程序运行结果

任务 8.2　基于图形界面的用户信息更新管理

任务分析

前期所有的程序都是基于控制台的，计算机给用户提供的都是单调、枯燥、纯字符的“命令行界面”。现如今各个领域的应用程序都是基于图形用户界面的系统。Swing 是一个轻量级的图形界面类库，包含窗口、按钮、文本框、对话框、表格等组件，使用这些组件设计可以提供给用户操作的图形界面。使用 Swing 框架中的模型—视图—控制器设计模式可以将模型与视图的代码分离，使得模型用户类不加修改即可重复使用。

相关知识

Swing 组件完全由 Java 编写。由于 Java 是不依赖于操作系统的，因此 Swing 组件可以运行在任何平台上。通常，Swing 组件被称为轻量级组件，主要用来开发 GUI（Graphical User Interface，图形用户界面）程序，是应用程序提供给用户操作的图形界面。

8.2.1　MVC 设计模式

Swing 用户界面由按钮、复选框、文本框或树形组件等组成。每个组件都有 3 个要素：①内容，如按钮的状态（是否按下），或者文本框的文本；②外观（颜色、大小等）；③行为（对事件的反应）。这 3 个要素之间的关系是相当复杂的。即使对最简单的组件（如按钮）来说也是如此。按钮的外观显示取决于它的观感与状态。当按下按钮时，按钮需要被重新绘制成另一种不同的外观。状态取决于按钮接收到的事件。当单击按钮时，按钮就被按下。

但是在面向对象程序设计中的一个基本原则是：限制一个对象拥有的功能数量。例如，不要用一个按钮类组件完成所有的事情，如一个按钮对象既要负责组件的美观，又要负责存储内容。我们希望在程序中使用按钮时，只需要简单地把它看成一个按钮，而不需要考虑它的内部行为和特性。为了实现这样的需求，Swing 设计人员采用了一种 MVC（Model-View-Controller，模型—视图—控制器）模式进行设计。

MVC 模式具有 3 个独立的类。

- 模型（Model）：存储内容，没有用户界面。
- 视图（View）：显示内容，用于查看和修改数据的界面。
- 控制器（Controller）：负责处理用户输入事件，并决定是否把这些事件转化成对模型或视图的改变。

MVC 模式明确地规定了 3 个对象之间如何进行交互。模型是完全不可见的。模型必须实现改变内容和查找内容的方法。而显示存储在模型中的数据就是视图的工作，并将用户的操作发给控制器。

8.2.2 Swing 组件概述

Swing 是一个应用于 Java GUI 图形界面设计的工具包（类库）。AWT（Abstract Window Toolkit，抽象窗口工具）是一套早期的 Java GUI 开发工具。Swing 是在 AWT 的基础上发展起来的，弥补了 AWT 的不足，并对 AWT 进行了扩充，几乎支持所有的常用控件和功能，它们不但更加漂亮，而且更加易用，真正实现了“一次编译，到处运行”。大多数 Swing 组件是 AWT 的 Container 类的直接子类和间接子类，各类之间的关系如下。

```
java.lang.Object
  -java.awt.Component
    -java.awt.Container
      -java.awt.Window
        -java.awt.Frame - javax.swing.Jframe
        -java.awt.Dialog -javax.swing.Jdialog
        -javax.swing.Jwindow
      -java.applet.Applet-javax.swing.JApplet
      -javax.swing.JComponent
```

Component 类是所有 GUI 组件的共同父类。Component 类规定了所有 GUI 组件的基本特性，该类中定义的方法实现了作为一个 GUI 组件所应具备的基本功能。JComponent 类是大部分 Swing 组件的父类，由于 JComponent 类是抽象类，因此，它不能用来创建对象，但是它包含了数百个方法，Swing 中的每个组件都可以使用这些方法。

Java 的图形界面程序设计基本分为两个步骤：第一步，设计图形界面的外观，包括创建容器，在容器中添加各种 GUI 组件，设置组件的大小、位置、颜色等属性，并进行合理的布局；第二步，为各个组件提供响应与处理不同事件的功能支撑，使程序具备与用户或外界交互的功能。

AWT 的组件主要在 java.awt 包中；事件处理类都在 java.awt.event 包中；Swing 组件都在 javax.swing 包中。在 Java 图形界面程序设计中，一般都会导入这几个包。

8.2.3 常用容器

Java 图形界面程序设计使用“容器”将各个组件装配起来，使其成为一个整体。容器能够包容其他组件，并按照一定的方式组织排列。Java 中的容器主要分为顶层容器和中间容器。顶层容器是进行图形程序设计的基础，可以在其中放置若干中间容器组件。Swing 中有 4 种可以使用的顶层容器，包括 JWindows、JFrame、JDialog、JApplet。中间容器有 JPanel、JoptionPane、JscrollPane、JMenuBar、JToolBar、JtabbedPane 等。下面介绍其中几个容器。

1. 顶层容器

（1）JFrame 窗体。

JFrame 类可以用于让用户创建带有菜单栏、工具栏的功能窗体。它是 Swing 程序中各个组件的载体，就是可以将 JFrame 看作承载这些 Swing 组件的容器。在开发应用程序时，用户可以通过继承 javax.swing.JFrame 类创建一个窗体容器，在这个容器中添加组件，同时为组件设置事件。由于窗体容器继承 JFrame 类，因此它具有“最大化”、“最小化”与“关闭”等按钮。下面详细介绍 JFrame 类在 Java 应用程序中的使用方法。

① JFrame 类的构造方法。

- public JFrame()：构造一个初始时不可见的新窗体。
- public JFrame(String title)：创建一个具有 title 指定标题的不可见新窗体。

② JFrame 类的常用方法。

JFrame 类的常用方法及其说明如表 8-8 所示。该类除了具有自己的方法，还继承了父类的若干方法，具体可查看 API 文档了解。

表 8-8 JFrame 类的常用方法及其说明

方 法	说 明
getContentPane()	获取窗体的 contentPane 对象
setDefaultCloseOperation(int operation)	设置用户在窗体上单击“关闭”按钮时默认执行的操作
add()	将组件添加到新的窗体中
is/setVisible()	获取/设置窗体的可视状态（是否在屏幕上显示）
get/setTtile()	获取/设置窗体的标题
get/setState()	获取/设置窗体的最小化、最大化等状态
get/setLocation()	获取/设置窗体在屏幕上应该出现的位置
get/setSize()	获取/设置窗体的大小

在 GUI 编程时，用户经常通过继承 JFrame 类定义新的窗体类，在新的窗体类中创建各种组件并添加到新窗体中。

【例 8-2】创建一个空的 JFrame 主窗体。

```
import javax.swing.JFrame;
public class UserJFrame extends JFrame {

        public UserJFrame(String title)  {
                super(title);
                this.setSize(500, 300);       //设置窗体的大小
                this.setTitle(title);         //设置窗体的标题
                //设置组件左上角坐标为（50，50），宽度为 500，高度为 300
                //this.setBounds(50,50, 500,300);
                this.setVisible(true);        //设置窗体可见
        }

    public static void main(String[] args) {
```

```
            new UserJFrame("用户信息管理系统");
        }
}
```

程序运行结果如图 8-7 所示。

图 8-7　例 8-2 程序运行结果

（2）JDialog 窗体。

JDialog 窗体是 Swing 组件中的对话框，继承了 AWT 组件中的 java.awt. Dialog 类。JDialog 窗体的功能是在一个窗体中弹出另一个窗体，就像是在使用浏览器时弹出的“确定”对话框一样。它与 JFrame 窗体类似，在使用时也需要先调用 getContentPane()方法将窗体转换为容器，再在容器中设置窗体的特性。在应用程序中创建 JDialog 窗体需要实例化 JDialog 类。下面介绍几个 JDialog 类的构造方法。

- public JDialog()：创建一个没有 Frame 组件的对话框，无标题。
- public JDialog(Frame f)：创建一个具有 Frame 组件的对话框，无模式、无标题。
- public JDialog(Frame f ,String title)：创建一个具有 Frame 组件的对话框，无模式、有标题。
- public JDialog(Frame f ,boolean model)：创建一个具有 Frame 组件的对话框，有模式、无标题。
- public JDialog(Frame f , String title ,boolean model)：创建一个具有 Frame 组件的对话框，有模式、有标题。

其中 model 是一种对话框操作模式，当 model 为 true 时，代表用户必须关闭对话框才能回到原来所属的窗口；当 model 为 false 时，代表对话框与所属窗口可以相互切换，彼此之间在操作上没有顺序性。

2. 中间容器

中间容器存在的目的就是容纳其他的组件，如 JPanel 面板、JSplitPane 分隔窗格、JScrollPane 带滚动条的窗格、JToolBar 工具栏等。下面介绍其中的两个中间容器。

（1）JPanel 面板。

JPanel 面板是一个 Swing 容器，可以作为容器容纳其他组件，但它必须被添加到其他容器中，通常依赖于 JFrame 窗体使用，默认使用 FlowLayout 作为其布局管理器。JPanel 类继承自 java.awt.Container 类。

① JPanel 类的构造方法。

- public JPanel()：创建具有流布局的新面板。
- public JPanel(LayoutManager layout)：创建具有指定布局管理器的新面板。

② JPanel 类的常用方法及其说明如表 8-9 所示。

表 8-9 JPanel 类的常用方法及其说明

方　法	说　明
add(Component comp)	将组件添加到面板
setBorder(Border border)	设置面板的边框

setBorder(Border border) 方法中的 Border 为边界接口，通过 BorderFactory 类的 createTitledBorder()方法可以创建其对象，并用于设置组件的边框。

【例 8-3】在例 8-2 中加入一个面板，设置其边界，并在其中添加一个按钮组件。

```
import javax.swing.BorderFactory;
import javax.swing.JButton;
import javax.swing.JFrame;
import javax.swing.JPanel;
public class UserFrame1 extends JFrame {
      JPanel jp;
      JButton jb;

      public UserFrame1(String title)  {
            super(title);
            jp=new JPanel();
            jb=new JButton("面板中的按钮");
            jb.setBorder(BorderFactory.createTitledBorder("JPanel 的边界"));

            jp.add(jb);                  //在面板中添加按钮
            this.add(jp);               //在窗体中添加面板

            this.setSize(320, 200);//设置窗体的大小
            //设置用户在窗体上单击“关闭”按钮时默认执行的操作
            this.setDefaultCloseOperation(JFrame.EXIT_ON_CLOSE);
            this.setVisible(true); //设置窗体可见
      }

      public static void main(String[] args) {
            new UserFrame1("用户信息管理系统");
      }
}
```

程序运行结果如图 8-8 所示。

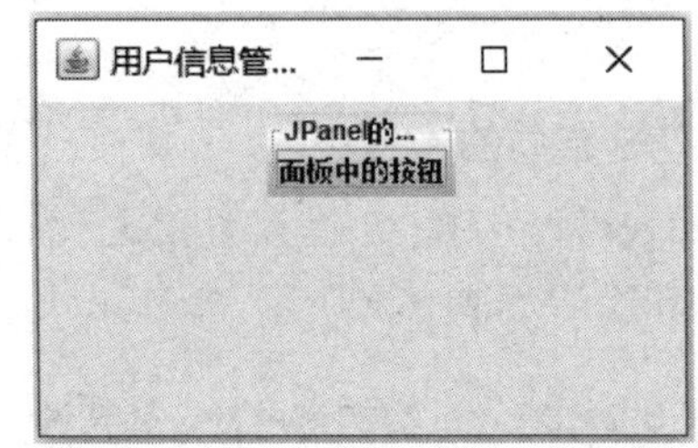

图 8-8　例 8-3 程序运行结果

（2）JToolBar 工具栏。

一般在设计界面时，用户会将所有功能分类放置在菜单（JMenu）中，但当功能很多时，为了操作方便，可以将一些常用的功能以工具栏的形式呈现在菜单下，这就是 JToolBar 工具栏的好处，可以将 JToolBar 工具栏设计为水平方向或垂直方向。

① JToolBar 类的构造方法。

- JToolBar()：创建新的工具栏，默认的方向为 horizontal（水平）。
- JToolBar(int orientation)：创建一个具有指定 orientation 的新工具栏。
- JToolBar(String name)：创建一个具有指定 name 的新工具栏。
- JToolBar(String name,int orientation)：创建一个具有指定 name 和 orientation 的新工具栏。

② JToolBar 类的常用方法及其说明如表 8-10 所示。

表 8-10　JToolBar 类的常用方法及其说明

方　法	说　明
setFloatable(boolean b)	针对工具栏能否移动，设置 Floatable 属性
set/get Margin(Insets m)	设置或获取工具栏边框和其按钮之间的空白
set/get Orientation(int o)	设置或获取工具栏的方向
void addSeparator()	将默认大小的分隔符追加到工具栏的末尾

上述只介绍了 JPanel 面板和 JToolBar 工具栏两种容器。有时在设置界面时，可能会遇到在一个较小的容器中显示一个较大内容的情况，这时就可以使用 JScrollPane 带滚动条的窗格，它也是一种容器，但在 JScrollPane 带滚动条的窗格中只能放置一个组件，并且不可以使用布局管理器。如果需要在 JScrollPane 带滚动条的窗格中放置多个组件，则需要将多个组件放置在 JPanel 面板上，将 JPanel 面板作为一个整体组件添加在 JScrollPane 带滚动条的窗格上。关于 JScrollPane 类的构造方法和常用方法可以查阅 API 文档。

8.2.4　布局管理

容器中可以添加若干个组件，当添加组件后，如果不按照一定规则排列，则界面看上去很凌乱，没有美观性。容器中组件的排列规则由相应的布局管理器来决定。

布局管理器是组织和管理一个容器内组件布局的工具，主要有以下功能。

- 确定容器的整体大小。
- 确定容器内各元素的大小。
- 确定容器内各元素的位置。

- 确定元素之间的间隔距离。

Java 常用的布局管理器有 FlowLayout、BorderLayout、GridLayout、CardLayout、GridBagLayout 等。Java 的容器组件都被设定了一个默认的布局管理器，如 JFrame 默认的布局管理器是 BorderLayout，而 JPanel 默认的布局管理器是 FlowLayout。如果想要修改默认的布局管理器，则可以通过 setLayout()方法来改变其容器的布局管理器。一旦确定了布局管理方式，就可以使用相应的 add()方法将组件添加到容器中。下面介绍几个常用的布局管理器。

1. 流布局（FlowLayout）

流布局是一种简单的布局风格，其原则是按组件添加的顺序，如从左到右或从上到下依次排列。流布局完全控制每个组件的排列位置，默认的对齐方式为居中。

2. 边框布局（BorderLayout）

边框布局允许为每个组件选择一个放置位置，可以选择把组件放在内容窗体的中部、北部、南部、东部或西部，如图 8-9 所示。

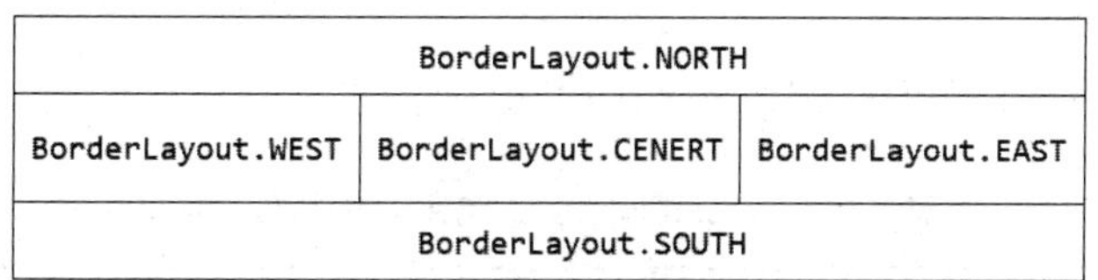

图 8-9　边框布局

边框布局会拓展所有组件的尺寸以便填满可用空间（流布局将维持每个组件的最佳尺寸）。如果将一个按钮添加到容器中时出现问题，就可以将按钮拓展至填满 JFrame 窗体的整个南部区域。如果再将另一个按钮添加到南部区域，就会取代第一个按钮。

如何解决这个问题呢？常见方法是使用另一个 JPanel 面板。首先需要创建一个新的 JPanel 面板，然后逐一将按钮添加到 JPanel 面板中，最后将这个 JPanel 面板添加到 JFrame 窗体中。

```
JPanel panel=new JPanel();
panel.add(button1);
panel.add(button2);
panel.add(button3);
frame.add(panel, BorderLayout.SOUTH);
```

边框布局将会拓展面积大小，直至填满整个南部区域。

3. 网络布局（GridLayout）

网络布局先将容器划分成若干个尺寸大小相等的单元格，再将组件添加到容器中，并按照行、列排列所有的组件。在 GridLayout 类的构造方法中，需要指定行数和列数。当改变容器大小时，其组件的变化规律是：组件相对位置不变，大小发生变化。

4. 卡片布局（CardLayout）

卡片布局以卡片形式对容器的组件进行布置。容器被设置成卡片的形式，卡片以叠加的形式呈现，每次只能显示一张卡片，每张卡片只能容纳一个组件。

8.2.5 文本输入

Swing 用户界面组件中用于获取文本输入的组件有文本框、文本域等。文本框只能接收单行文本的输入，而文本域能够接收多行文本的输入。由于 JPasswordField 是文本框（JTextField）的子类，因此密码框只能接收单行文本的输入，但不会将输入的内容显示出来。

1. 文本框（JTextField）

文本框是单行文本输入框，主要用于接收用户输入的内容。把文本框添加到窗体的常用方法是将它添加到面板或其他容器中。

（1）JTextField 类的构造方法。

- JTextField()：创建一个默认的文本框对象。
- JTextField(String text)：创建一个指定初始化字符串的文本框对象。
- JTextField(int columns)：创建一个指定列数的文本框对象。
- JTextField(String text,int columns)：创建一个既包含指定初始化字符串，又包含指定列数的文本框对象。

（2）JTextField 类的常用方法及其说明如表 8-11 所示。

表 8-11 JTextField 类的常用方法及其说明

方　法	说　明
set/getText()	设置/获取文本框内容
set/getFont(Font f)	设置/获取当前字体
set/getHorizontalAlignment(int alignment)	设置/获取水平对齐方式
set/getColumns(int columns)	设置/获取文本框的列数

在输入密码时，习惯上将用户输入的信息用“*”代替，这时需要使用一种特殊的文本框，即密码框（JPasswordField）。用户可以在密码框中输入文本并加以编辑。但是向密码框中输入文本时，显示的不是实际输入的文本，而是特殊的回显符（如“*”），也可以使用 seteEchoChar(char c)方法改变默认的回显符。JPasswordField 是 JTextField 的子类，其构造方法基本一致。但是常用方法中要注意的是，通过 JTextField 类获取文本框中的文本使用的是 getText()方法，该方法返回一个 String 型的对象；想要获取密码框中的文本，使用的是 getPassword()方法，该方法返回一个 char 型数组。

例如，创建一个密码框，设置回显符为“#”，并获取密码框的内容。

```
JpasswordField  txtPwd= new JpasswordField(20);
txtPwd.setEchoChar('#');
char[] pwd= txtPwd.getPassword();
String pwdStr=new String(txtPwd.getPassword());
```

2. 标签（JLabel）

标签是容纳文本的组件，它没有任何的修饰，也不能响应用户的输入。用户可以利用标签标识组件。例如，文本框没有标识它们的标签。要想标识这种不带标签的组件，应该先用相应的文本构造一个 JLabel 组件，再将 JLabel 组件放置在距离需要标识的组件足够近的地方，以便用户可以知道标签所标识的组件。

（1）JLabel 类的构造方法。

- JLabel()：创建无图像并且标题为空字符串的 JLabel。
- JLabel(Icon image)：创建具有指定图像的 JLabel。
- JLabel(String text)：创建具有指定文本的 JLabel。
- JLabel(String textjcon image,int horizontalAlignment)：创建具有指定文本、图像和水平对齐方式的 JLabel，horizontalAlignment 的取值有 3 个，即 JLabel.LEFT、JLabel.RIGHT 和 JLabel.CENTER。

（2）JLabel 类的常用方法及其说明如表 8-12 所示。

表 8-12　JLabel 类的常用方法及其说明

方　法	说　明
set/getText()	设置/获取 JLabel 将要显示的单行文本
set/getIcon()	设置/获取 JLabel 将要显示的图标

3. 文本域（JTextArea）

文本域与文本框的最大区别就是文本域允许用户输入多行文本信息。

（1）JTextArea 类的构造方法。

- JTextArea()：创建一个默认的文本域。
- JTextArea(int rows,int columns)：创建一个具有指定行数和列数的文本域。
- JTextArea(String text)：创建一个包含指定文本的文本域。
- JTextArea(String text,int rows,int columns)：创建一个既包含指定文本，又包含指定行数和列数的多行文本域。

（2）JTextArea 类的常用方法及其说明如表 8-13 所示。

表 8-13　JTextArea 类的常用方法及其说明

方　法	说　明
set/getText()	设置/获取文本域内容
set/getColumns()	设置/获取文本域的列数
set/getRows()	设置/获取文本域的行数
setLineWrap(boolean wrap)	设置文本域的换行策略
append(String str)	将字符串 str 添加到文本域的末尾
insert(String str,int position)	将指定的字符串插入文本域的指定位置

在 Swing 中，文本域没有滚动条。如果需要滚动条，则可以将文本域插入滚动窗体中。

```
JtextArea jta=new JtextArea(8,40);
JScrollPane  jsPane=new JScrollPane(jta);
```

如果文本超出了文本区域可以显示的范围，滚动条就会自动出现，并且在删除部分文本后，当文本区域能够显示文本内容时，滚动条会自动消失。

【例 8-4】使用网格布局管理器设计计算器界面。

```
import java.awt.BorderLayout;
import java.awt.GridLayout;
import javax.swing.JButton;
import javax.swing.JFrame;
import javax.swing.JPanel;
import javax.swing.JTextField;

public class GridFrameDemo extends JFrame{

       public GridFrameDemo(String title)  {
             super(title);
             this.setVisible(true);
       }

       public void testLayout() {
              JPanel panel  =new JPanel();
        panel.add(new JTextField(40));
        this.add(panel,BorderLayout.NORTH);
        //定义面板
        JPanel gridPanel = new JPanel();
        //设置为网格布局
        gridPanel.setLayout(new GridLayout(4, 4, 3, 3));
        String name[]={"7","8","9","/","4","5","6","*",
                     "1","2","3","-","0",".","=","+"};
        //循环定义按钮，并将其添加到面板中
        for(int i=0;i<name.length;i++){
           gridPanel.add(new JButton(name[i]));
        }

          this.add(gridPanel, BorderLayout.CENTER);
          this.pack();//使用所有组件的最佳大小来计算框架的高度和宽度
          }

       public static void main(String[] args) {
             new GridFrameDemo("网格布局之计算器").testLayout();
       }
}
```

程序运行结果如图 8-10 所示。

8-10　例 8-4 程序运行结果

8.2.6　选择组件

前文介绍了如何获取用户输入的文本。但是在很多情况下，我们可能更加愿意给用户几种选项，而不是让用户在文本组件中输入数据。使用一组按钮或选项列表让用户做出选择，这样也免去了检查错误的麻烦。Swing 中的选择组件有单选按钮、复选框、列表框、组合框等。

1. 单选按钮（JRadioButton）

在 Swing 中，单选按钮由 JRadioButton 类实现，可以被选择或取消选择，并可为用户显示其状态。用户一次只可以选择一个按钮。在实际应用中，一般将多个单选按钮放置在按钮组 ButtonGroup 中，使这些单选按钮实现某种功能。当用户选中某个单选按钮后，按钮组中其他按钮将会自动取消选中状态。

（1）JRadioButton 类的构造方法。

- JRadioButton()：创建一个初始化为未选择的单选按钮，其文本未设定。
- JRadioButton(Icon icon)：创建一个初始化为未选择的单选按钮，其具有指定的图像但无文本。
- JRadioButton(Icon icon,boolean selected)：创建一个具有指定图像和选择状态的单选按钮，但无文本。
- JRadioButton(String text)：创建一个具有指定文本但未选择的单选按钮。
- JRadioButton(String text,boolean selected)：创建一个具有指定文本和选择状态的单选按钮。
- JRadioButton(String text,Icon icon)：创建一个具有指定文本和图像并初始化为未选择的单选按钮。
- JRadioButton(String text,Icon icon,boolean selected)：创建一个具有指定文本、图像和选择状态的单选按钮。

（2）JRadioButton 类的常用方法及其说明如表 8-14 所示。

表 8-14　JRadioButton 类的常用方法及其说明

方　法	说　明
setSelected(boolean selected)	设置按钮是否被选中
isSelected()	返回单选按钮的当前状态

（3）按钮组（ButtonGroup）。

Swing 中存在一个 ButtonGroup 类，该类可以将多个单选按钮绑定在一起，实现“选项有很多，但只能选中一个”的效果。实例化 ButtonGroup 对象之后可以使用 add()方法将多个单选按钮添加到按钮组中。ButtonGroup 不是组件，不能添加到容器中。

【例 8-5】单选按钮的应用，在图形界面中设计性别的选择。

```
import javax.swing.ButtonGroup;
import javax.swing.*;
public class JRadioButtonDemo extends JFrame {
        private JRadioButton jrb1,jrb2;

        public JRadioButtonDemo()  {
              this.setTitle("单选按钮使用实例");
              this.setSize(300, 200);
              this.setDefaultCloseOperation(JFrame.EXIT_ON_CLOSE);
              this.setVisible(true);
        }

        public void testJRadioButton() {
              JPanel jp=new JPanel();
              JLabel jl=new JLabel("性别: ");
              jrb1=new JRadioButton("男",true);//创建单选按钮，并设置其默认状态为选中
              jrb2=new JRadioButton("女");

              //创建分组对象，将 jrb1 与 jrb2 分为一组
              ButtonGroup buttonGroup=new ButtonGroup();
              buttonGroup.add(jrb1);
            buttonGroup.add(jrb2);

              jp.add(jl);                       //添加到面板
              jp.add(jrb1);
              jp.add(jrb2);
                 this.add(jp);                  //添加到窗体
        }

        public static void main(String[] args) {
                 JRadioButtonDemo jrd=new JRadioButtonDemo();
                 jrd.testJRadioButton();
     }
}
```

程序运行结果如图 8-11 所示。

图 8-11　例 8-5 程序运行结果

2. 复选框（JCheckBox）

在 Swing 中，使用 JCheckBox 类实现复选框，可以让用户选中多个选项，其每个选项都有选中和未选中两种状态，并且可以同时选中多个复选框。复选框一般包含标签和按钮两部分。标签是显示在框左边的文本，状态就是右边方框所代表的布尔变量。在默认状态下，复选框没有被选中。一组复选框允许全部选中、不选或部分选中。

（1）JCheckBox 类的构造方法。

- JCheckBox()：创建一个默认的复选框，在默认情况下，既未指定文本，也未指定图像，并且未被选中。
- JCheckBox(String text)：创建一个指定文本的复选框。
- JCheckBox(String text,boolean selected)：创建一个指定文本和选择状态的复选框。

（2）JCheckBox 类的常用方法及其说明如表 8-15 所示。

表 8-15　JCheckBox 类的常用方法及其说明

方　法	说　明
setSelected(boolean selected)	选中或取消选中复选框
isSelected()	返回复选框的当前状态

【例 8-6】复选框的应用，在图形界面中设计兴趣爱好的选择。

```
import javax.swing.*;
import javax.swing.border.Border;
public class JCheckBoxDemo extends JFrame{
    private JCheckBox jcb1,jcb2,jcb3,jcb4;

    public JCheckBoxDemo()  {
         this.setTitle("复选框使用实例");
        this.setSize(360, 200);
        this.setDefaultCloseOperation(JFrame.EXIT_ON_CLOSE);
        this.setVisible(true);
    }

    public void testJCheckBox() {
        jcb1=new JCheckBox("电影");
        jcb2=new JCheckBox("足球");
```

```
        jcb3=new JCheckBox("篮球",true);
        jcb4=new JCheckBox("音乐");
        Border border=BorderFactory.createLoweredBevelBorder();//创建边界对象
        Border title=BorderFactory.createTitledBorder(border, "请选择兴趣爱好");
        JPanel jp=new JPanel();
        jp.setBorder(title);
        jp.add(jcb1);
        jp.add(jcb2);
        jp.add(jcb3);
        jp.add(jcb4);
        this.add(jp);
    }

    public static void main(String[] args) {
        new  JCheckBoxDemo().testJCheckBox();
    }
}
```

程序运行结果如图 8-12 所示。

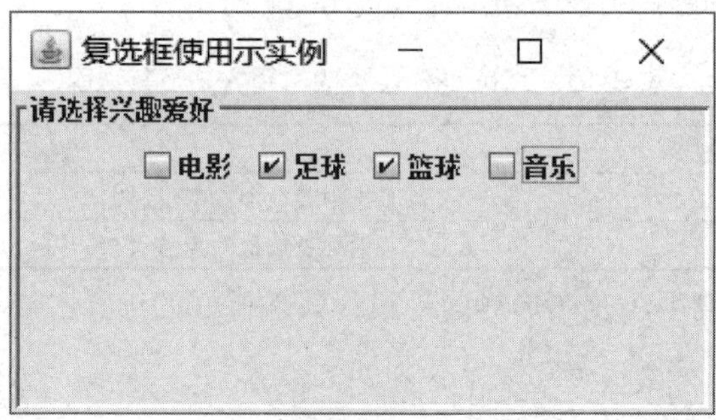

图 8-12　例 8-6 程序运行结果

3. 列表组件

Swing 提供了组合框（JComboBox）与列表框（JList）两种列表组件。组合框与列表框都是带有一系列列表项的组件，使用户可以从中选择需要的列表项。

（1）组合框（JComboBox）。

组合框能够让用户在多个条目中选择。它将所有的列表项隐藏起来，当单击时才会以下拉列表的方式显示出来，以供用户选择，每次只显示用户所选的项目。组合框比列表框更为便捷、美观。

① JComboBox 类的构造方法。

- JComboBox()：创建一个空的组合框。
- JComboBox(ComboBoxModel aModel)：创建一个组合框，其选项取自现有的 ComboBoxModel。
- JComboBox(Object[] items)：创建包含指定数组中元素的组合框。

② JComboBox 类的常用方法及其说明如表 8-16 所示。

表 8-16 JComboBox 类的常用方法及其说明

方　　法	说　　明
void addItem(Object anObject)	将指定对象作为选项添加到组合框中
void insertItemAt(Object anObject,int index)	在组合框中的指定索引处插入项
void removeltem(0bject anObject)	在组合框中删除指定的对象
void removeItemAt(int anlndex)	在组合框中删除指定位置 anlndex 的对象
Object getItemAt(int index)	获取指定索引的列表项，索引从 0 开始
int getItemCount()	获取当前选择的索引
Object getItemAt(int index)	获取当前选择的对象

（2）列表框（JList）。

列表框与组合框的区别不仅表现在外观上，当激活下拉列表时，会出现下拉列表框中的内容。选择模式可以是单一选择、连续选择、多项选择，选择模式对应 ListSelectedModel 中的以下 3 个常量。

- static int SINGLE_SELECTION：只能选择一条。
- static int SINGLE_INTERVAL_SELECTION：按住“Shift”键的同时选择连续选项之间的所有项目。
- static int MULTIPLE_INTERVAL_SELECTION：按住“Ctrl”键的同时选择多个项目。

列表框只是在窗体上占据固定的大小，如果需要列表框具有滚动效果，则可以将列表框放到滚动面板中。

① JList 类的构造方法。

- JList()：构造一个空的只读模型的列表框。
- JList(ListModel dataModel)：根据指定的非 null 模型对象构造一个显示元素的列表框。
- JList(Vector<? extends E> listData)：构造一个显示在指定元素 Vector 的列表框。

JList()构造方法没有参数，使用该构造方法创建列表框后可以使用 setListData()方法对列表框中的元素进行填充，也可以调用其他形式的构造方法在初始化时对列表框中的元素进行填充。常用的元素类型有 3 种，分别是数组、Vector 对象和 ListModel 模型。

② JList 类的常用方法及其说明如表 8-17 所示。

表 8-17 JList 类的常用方法及其说明

方　　法	说　　明
int getSelectedIndex()	返回列表框中第一个被选中的项目索引，-1 表示没有项目被选中
int[] getSelectedIndices()	返回所选的全部索引的数组（按升序排列）
Object getSelectedValue()	返回列表框中第一个被选中的项目名称，如果没有，则返回 null
isSelectedIndex(int index)	判断第 index 项是否被选中
setSelectedMode(int index)	选择第 index 项
setSelectedIndex(int selectionMode)	设置列表框的选择模式

【例 8-7】列表框的应用，在图形界面中设计日期及角色的选择。

```
import java.awt.BorderLayout;
import java.awt.GridLayout;
import javax.swing.*;
```

```
public class JListDemo  extends JFrame{
       private JList jlist;
       private JComboBox jcbYear,jcbMonth,jcbDay;

       public JListDemo()  {
              super();
              this.setTitle("列表框使用实例");
              this.setSize(360, 200);
              this.setVisible(true);
    }

       //测试列表框的使用
       public void testJList() {
              JPanel jp=new JPanel(new GridLayout(1,2));
              String[] role= {"超级管理员","管理员","操作员"};
              //利用 String 数组创建 JList 对象
              JList jlist=new JList(role);
              //设置 JList 对象的带标题边框
          jlist.setBorder(BorderFactory.createTitledBorder("您的角色是: "));
              //设置 JList 对象的选择模式为单一选择
          jlist.setSelectionMode(ListSelectionModel.SINGLE_SELECTION);
          jp.add(jlist);
          this.add(jp);
       }

       //测试组合框的使用
       public void testJComboBox() {
              JPanel jp1=new JPanel();
              jp1.setBorder(BorderFactory.createTitledBorder("操作日期(年-月-日):
"));
              jcbYear=new JComboBox();
              jp1.add(jcbYear);
              jcbMonth=new JComboBox();
              jp1.add(jcbMonth);
              jcbDay=new JComboBox();
              jp1.add(jcbDay);

          //给组合框添加数据项
          for(int i=2022;i>1990;i--) {
                  jcbYear.addItem(i);
```

```
        }
        for(int i=1;i<=12;i++) {
                jcbMonth.addItem(i);
        }
        for(int i=1;i<=31;i++) {
            jcbDay.addItem(i);
        }
        this.add(jp1,BorderLayout.NORTH);
    }

    public static void main(String[] args) {
            JListDemo jlistdemo= new JListDemo();
            jlistdemo.testJList();
            jlistdemo.testJComboBox();
    }
}
```

程序运行结果如图 8-13 所示。

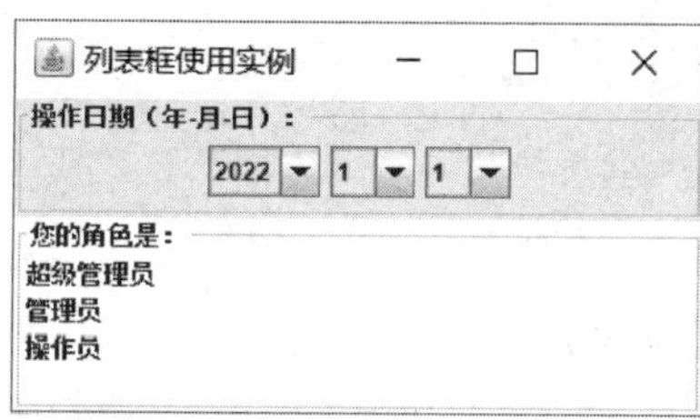

图 8-13　例 8-7 程序运行结果

8.2.7　事件处理模型

GUI 设计的意义是应用程序给用户提供操作的图形界面，而 GUI 本身并不对用户操作的结果负责。如果在某个窗口上添加了一个按钮，当单击这个按钮时，程序什么都不做，没有功能实施。对于 GUI 程序与用户操作的交互功能，Java 提供了一种自己的处理方式——事件处理机制。

Java 采用了事件委托模型，即对象（组件）本身没有用成员方法来处理事件，而是将事件委托给事件监听器处理。在事件处理机制中需要理解以下 3 个重要的概念。

- 事件：用户对组件的一个操作称为一个事件，以类的形式出现。例如，鼠标指针操作对应的事件类是 MouseEvent。
- 事件源：发生事件的组件就是事件源。
- 事件处理者：接收事件对象并对其进行处理的对象，通常是 Java 类中负责处理事件的成员方法。

在 Java 中，将事件的相关信息封装在一个事件对象中，所有的事件处理对象都最终继承自 java.until.EventObject 类。EventObject 类有一个子类 AWTEvent，它是所有 AWT 事件类的父类。不同的事件源可以产生不同类别的事件。例如，按钮可以发送 ActionEvent 对象，而窗口可以发送 WindowEvent 对象。

AWT 事件处理机制的概要：事件监听器（监听器对象）是一个实现了特定监听器接口的类的实例。事件源是一个能够注册监听器对象并发送事件对象的对象。当事件发生时，事件源将事件对象传递给所有注册的监听器对象。监听器对象将利用事件对象中的信息决定如何对事件做出响应。

事件处理者（监听器）通常是一个类，该类如果能够处理某种类型的事件，就必须实现与该事件类型相对应的接口。例如，下面这个监听器的实例。

```
ActionListener listener=……;
JButton button=new JButton("ok");
Button.addActionListener(listener);
```

只要按钮产生有一个“动作事件”，listener 对象就会得到通告。为了实现 ActionListener 接口，监听器类必须要有一个 actionPerformed()方法，该方法用于接收一个 ActionEvent 对象参数。

```
class MyListener implements ActionListener{
        ……
         public void actionPerformed(ActionEvent event){
                      ……
}
}
```

只要单击按钮，JButton 对象就会先创建一个 ActionEvent 对象，再调用 listener.actionPerformed(event)传递事件对象。可以将多个 ActionEvent 对象添加到一个按钮中。这样一来，只要单击按钮，按钮就会调用所有监听器的 actionPerformed()方法。

每一类事件都有对应的事件监听器。事件监听器是接口，根据动作来定义方法，事件处理的核心就是定义类实现监听接口。事件类及事件监听接口如表 8-18 所示。

表 8-18　事件类及事件监听接口

事件类	事件描述	事件源组件	事件监听接口	事件监听接口中的抽象方法
ActionEvent	激活组件	JButton\ JTextField\ JList	ActionListener	actionPerformed(ActionEvent)
ItemEvent	选择了某些项目	Jradiobutton\ JList	ItemListener	itemStateChanged(ItemEvent)
MouseEvent	移动鼠标指针	JComponent	MouseMotionListener	mouseDragged(MouseEvent) mouseMoved(MouseEvent)
	单击鼠标	JComponent	MouseListener	mousePressed(MouseEvent) mouseReleased(MouseEvent) mouseEntered(MouseEvent) mouseExited(MouseEvent) mouseClicked(MouseEvent)

续表

事件类	事件描述	事件源组件	事件监听接口	事件监听接口中的抽象方法
KeyEvent	键盘输入	JComponent	KeyListener	keyPressed(KeyEvent) keyReleased(KeyEvent) keyTyped(KeyEvent)
FocusEvent	组件收到或失去焦点	JComponent	FocusListener	focusGained(FocusEvent) focusLost(FocusEvent)
AdjustmentEvent	移动了滚动条等组件	JScrollBar\ JScrollPane	AdjustmentListener	adjustmentValueChanged(AdjustmentEvent)
ComponentEvent	对象移动、缩放、显示、隐藏等	JComponent	ComponentListener	componentMoved(ComponentEvent) componentHidden(ComponentEvent) componentResized(ComponentEvent) componentShown(ComponentEvent)
WindowEvent	捕获窗体被打开、将要被关闭、已经被关闭等事件	Window	WindowListener	windowClosing(WindowEvent) windowOpened(WindowEvent) windowIconified(WindowEvent) windowDeiconfied(WindowEvent) windowClosed(WindowEvent) windowActivated(WindowEvent) windowDeactivated(WindowEvent)
ContainerEvent	在容器中添加删除了的组件	Container	ContainerListener	componentAdded(ContainerEvent) componentRemoved(ContainerEvent)
TextEvent	文本字段或文本区发生改变	JTextComponent	TextListener	TextValueChanged(TextEvent)

在 GUI 中实现事件响应处理的基本步骤如下。

步骤 1：根据需要定义相应类型的监听器类，实现监听接口，在类的响应事件的方法中编写响应程序，完成事件的处理。

步骤 2：创建事件监听器对象。

步骤 3：为将会触发事件的组件注册相应的事件监听器对象（使用组件的 addXXXListener()方法）。

进行事件处理的核心是定义监听器类，而定义监听器类的方法有多种，可以将外部类、内部类、匿名内部类或组件所在类自身做监听器。每一种方法各有各的特点，用户可以根据实际情况进行选择。

【例 8-8】公司召开部门会议，使用下拉列表选择“部门”、“会议室”或“参加会议人员”，并填写会议召开事件后，将会议信息输出在控制台上。

```
import java.awt.BorderLayout;
import java.awt.EventQueue;
import javax.swing.JFrame;
import javax.swing.JPanel;
import javax.swing.border.EmptyBorder;
import java.awt.Font;
```

```
import javax.swing.JScrollPane;
import javax.swing.JButton;
import javax.swing.border.TitledBorder;
import javax.swing.JList;
import javax.swing.AbstractListModel;
import javax.swing.JLabel;
import javax.swing.JComboBox;
import javax.swing.DefaultComboBoxModel;
import javax.swing.JTextField;
import java.awt.event.ActionEvent;
import java.awt.event.ActionListener;
import java.awt.event.MouseAdapter;
import java.awt.event.MouseEvent;
public class MeetingInfo extends JFrame {
        //声明窗体中的组件
        private JPanel contentPane;
        private JTextField tTime;
        private JComboBox<String> cboxDepartment;
        private JComboBox<String> cboxBoardroom;
        private JList<String> listPerson;

        public static void main(String[] args) {
                MeetingInfo frame = new MeetingInfo();
                frame.setVisible(true);
        }

        /**
        * 创建 JFrame 窗体
        */
        public MeetingInfo() {
            setResizable(false);            //不可改变窗体大小
            setFont(new Font("黑体", Font.PLAIN, 14));
            setTitle("参会信息设置");          //设置窗体题目
            setDefaultCloseOperation(JFrame.DISPOSE_ON_CLOSE);
            setBounds(100, 100, 440, 300); //设置窗体大小


            //创建 JPanel 面板，将 contentPane 置于 JFrame 窗体中，并设置面板的边距和布局
            contentPane = new JPanel();
            contentPane.setBorder(new EmptyBorder(5, 5, 5, 5));
```

```
        setContentPane(contentPane);
        contentPane.setLayout(null);

        //创建 btnPrint 按钮，并置于 contentPane 面板中，设置按钮的大小、按钮中的字体样式
        JButton btnPrint = new JButton("输出会议信息");
        btnPrint.addActionListener(new ActionListener() {    //添加动作监听的事件
        //创建 StringBuilder 对象，充当字符串的"容器"
        StringBuilder builder = new StringBuilder();
        @Override
        public void actionPerformed(ActionEvent e) {         //当发生操作时
                // 获取列表框选中的信息，把它们放到一个 Object 类的数组里
                Object[] values = listPerson.getSelectedValues();
                for (int i = 0; i < values.length; i++) { //遍历数组
                builder.append(values[i]).append("  ");    //向容器中添加数组元素
            }
            //在控制台上输出会议信息
            System.out.println("================会议信息================");
            System.out.println("部  门: " + cboxDepartment.getSelectedItem());
            System.out.println("会议室: " + cboxBoardroom.getSelectedItem());
            System.out.println("开会时间: " + tTime.getText());
            System.out.println("选择参会人员: \n" + builder.toString());
        }
    });
            btnPrint.setFont(new Font("幼圆", Font.PLAIN, 14));
            btnPrint.setBounds(260, 230, 150, 23);
            contentPane.add(btnPrint);

        //创建 Panel 面板，并置于 contentPane 面板中，设置面板的大小、布局、TitledBorder
属性
        JPanel panel = new JPanel();
panel.setBorder(new TitledBorder(null, "会议信息", TitledBorder.LEADING,
TitledBorder.TOP, null, null));
        panel.setBounds(10, 10, 207, 209);
        contentPane.add(panel);
        panel.setLayout(null);

    //创建 lblDepartment 标签，并置于 Panel 面板中，设置标签的大小，以及标签中的内容、字
体样式
    JLabel lblDepartment = new JLabel("部 门: ");
    lblDepartment.setFont(new Font("宋体", Font.PLAIN, 12));
```

```
        lblDepartment.setBounds(28, 40, 48, 15);
        panel.add(lblDepartment);

        //创建 cboxDepartment 复选框，并置于 panel 面板中，设置复选框的大小和内容
        cboxDepartment = new JComboBox<String>();
    cboxDepartment.setModel(new DefaultComboBoxModel<String>(new String[] { "财务部
", "销售部", "营销部", "后勤部" }));
        cboxDepartment.setBounds(70, 37, 125, 21);
        panel.add(cboxDepartment);

        //创建 lblBoardroom 标签，并置于 panel 面板中，设置标签的大小和标签中的字体样式
        JLabel lblBoardroom = new JLabel("会议室：");
        lblBoardroom.setFont(new Font("宋体", Font.PLAIN, 12));
        lblBoardroom.setBounds(21, 81, 54, 15);
        panel.add(lblBoardroom);

        //创建 cboxBoardroom 复选框，并置于 panel 面板中，设置复选框的大小和内容
        cboxBoardroom = new JComboBox<String>();
        cboxBoardroom.setModel(new DefaultComboBoxModel<String>(new String[]
{ "第一会议室", "第二会议室", "第三会议室" }));
        cboxBoardroom.setBounds(70, 78, 125, 21);
        panel.add(cboxBoardroom);

        //创建 lblTime 标签，并置于 panel 面板中，设置标签的大小和标签中的字体样式
        JLabel lblTime = new JLabel("开会时间：");
        lblTime.setFont(new Font("宋体", Font.PLAIN, 12));
        lblTime.setBounds(10, 123, 69, 15);
        panel.add(lblTime);

        //创建 tTime 文本框，并置于 panel 面板中，设置文本框的大小
        tTime = new JTextField();
        tTime.setBounds(70, 120, 125, 21);
        panel.add(tTime);
        tTime.setColumns(10);

        //创建 pSelect 面板，并置于 contentPane 面板中，设置面板的大小、布局、TitledBorder
属性
        JPanel pSelect = new JPanel();
        pSelect.setBorder(new TitledBorder(null, "选择参会人员",
TitledBorder.LEADING, TitledBorder.TOP, null, null));
```

```
        pSelect.setBounds(217, 10, 207, 209);
        contentPane.add(pSelect);
        pSelect.setLayout(new BorderLayout(0, 0));

        //创建 scrollPane 面板，并置于 pSelect 面板的中间
        JScrollPane scrollPane = new JScrollPane();
        pSelect.add(scrollPane, BorderLayout.CENTER);

            //创建 listPerson 列表框，并置于 JScrollPane 面板中
            listPerson = new JList<String>();
            listPerson.setModel(new AbstractListModel<String>() {
            //列表框中的内容用数组表示
           String[] values = { "王经理", "吴飞", "张宇", "李鹏", "王莎",
"钱锐", "郑玥", "孙涛", "宋晓明", "陈捷", "陈莉", "芮玉", "孙晓哲", "彭亮", "赵鹏鹏", "马珏
" };
            public int getSize() {
                    return values.length;          //返回数组的长度
            }

    public String getElementAt(int index) {
                    return values[index];          //返回数组中的元素
            }
        });
    scrollPane.setViewportView(listPerson);
    }
}
```

程序运行结果如图 8-14 所示。

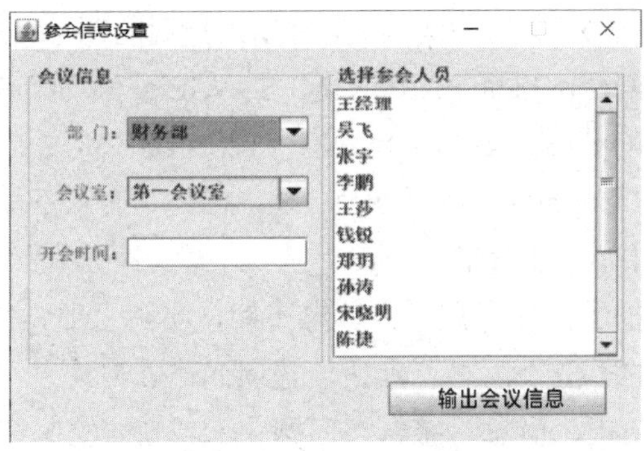

图 8-14　例 8-8 程序运行结果

在例 8-8 中，为按钮设置了动作事件监听器。由于获取事件监听时需要获取实现 ActionListener 接口对象，同时在该类中实现了 actionPerformed()方法，也就是在 actionPerformed()方法中定义单击该按钮后的实现效果。

8.2.8 对话框

对话框是用户和应用程序进行交互的一个桥梁，可以收集用户的输入数据并传递给应用程序，或者向用户显示应用程序的运行信息。前面介绍的对话框（JDialog）为调整版面的对话框，是一种顶层容器。Swing 有一个很容易使用的 JOptionPane 类，用于创建简单的模式对话框，在程序运行过程中进行提示，或者让用户输入数据、显示程序运行结果或报错等。虽然 JOptionPane 类提供了构造方法，但是在使用时，更多是使用它提供的 4 种静态方法。

- 消息对话框（showMessageDialog）：显示消息并等待单击“OK”按钮。
- 确认对话框(showConfirmDialog)：显示消息并等待用户确认，即单击“OK”或“Cancel”等按钮。
- 输入对话框（showInputDialog）：等待并获取用户从文本框等组件中输入的信息。
- 选择对话框（showOptionDialog）：等待并获取用户从一组选项中选择信息。

JOptionPane 对话框主要由图标、消息、输入值及选项按钮构成。针对这些元素，使用 JOptionPane 类定义这些静态方法的重载方法。因其参数及其变化较多，在这里我们仅以 showConfirmDialog 为例介绍相关参数的意义，其他静态方法的使用与此基本相同。

使用 JOptionPane 类定义确认对话框的语法格式如下。

```
static int showConfirmDialog(Component parentComponent, Object message, String
title, int optionType, int messageType,Icon icon)
```

其中，各个参数的说明如下。

- parentComponent：确定在其中显示对话框的 Frame；如果为 null 或 parentComponent 不具有 Frame，则使用默认的 Frame。一般设置为 null。
- message：要显示的 Object 可以是任意类型的对象。如果是 String 类型，则显示字符串；如果是图片，则显示图片；如果是 GUI 组件，则显示组件。
- title：表示设置对话框标题的字符串。
- optionType：指定对话框显示哪些按钮，其取值为：JOptionPane.OK_CANCEL_OPTION、JOptionPane.YES_NO_OPTION、JOptionPane.YES_NO_CANCEL_OPTION。
- messageType：指定消息种类，用于确定可插入外观的图标，主要有 5 个取值，分别用常量或整数表示：JOptionPane.ERROR_MESSAGE 或 0、JOptionPane.INFORMATION_MESSAGE 或 1、JOptionPane.WARNING_MESSAGE 或 2、JOptionPane.QUESTION_MESSAGE 或 3、JOptionPane.PLAIN_MESSAGE （表示不显示图标）。
- icon：表示对话框中显示的图标。

对于这些选项，对话框的操作有点令人迷惑不解，实际上非常简单，具体步骤如下。

步骤 1：选择对话框的类型（消息、确认、选项或输入）。

步骤 2：选择图标（错误、信息、警告、问题、无或自定义）。

步骤 3：选择消息（字符串、图标、自定义组件或它们的集合）。

步骤 4：对于确认对话框，选择选项类型（默认、Yes/No/Cancel 或 Ok/Cancel）。

步骤 5：对于选项对话框，选择选项（字符串、图标、自定义组件）和默认选项。

步骤 6：对于输入对话框，选择文本框或组合框。

步骤 7：调用 JOptionPane API 中的相应方法。

【例 8-9】使用 JOptionPane 类创建 4 种对话框。

```
import javax.swing.JButton;
import javax.swing.JOptionPane;
public class OptionDialogDemo {
    public static void main(String[] args) {
        JOptionPane.showMessageDialog(null, "新增用户信息有误", "消息对话框", 3);
        JOptionPane.showConfirmDialog(null,"确定要删除吗？","删除提示",1,2);
        JOptionPane.showInputDialog(null,"请输入删除用户的序号：","输入对话框", 1);
        JButton[] bs={new JButton("确定"),new JButton("取消"),new JButton("重置")};
        JOptionPane.showOptionDialog(null,"请选择其中的一项：","选择",1,3,null,bs,bs[0]);
    }
}
```

程序运行结果如图 8-15～图 8-18 所示。

图 8-15 消息对话框

图 8-16 确认对话框

图 8-17 输入对话框

图 8-18 选择对话框

8.2.9　表格

表格是 Swing 新增加的组件，主要功能是把数据以二维表格的形式显示出来，并且允许用户对表格中的数据进行编辑。表格组件是最复杂的组件之一，它的表格模型功能非常强大、灵活且易于执行。Swing 使用 JTable 类实现表格。

（1）JTable 类的构造方法。

- JTable()：创建一个默认的表格，使用默认的数据模型、列模型和选择模型对其进行初始化。
- JTable(int numRows,int numColumns)：使用 DefaultTableModel 创建具有 numRows 行和 numColumns 列的空单元格的表格。
- JTable(Object[][] rowData,Object[] columnNames)：创建一个表格用来显示二维数组 rowData 中的值，其列名称为 columnNames。

使用 JTable(Object[][] rowData,Object[] columnNames)构造方法创建的表格是固定的，而要实现行的删除、增加与插入，就要使用 TableModel 接口来创建表格。Java 还提供了两个类，一个是 AbstractTableModel 类，另一个是 DefaultTableModel 类，而 DefaultTableModel 类继承自 AbstractTableModel 类。因此，在实际应用中，DefaultTableModel 类比 AbstractTableModel 类简单许多。DefaultTableModel 类内部使用 Vector 数据结构来存储数据表格中的数据。

（2）DefaultTableModel 类的构造方法。

- DefaultTableModel()：创建一个表格，里面没有任何数据。
- DefaultTableModel(int numRows,int numColumns)：创建一个指定行数、列数的表格。

- DefaultTableModel(Object[][] data,Object[] columnNames)：创建一个表格，输入数据格式为 Object Array，系统会自动调用 setDataVector()方法来设置数据。
- DefaultTableModel(Object[] columnNames,int numRows)：创建一个表格，并具有 Column Header 名称与行数信息。

（3）DefaultTableModel 类的常用方法及其说明如表 8-19 所示。

表 8-19　DefaultTableModel 类的常用方法及其说明

方　法	说　明
int getColumnCount()	返回数据表格中的列数
int getRowCount()	返回数据表格中的行数
set/getValucAt()	设置/获取 column 和 row 处单元格的对象值
addRow(Object[] rowData)	将一行添加到表格的结尾
addColumn(Object[] columnName)	将一列添加到表格中

【例 8-10】使用 DefaultTableModel 类创建表格模型，实现增加、删除功能。

```
import java.awt.BorderLayout;
import java.awt.event.ActionEvent;
import java.awt.event.ActionListener;
import java.util.Vector;
import javax.swing.JButton;
import javax.swing.JFrame;
import javax.swing.JPanel;
import javax.swing.JScrollPane;
import javax.swing.JTable;
import javax.swing.table.DefaultTableModel;
public class DefaultTableModelDemo extends JFrame implements ActionListener {
       Object[][] data= {{"210012","赵宇","男",19},
                 {"210013","张夏","女",18},{"210014","肖飞","男",20},
                 {"210015","陆远","男",17},{"210016","李媛","女",19}};
        Object[] head= {"学号","姓名","性别","年龄"};
       //创建表格模型对象
       DefaultTableModel dtm=new DefaultTableModel(data,head);
       //创建表格对象
       JTable jt=new JTable(dtm);
       JScrollPane jsp=new JScrollPane(jt);
       JPanel jp=new JPanel();
       JButton jbAdd=new JButton("增加");
       JButton jbDeleted=new JButton("删除");
       public DefaultTableModelDemo() {
           //设置列表头不可被用户重新拖动排列
           jt.getTableHeader().setReorderingAllowed(false);
```

```
        //设置监听
        jbAdd.addActionListener(this);
        jbDeleted.addActionListener(this);
        jp.add(jbAdd);
        jp.add(jbDeleted);
        this.add(jsp,BorderLayout.CENTER);
        this.add(jp,BorderLayout.SOUTH);
        this.pack();
        this.init();              //调用窗体属性
    }
    public void init() {         //设置窗体属性
        this.setTitle("添加学生信息");
        this.setBounds(10,100, 400, 200);
        this.setVisible(true);
        this.setDefaultCloseOperation(JFrame.EXIT_ON_CLOSE);
    }
    @Override
    public void actionPerformed(ActionEvent e) {
            if(e.getSource()==jbAdd) {
                    dtm.addRow(new Vector());
        }else if(e.getSource()==jbDeleted) {
                int row=dtm.getRowCount()-1;
                if(row>=0) {
                        dtm.removeRow(row);
                        dtm.setRowCount(row);
                }
        }
    }
    public static void main(String[] args) {
        new DefaultTableModelDemo();
    }
}
```

程序运行结果如图 8-19 所示。

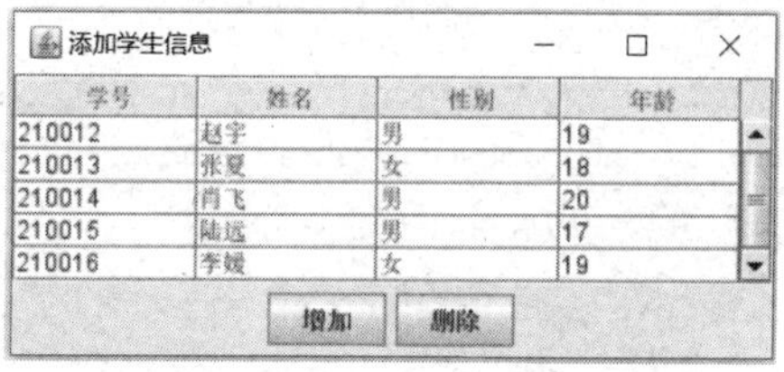

添加学生信息

学号	姓名	性别	年龄
210012	赵宇	男	19
210013	张夏	女	18
210014	肖飞	男	20
210015	陆远	男	17
210016	李媛	女	19

增加 删除

图 8-19　例 8-10 程序运行结果

任务实施

本任务是基于图形用户界面的用户信息管理系统。核心是用户界面设计，设计一个操作主界面，可以显示所有信息，以及实现添加、删除、查询等操作的选择。该系统涉及的用户实体类 User、数据库连接类 DBConn 与任务 8.1 中的一样，因此，此处省略具体代码。由于是针对用户界面设计，因此重新修改了用户信息管理接口 UserDAO 及业务实现类 UserDAOImp。

在主界面中，如果单击“添加”按钮，则打开一个“添加用户信息”对话框，在其中可以输入用户信息。如果单击“删除”按钮，则打开一个输入对话框，根据输入的序号即可删除。如果单击“查询”按钮，则打开一个输入对话框，根据输入的账号查询显示相应的信息。任务实现步骤如下。

（1）修改用户信息管理接口类 UserDAO。

将访问用户数据库表的所有操作抽象封装在一个接口 UserDAO 中，该接口定义了对用户进行添加、删除、修改、查询操作的抽象方法，程序代码如下。

```
import java.sql.SQLException;
import java.util.ArrayList;
public interface UserDAO {
	public boolean insert(User user) throws SQLException;		//添加用户
	public boolean update(int id, User user) throws SQLException;//修改用户
	public boolean deleteByid(int id) throws SQLException;		//删除用户
	public ArrayList<User> findAll() throws SQLException;		//查询用户
//根据用户账号获取用户信息
public ArrayList<User> findByAccount(String accountStr) throws SQLException;
}
```

（2）修改用户信息管理业务实现类 UserDAOImp。

实现了用户的添加、修改、删除，以及根据账号查询用户信息的抽象方法，使用 throws 在方法中抛出异常，程序代码如下。

```
public class UserDAOImp implements UserDAO {
	Connection conn = new DBConn().getConnection();
	private PreparedStatement ps=null;
	private ResultSet res=null;
	@Override
	public boolean insert(User user) throws SQLException {
		boolean flag=false;
		String sql = "insert into
user(Account,Password,Authorization,Name,Gender,Email) values(?, ?, ?, ?, ?,?);";
		ps = (PreparedStatement) conn.prepareStatement(sql);
		ps.setString(1,user.getAccount());
		ps.setString(2,user.getPassword());
		ps.setString(3,user.getAuthorization());
```

```
            ps.setString(4,user.getName());
            ps.setString(5,user.getGender());
            ps.setString(6,user.getEMail());
            //判断是否添加成功
            if(ps.executeUpdate()!=0) {
                flag=true;
            }
            ps.close();
            return flag;
        }
        @Override
        public boolean update(int id, User user) throws SQLException {
            boolean flag=false;
            String sql = "update user set Account = ?, Password=?,Authorization
= ?,Name=?, Gender = ?, EMail = ? where id = ?;";
            ps = (PreparedStatement) conn.prepareStatement(sql);
            ps.setString(1, user.getAccount());
            ps.setString(2, user.getPassword());
            ps.setString(3, user.getAuthorization());
            ps.setString(4, user.getName());
            ps.setString(5, user.getGender());
            ps.setString(6, user.getEMail());
            ps.setInt(7, user.getId());
        if(ps.executeUpdate()!=0) {
            flag=true;
        }
        ps.close();
        return flag;
    }
    @Override
        public boolean deleteByid(int id) throws SQLException {
            boolean flag=false;
            String sql = "delete from user where id =?;";
            ps = (PreparedStatement) conn.prepareStatement(sql);
            ps.setInt(1,id);
        //判断是否删除成功
        if(ps.executeUpdate()!=0) {
            flag=true;
        }
        ps.close();
```

```
        return flag;
    }
    @Override
    public ArrayList<User> findAll() throws SQLException {
            ArrayList<User> userlist = new ArrayList<>();
            String sql = "select * from  user;";
            ps = (PreparedStatement) conn.prepareStatement(sql);
        res = ps.executeQuery();
        while (res.next()) {
                int id=res.getInt("id");
                String account=res.getString("Account");
                String password=res.getString("Password");
                String authorization=res.getString("Authorization");
                String name=res.getString("Name");
                String gender=res.getString("Gender");
                String email=res.getString("EMail");
                userlist.add(new
User(id,account,password,authorization,name,gender,email));
    }
            res.close();
            ps.close();
            return userlist;
        }
    @Override
    public ArrayList<User> findByAccount(String accountStr) throws SQLException
{
            ArrayList<User> userlist = null;
            String sql = "select * from user where Account LIKE ?; ";
        userlist = new ArrayList<>();
        ps = (PreparedStatement) conn.prepareStatement(sql);
        ps.setString(1, "%"+accountStr+"%");
        res = ps.executeQuery();
        while (res.next()) {
            int id=res.getInt("id");
            String account=res.getString("Account");
            String password=res.getString("Password");
            String authorization=res.getString("Authorization");
            String name=res.getString("Name");
            String gender=res.getString("Gender");
            String email=res.getString("EMail");
```

```
            userlist.add(new
User(id,account,password,authorization,name,gender,email));
        }
        res.close();
        ps.close();
        return userlist;
    }
}
```

（3）用户信息管理系统主界面设计 UserFrame。

```
public class UserFrame extends JFrame implements ActionListener{
    private JTable  mainTab;         //显示用户信息的表格
    private JButton allBtn;          //显示用户信息按钮
    private JButton addBtn;          //添加新的用户信息按钮
    private JButton findBtn;         //根据账号查询用户信息按钮
    private JButton delBtn;          //根据 id 删除用户信息按钮
    private UserDAOImp userdao;      //数据库操作类实例
    //显示用户记录的表格的列名
    private String[] tableName = {"序号","账号", "密码", "权限", "姓名", "性别", "邮箱"};
    //显示用户记录的表格的每列宽度
    private int width[] = {40,120,120,140,140,60,260};
    public UserFrame(){
        this.setVisible(true);                      //设置主界面可见
        this.setTitle("用户信息管理系统");           //设置标题
        this.setSize(540, 480);                     //设置窗口大小
        this.setResizable(false);                   //设置窗口大小固定
        this.setLocationRelativeTo(null);           //设置窗口居中
        this.addWindowListener(new WindowAdapter() {
        public void windowClosing(WindowEvent e) {
            //设置关闭窗口时退出程序
            System.exit(0);
          }
        });
        init();                                     //组件初始化方法
        initLayout();                               //布局初始化方法
    }
    //组件初始化方法
    private void init() {
        userdao = new UserDAOImp();
        //初始化表格
        ArrayList<User> userList=null;
```

```
    try {
        userList = userdao.findAll();
    } catch (SQLException e) {
        e.printStackTrace();
    }
    mainTab = new JTable();
    //调用方法设置表格中的内容
    setTable(userList);
    mainTab.getTableHeader().setReorderingAllowed(false);  //设置表格中的列不可拖动
    mainTab.setEnabled(false);                             //设置表格不可编辑
    //初始化按钮
    allBtn = new JButton("所有信息");
    allBtn.addActionListener(this);
    addBtn = new JButton("添加");
    addBtn.addActionListener(this);
    findBtn = new JButton("查询");
    findBtn.addActionListener(this);
    delBtn = new JButton("删除");
    delBtn.addActionListener(this);
    }
//布局初始化方法
private void initLayout() {
    Panel btnPal = new Panel();
    btnPal.add(allBtn);
    btnPal.add(addBtn);
    btnPal.add(findBtn);
    btnPal.add(delBtn);
    JScrollPane scroll = new JScrollPane(mainTab);
    add(scroll, BorderLayout.CENTER);
    add(btnPal, BorderLayout.SOUTH);
}
//将 userList 数组转变为 Object 的二维数组，用于插入表格
private Object[][] getObject(ArrayList<User> userList) {
    Object[][] objects = new Object[userList.size()][7];
    for(int i = 0; i < userList.size(); i++){
        for(int j = 0; j < 7; j++){
          switch (j) {
            case 0:
                objects[i][j] = userList.get(i).getId();
                break;
```

```
                case 1:
                    objects[i][j] = userList.get(i).getAccount();
                    break;
                case 2:
                    objects[i][j] = userList.get(i).getPassword();
                    break;
                case 3:
                    objects[i][j] = userList.get(i).getAuthorization();
                    break;
                case 4:
                    objects[i][j] = userList.get(i).getName();
                    break;
                case 5:
                    objects[i][j] = userList.get(i).getGender();
                    break;
                case 6:
                    objects[i][j] = userList.get(i).getEMail();
                    break;
                default:
                    break;
            }
        }
    }
    return objects;
}
//更新表格中的数据
private void setTable(ArrayList<User> userList) {
    Object[][] objects = getObject(userList);
    DefaultTableModel model = new DefaultTableModel(objects, tableName);
    mainTab.setModel(model);
    //设置每列宽度
    for(int i = 0; i < 7; i++){
        mainTab.getColumnModel().getColumn(i).setPreferredWidth(width[i]);
    }
}
@Override
public void actionPerformed(ActionEvent e) {
    if(e.getSource().equals(allBtn)){
            //显示所有用户信息
            try {
```

```
                setTable(userdao.findAll());
            } catch (SQLException e1) {
                e1.printStackTrace();
            }     //查询所有用户信息，并在表格中显示出来
    }else if(e.getSource().equals(addBtn)){
        //添加新的用户记录，自定义用于输入用户信息的对话框
        InsertDialog insertDialog = new InsertDialog();
        //使用 showInsertDialog()方法显示对话框，并将输入的用户信息返回
        User user = insertDialog.showInsertDialog();
        if(user!= null){             //判断输入的用户信息是否有效
            //调用接口实现类的 insert()方法插入新的用户信息，并判断是否成功
            try {
                if(userdao.insert(user)){
                    setTable(userdao.findAll());
                } else {
                    JOptionPane.showMessageDialog(null, "数据添加失败！");
                }
            } catch (HeadlessException | SQLException e1) {
                e1.printStackTrace();
            }
        }
    }else if(e.getSource().equals(findBtn)){
        //通过账号查询用户信息
        String accountStr = JOptionPane.showInputDialog("请输入查询用户的账号：");
        ArrayList<User> userList;
        try {
            userList = userdao.findByAccount(accountStr);
            //根据账号查询用户信息，并将查询到的用户信息显示到表格中
            setTable(userList);
        } catch (SQLException e1) {
            e1.printStackTrace();
        }
    } else {
        //通过序号删除用户记录
        try {
            //如果输入的不是纯数字，将产生异常，通过显示错误提示解决异常
            int id = Integer.parseInt(JOptionPane.showInputDialog("请输入删除用
户的序号："));
            //调用接口实现类的 delete Byid()方法删除用户信息，并判断是否删除成功
            if(userdao.deleteByid(id)){
```

```
                JOptionPane.showMessageDialog(null, id + "删除成功");
                setTable(userdao.findAll()); //如果删除成功，则表格加载新的用户信息
            }else {
                JOptionPane.showMessageDialog(null, "未找到序号"+ id );
            }
        } catch (Exception e2) {
            e2.printStackTrace();
            //JOptionPane.showMessageDialog(null, "序号应为纯数字！");
        }
    }
}
public static void main(String[] args){
    UserFrame frame = new UserFrame();
    frame.show();
}
}
```

用户信息管理系统主界面如图 8-20 所示。

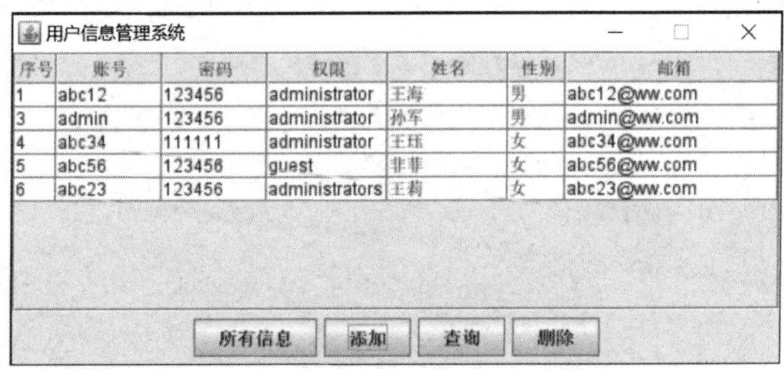

序号	账号	密码	权限	姓名	性别	邮箱
1	abc12	123456	administrator	王海	男	abc12@ww.com
3	admin	123456	administrator	孙军	男	admin@ww.com
4	abc34	111111	administrator	王珏	女	abc34@ww.com
5	abc56	123456	guest	非菲	女	abc56@ww.com
6	abc23	123456	administrators	王莉	女	abc23@ww.com

图 8-20　用户信息管理系统主界面

（4）添加用户信息界面。

```
public class InsertDialog extends JDialog{
    private User user;                              //存储添加的用户信息
    private JLabel idLab;                           //显示“序号”的标签
    private JLabel accountLab;                      //显示“账号”的标签
    private JLabel passwordLab;                     //显示“密码”的标签
    private JLabel authorizationLab;                //显示“权限”的标签
    private JLabel nameLab;                         //显示“姓名”的标签
    private JLabel genderLab;                       //显示“性别”的标签
    private JLabel emailLab;                        //显示“邮箱”的标签
    private JFormattedTextField idText;             //序号输入框，限定输入数字
    private JTextField accountText;                 //账号输入框
    private JPasswordField passwordField;              //密码输入框
    private JComboBox<String> authorizationBox;    //权限选择框，限定选择管理员与访客
```

```
private JTextField nameText;                    //姓名输入框
private JComboBox<String> genderBox;            //性别选择框，限定选择男/女
private JTextField emailText;                   //邮箱输入框
private JButton okBtn;                          //“确定”按钮用于返回输入的用户信息
private JButton exitBtn;                        //“取消”按钮用于返回空值
//构造方法
public InsertDialog(){
    init();                                     //调用组件初始化方法
    initLayout();                               //调用布局方法
}

//组件初始化方法
public void init(){
    //窗口初始化
    this.setTitle("添加用户信息");              //设置窗口标题
    this.setSize(400, 420);                     //设置窗口大小
    this.setLocationRelativeTo(null);           //设置窗口居中
    this.setModal(true);                        //设置静态
    this.setBackground(Color.WHITE);
    this.addWindowListener(new WindowAdapter() {
        public void windowClosing(WindowEvent e) {
            setVisible(false);                  //关闭对话框
        }
    });

    //控件初始化
    idLab = new JLabel("序号: ");
    accountLab=new JLabel("账号: ");
    passwordLab=new JLabel("密码: ");
    authorizationLab=new JLabel("权限: ");
    nameLab = new JLabel("姓名: ");
    genderLab = new JLabel("性别: ");
    emailLab=new JLabel("邮箱: ");
    idText = new JFormattedTextField(NumberFormat.getIntegerInstance());
    idText.setPreferredSize(new Dimension(120, 26));
    accountText = new JTextField();
    accountText.setPreferredSize(new Dimension(120, 26));
    passwordField=new JPasswordField();
    passwordField.setPreferredSize(new Dimension(120, 26));
    String[] authorizationList = {"administrators", "guest"};
```

```
        authorizationBox=new JComboBox<>(authorizationList);
        authorizationBox.setPreferredSize(new Dimension(120, 26));
        nameText=new JTextField();
        nameText.setPreferredSize(new Dimension(120, 26));
        String[] genderList = {"男", "女"};
        genderBox = new JComboBox<>(genderList);
        genderBox.setPreferredSize(new Dimension(120, 26));
        emailText=new JTextField();
        emailText.setPreferredSize(new Dimension(120, 26));
        okBtn = new JButton("确定");
        okBtn.addActionListener(new ActionListener() {
            @Override
            public void actionPerformed(ActionEvent arg0) {
                if(idText.getText().equals("")
                        || accountText.getText().equals("")
                        || nameText.getText().equals("")) {
                    JOptionPane.showMessageDialog(null, "新增用户信息有误！");
                    return;
                }
                int id = Integer.parseInt(idText.getText());
                String account= accountText.getText();
                String password=new String(passwordField.getPassword())  ;
                String authorization =
authorizationBox.getSelectedItem().toString();
                String name = nameText.getText();
                String gender = genderBox.getSelectedItem().toString();
                String email =emailText.getText();
                user = new
User(id,account,password,authorization,name,gender,email);
                setVisible(false);     //关闭对话框
            }
        });
        exitBtn = new JButton("取消");
        exitBtn.addActionListener(new ActionListener() {
            @Override
            public void actionPerformed(ActionEvent e) {
                setVisible(false);     //关闭对话框
            }
        });
    }
```

```
    //布局方法
    private void initLayout() {
        JPanel idPanel = new JPanel();
        idPanel.add(idLab);
        idPanel.add(idText);

        JPanel accountPanel = new JPanel();
        accountPanel.add(accountLab);
        accountPanel.add(accountText);
        JPanel passwordPanel = new JPanel();
        passwordPanel.add(passwordLab);
        passwordPanel.add(passwordField);
        JPanel authorizationPanel = new JPanel();
        authorizationPanel.add(authorizationLab);
        authorizationPanel.add(authorizationBox);
        JPanel namePanel = new JPanel();
        namePanel.add(nameLab);
        namePanel.add(nameText);
        JPanel genderPanel = new JPanel();
        genderPanel.add(genderLab);
        genderPanel.add(genderBox);
        JPanel emailPanel = new JPanel();
        emailPanel.add(emailLab);
        emailPanel.add(emailText);
        JPanel mainPanel = new JPanel();
        mainPanel.setLayout(new GridLayout(7, 1));
        mainPanel.add(idPanel);
        mainPanel.add(accountPanel);
        mainPanel.add(passwordPanel);
        mainPanel.add(authorizationPanel);
        mainPanel.add(namePanel);
        mainPanel.add(genderPanel);
        mainPanel.add(emailPanel);
        Panel southPanel = new Panel();
        southPanel.add(okBtn);
        southPanel.add(exitBtn);
        add(mainPanel, BorderLayout.CENTER);
        add(southPanel, BorderLayout.SOUTH);
    }
```

```
    //显示对话框并在关闭对话框时返回输入的用户信息
    public User showInsertDialog() {
        setVisible(true);
        return this.user;//返回对话框构成的对象
    }
}
```

添加用户信息界面如图 8-21 所示。

8-21　添加用户信息界面

拓展训练

设计员工信息管理系统主界面，实现员工信息的添加、查询等操作。

单元小结

本单元详细介绍了使用 JDBC 操作 MySQL 数据库的 5 个步骤，以及使用 Swing 组件设计图形用户界面。学习的重点是以 MySQL 数据库为例，结合 Swing 组件的灵活运用完善窗体的功能，实现组件的常用事件处理，完成用户信息管理系统中信息的添加、删除、查询、修改等操作。在使用 JDBC 操作 MySQL 数据库中，引入了 DAO 设计模式，使业务逻辑更加清晰，这样有利于程序日后的维护。使用 Swing 的 MVC 模式实现显示视图和逻辑代码的分离。因此，在程序设计过程中逐步养成创新意识和严谨的工作作风，也能有效地利于团队分工协作。

单元练习

一、选择题

1. 要使用 Java 程序访问数据库，必须先与数据库建立连接，在建立连接前，加载数据库驱动程序的语句是（　　）。

A. Class.forName("sun.jdbc.odbc.JdbcOdbcDriver")

B. DriverManager.getConnection("","","")

C. Result rs= DriverManager.getConnection("","","").createStatement()

D. Statement st= DriverManager.getConnection("","","").createStaement()

2. 在使用 Java 程序访问数据库时，与数据库建立连接的语句是（　　）。

A. Class.forName("sun.jdbc.odbc.JdbcOdbcDriver")

B. DriverManager.getConnection("","","")

C. Result rs= DriverManager.getConnection("","","").createStatement()

D. Statement st= DriverManager.getConnection("","","").createStaement()

3. 在 Java 程序与数据库建立连接后，查看某个表中的数据的语句是（　　）。

A. executeQuery()　　B. executeUpdate()

C. executeEdit()　　D. executeSelect()

4. 下面不是 JDBC 中常用的接口的是（　　）。

A. Connection　　B. ResultSet

C. Statement　　D. DriverManager

5. 下面属于容器类的是（　　）。

A. JFrame　　B. JTextField

C. JLabel　　D. JList

6. Java 提供了多种布局对象类，其中网格布局类是（　　）。

A. FlowLayout　　B. BorderLayout

C. GridLayout　　D. CardLayout

7.在 Java 中，假设有一个实现 ActionListener 接口的类，以下能够为一个 JButton 类注册这个类的方法是（　　）。

A. addListener()　　B. addActionListener()

C. addButtonListener()　　D. setListener()

二、操作题

1. 设计一个简易计算器。

2. 设计一个登录与注册的界面。

参考文献

[1] 凯 S • 霍斯特曼. Java 核心技术（卷 I）:基础知识（原书第 10 版）[M]. 周立新，陈波，叶乃文. 邝劲筠，杜永萍译. 北京：机械工业出版社，2016.

[2] 凯 S • 霍斯特曼. Java 核心技术（卷 II）:高级特性（原书第 10 版）[M]. 陈昊鹏，译. 北京：机械工业出版社，2017.

[3] 凯西 • 希拉，伯特 • 贝茨. Head First Java 中文版（第二版）[M]. O'Reilly Taiwan 公司，译. 北京：中国电力出版社，2007.

[4] 梁勇. Java 语言程序设计（基础篇）（原书第 10 版）[M]. 戴开宇，译. 北京：机械工业出版社，2016.

[5] 梁勇. Java 语言程序设计（进阶篇）（原书第 10 版）[M]. 戴开宇，译. 北京：机械工业出版社，2016.

[6] 明日科技. 零基础学 Java（全彩版）[M]. 吉林：吉林大学出版社，2017.

[7] 张玉宏. Java 从入门到精通[M]. 北京：人民邮电出版社，2018.